ΣBEST シグマベスト

シグマ基本問題集

数学I+A

文英堂編集部 編

MATHEMATICS

文英堂

特色と使用法

◎『シグマ基本問題集　数学Ⅰ＋A』は，問題を解くことによって教科書の内容を基本からしっかりと理解していくことをねらった**日常学習用問題集**である。編集にあたっては，次の点に気を配り，これらを本書の特色とした。

学習内容を細分し，重要ポイントを明示

学校の授業にあわせた学習がしやすいように，「数学Ⅰ＋A」の内容を53の項目に分けた。また，**「テストに出る重要ポイント」**では，その項目での重要度が非常に高く，テストに出そうなポイントだけをまとめた。これには必ず目を通すこと。

「基本問題」と「応用問題」の２段階編集

基本問題は教科書の内容を理解するための問題で，**応用問題**は教科書の知識を応用して解く発展的な問題である。どちらも小問ごとにチェック欄を設けてあるので，できたかどうかをチェックし，弱点の発見に役立ててほしい。また，解けない問題は，ガイドなどを参考にして，できるだけ自分で考えよう。

特に重要な問題は例題として解説

特に重要と思われる問題は**例題研究**として掲げ，着眼と解き方をつけてくわしく解説した。着眼で，問題を解くときにどんなことを考えたらよいかを示してあり，解き方で，その考え方のみちすじを示してある。ここで，問題解法のコツをつかんでほしい。

定期テスト対策も万全

基本問題のなかで，定期テストに出やすい問題には テスト必出 マークを，**応用問題**のなかで，テストに出やすい問題には 差がつく マークをつけた。テスト直前には，これらの問題をもう一度解き直そう。

くわしい解説つきの別冊正解答集

解答は，答え合わせをしやすいように別冊とし，問題の解き方が完璧（かんぺき）にわかるようにくわしい解説をつけた。また，テスト対策では，定期テストなどの試験対策上のアドバイスや留意点を示した。大いに活用してほしい。

もくじ

1 整式の計算

✪ テストに出る重要ポイント

- **整式の整理**…**同類項**があれば，同類項をまとめる。1つの文字について降べき(または昇べき)の順に並べる。
- **計算の基本法則**
  ① 交換法則：$A+B=B+A$，$AB=BA$
  ② 結合法則：$(A+B)+C=A+(B+C)$，$(AB)C=A(BC)$
  ③ 分配法則：$A(B+C)=AB+AC$
- **指数法則**…m，n が正の整数のとき
  $a^m\times a^n=a^{m+n}$，$(a^m)^n=a^{mn}$，$(ab)^n=a^nb^n$
- **展開公式**
  ① $(a\pm b)^2=a^2\pm 2ab+b^2$（複号同順）
  ② $(a+b)(a-b)=a^2-b^2$
  ③ $(x+a)(x+b)=x^2+(a+b)x+ab$
  ④ $(ax+b)(cx+d)=acx^2+(ad+bc)x+bd$
  ⑤ $(a+b+c)^2=a^2+b^2+c^2+2ab+2bc+2ca$
  ⑥ $(a\pm b)^3=a^3\pm 3a^2b+3ab^2\pm b^3$（複号同順）
  ⑦ $(a\pm b)(a^2\mp ab+b^2)=a^3\pm b^3$（複号同順）

基本問題

解答 ⟹ 別冊 p. 1

できたらチェック。

1 次の各式は何次式か。

□ (1) $-2x^5$　□ (2) a^2bx^2　□ (3) $4x^2-12x+3$

□ (4) x^3-3bx　□ (5) $3ax^4-2bx^2-5$　□ (6) $3x-4+x^4-6x^3$

2 次の各式は何次式か。また，〔　〕内の文字に着目すると何次式か。

□ (1) $3xy^3$〔y〕　□ (2) a^2+1-a^4b〔b〕

□ (3) $xyz+x^3$〔x〕　□ (4) $-a^3+2ab^2-4b^4$〔a〕

□ (5) $y^2+(a-b)y-ab$〔a〕　□ (6) $-2x^2+3xy^2-y^3$〔y〕

ガイド　(1) 1つの文字 y に着目すると $3x$ は係数となるから y の次数は3だ。

3 同類項をまとめて，次の式を整理せよ。

□ (1) $-3x+4x-6x$　　□ (2) $y-6y+8y-2y$

□ (3) $x^2-7x+8-3x^2+8x-1$　　□ (4) $4a^2b-ab^2-5a^2b+3ab^2$

4 次の式を x について降べきの順に整理し，各項の係数をいえ。

□ (1) $4x+2x^2-6-x^3$　　□ (2) $ax-b+cx+d-ex-f$

□ (3) $2x^2-xy+5-7-3xy-x^2$

□ (4) $2x^3-3a^2-8ax+5a^2-3x^3-6ax$

□ (5) $x^3-4x^2+3x-6+3x^3-x^2-6x+1-3x^3-2x-1$

例題研究》 $A=-x^3+6x^2-4x+2$，$B=3x^3-x-4$ のとき，次の計算をせよ。

(1) $A+B$　　(2) $A-B$

着眼 **同類項は1つの項にまとめる**。なお，減法でかっこをはずすときは，かっこ内の項の符号が変わることに注意する。

解き方 (1) $A+B=(-x^3+6x^2-4x+2)+(3x^3-x-4)$

$=-x^3+6x^2-4x+2+3x^3-x-4$ → かっこをはずすとき，符号はそのまま

$=(-1+3)x^3+6x^2+(-4-1)x+(2-4)$

$=\mathbf{2x^3+6x^2-5x-2}$ ……答

(2) $A-B=(-x^3+6x^2-4x+2)-(3x^3-x-4)$

$=-x^3+6x^2-4x+2-3x^3+x+4$ → かっこをはずすとき，符号が変わる！

$=\mathbf{-4x^3+6x^2-3x+6}$ ……答

(別解) 降べきの順に整理して，同類項が縦にそろうように書いて計算してもよい。欠けている項があれば空けておく。

(1)
$$\begin{array}{rrrr} -x^3 & +6x^2 & -4x & +2 \\ +)\ 3x^3 & & -x & -4 \\ \hline \mathbf{2x^3} & \mathbf{+6x^2} & \mathbf{-5x} & \mathbf{-2} \end{array}$$
……答

(2)
$$\begin{array}{rrrr} -x^3 & +6x^2 & -4x & +2 \\ -)\ 3x^3 & & -x & -4 \\ \hline \mathbf{-4x^3} & \mathbf{+6x^2} & \mathbf{-3x} & \mathbf{+6} \end{array}$$
……答

5 次の各組で，2つの式の和を求めよ。また，左の式から右の式を引いた差を求めよ。〈テスト必出

□ (1) $4x-6y+3z$，$x-3y-7z$　　□ (2) $10y+7z-3x$，$-2x+3y-4z$

□ (3) $2x^2-x+3$，$5x^2-10x-15$　　□ (4) $x^2+6xy+5y^2$，$y^2-5xy-2x^2$

□ (5) $-\frac{1}{4}x^2+\frac{1}{5}xy+y^2$，$-\frac{1}{2}x^2-\frac{1}{3}xy+\frac{1}{5}y^2$

6 次の計算をせよ。

□ (1) $(2x^2+3y^2-4xy)-(x^2+3xy-2y^2)$

□ (2) $2(3x-y)-(2x+4y)+3(-x-y)$

□ (3) $(3x^2+1-x)-(-2x^2+x-3)+(-4x^2+2x-4)$

7 次の計算をせよ。

□ (1) $a\times a^3$　□ (2) $x^2\times x^4$　□ (3) $(a^3)^2$

□ (4) $(-x^2)\times x^3$　□ (5) $(-a^2)^3$　□ (6) $(x^2y^3)^2$

□ (7) $2x^2y^4\times 3x^3y$　□ (8) $-2xy^3\times(-2)^2xy$　□ (9) $(-x^2)(-x^3)^2(-x)$

例題研究》 $(2x^3+3x-1)(x-1)$ を展開せよ。

着眼 分配法則，指数法則を用いて展開することができる。$2x^3+3x-1$ を1つの文字 A とみて展開すると，$A(x-1)=Ax-A$ となる。

解き方 $(2x^3+3x-1)(x-1)=(2x^3+3x-1)x-(2x^3+3x-1)$

→ 1つの文字と考えて $A(x-1)=Ax-A$　→ かっこの前が －

$=2x^4+3x^2-x-2x^3-3x+1=\mathbf{2x^4-2x^3+3x^2-4x+1}$ ……**答**

→ 整理整頓を忘れない　→ 降べきの順になっている

(別解) 上の計算は，右のようにすることもできる。このときも，必ず降べきまたは昇べきの順に整理し，欠けている項は空けておく。

$$\begin{array}{r} 2x^3\quad\;\; +3x-1 \\ \times)\qquad\quad\;\; x-1 \\ \hline 2x^4\quad\;\; +3x^2-x\qquad \\ -2x^3\quad\;\; -3x+1 \\ \hline \mathbf{2x^4-2x^3+3x^2-4x+1} \end{array}$$
……**答**

8 次の式を展開せよ。

□ (1) $(2x+3)(3x-4)$　□ (2) $(ax+b)(cx+d)$

□ (3) $(3a+4)(2a^2+4a-1)$　□ (4) $(6x-4+x^2)(3x+2)$

□ (5) $(a-b)(a^2-2ab+b^2)$　□ (6) $(a^2-ab+b^2)(a+b)$

□ (7) $(a+b)(a^2+2ab+b^2)$　□ (8) $(2x-x^3+3x^2-5)(x-1)$

9 公式を用いて次の式を展開せよ。

□ (1) $(x+2)^2$　□ (2) $(x+2y)^2$　□ (3) $(2x-y)^2$

□ (4) $(2x+3y)^2$　□ (5) $(3x-2y)^2$　□ (6) $(ax+by)^2$

□ (7) $(x+2)(x-2)$　□ (8) $(3x+2)(3x-2)$　□ (9) $(2x+3y)(2x-3y)$

10 公式を用いて次の式を展開せよ。

□ (1) $(x+2)(x+3)$　□ (2) $(x+2)(x-3)$　□ (3) $(x+2y)(x+3y)$

□ (4) $(x+2y)(x-3y)$　□ (5) $(3x+7)(2x+1)$　□ (6) $(3x-4y)(5x-3y)$

例題研究》 $(x^2-x+2)(x^2-x-1)$ を展開せよ。

着眼 展開公式を用いて展開するわけだがあてはまるものがない。そこで x^2-x を**1つの文字**とみれば，公式が使える。高校の数学では**おき換え**が重要！

解き方 $(x^2-x+2)(x^2-x-1)=\{(x^2-x)+2\}\{(x^2-x)-1\}$

→ 1つの文字と考えて公式を用いる

$=(x^2-x)^2+(x^2-x)-2$

$=x^4-2x^3+x^2+x^2-x-2$

$=\boldsymbol{x^4-2x^3+2x^2-x-2}$ …… 答

11 次の式を展開せよ。 テスト必出

□ (1) $(x-y-z)^2$　□ (2) $(x-2y+3z)^2$

□ (3) $(x^2+xy+y^2)(x^2-xy+y^2)$　□ (4) $(x-2)^2(x+2)^2$

□ (5) $(2a+b-c)(2a-b+c)$　□ (6) $(a-b-c+d)(a-b+c-d)$

応用問題

解答 → 別冊 *p. 3*

12 次の式のかっこをはずして整理せよ。 差がつく

□ (1) $2x-\{3x+1-(x+2)\}$

□ (2) $6x-\{3y-4z-(x-4y)\}-(3z-2x)$

□ (3) $7a-[3a+c-\{4a-(3b-c)\}]$

13 公式を用いて次の式を展開せよ。

□ (1) $(x+2)^3$　□ (2) $(x-3)^3$

□ (3) $(x-2)(x^2+2x+4)$　□ (4) $(x+2)(x^2-2x+4)$

14 次の式を計算せよ。

□ (1) $(a-b+2c)(a+b-c)$　□ (2) $(2a+3b-2)(2a+3b+3)$

□ (3) $(x-2)(x+2)(x^2+4)(x^4+16)$　□ (4) $(x-a)^2+(x-b)^2-(2x-a-b)^2$

例題研究》 $(x+1)(x+2)(x+3)(x+4)$ を展開せよ。

着眼 順にかっこをはずして展開すると，計算がたいへん。何かよい工夫はないか。展開公式が使えるように，**因数の組み合わせ**を考えてみよう。

解き方 $(x+1)(x+2)(x+3)(x+4)=\underline{(x+1)(x+4)}\times\underline{(x+2)(x+3)}$ → このように組み合わせを考える

$=(x^2+5x+4)(x^2+5x+6)$

$=\{(\underline{x^2+5x})+4\}\{(\underline{x^2+5x})+6\}$ → 1つの文字と考える

$=(x^2+5x)^2+10(x^2+5x)+24$

$=x^4+10x^3+25x^2+10x^2+50x+24$

$=\boldsymbol{x^4+10x^3+35x^2+50x+24}$ ……答

15 次の式を計算せよ。《差がつく

□ (1) $(x-1)(x-2)(x+1)(x+2)$　□ (2) $(x-2)(x-3)(2x-1)(2x-3)$

□ (3) $(a+b+c)(a-b+c)-(a+b-c)(a-b-c)$

□ (4) $(x^2+xy+y^2)(x^2-xy+y^2)(x^4-x^2y^2+y^4)$

例題研究》 $(a+b+c)^2-(a-b-c)^2-(a-b+c)^2+(a+b-c)^2$ を計算せよ。

着眼 このままかっこ内を展開すると，たいへんな計算になる。そこで，1つの文字に着目して降べきの順に整理し，公式が使えないかつねに考えながら展開してみよう。

解き方 $(a+b+c)^2-(a-b-c)^2-(a-b+c)^2+(a+b-c)^2$

→ まずかっこ内の a に着目して

$=\{a+(b+c)\}^2-\{a-(b+c)\}^2-\{a-(b-c)\}^2+\{a+(b-c)\}^2$

$=a^2+2a(b+c)+(b+c)^2-\{a^2-2a(b+c)+(b+c)^2\}$

$-\{a^2-2a(b-c)+(b-c)^2\}+a^2+2a(b-c)+(b-c)^2$

→ 同じ項があり，うち消しあって

$=4a(b+c)+4a(b-c)=\boldsymbol{8ab}$ ……答

16 次の式を計算せよ。

□ (1) $(a+b+c)^2+(a+b-c)^2+(a-b+c)^2+(-a+b+c)^2$

□ (2) $(x+2y+1)^2-(x-2y-1)^2-(x-y+2)^2+(x+y-2)^2$

2 因数分解

✪ テストに出る重要ポイント

- **因数分解**…整式をいくつかの1次以上の整式の積の形にすること。
- **因数分解の公式**
  ① $\boldsymbol{a^2 \pm 2ab + b^2 = (a \pm b)^2}$（複号同順）
  ② $\boldsymbol{a^2 - b^2 = (a+b)(a-b)}$
  ③ $\boldsymbol{x^2 + (a+b)x + ab = (x+a)(x+b)}$
  ④ $\boldsymbol{acx^2 + (ad+bc)x + bd = (ax+b)(cx+d)}$
  ⑤ $\boldsymbol{a^3 \pm 3a^2b + 3ab^2 \pm b^3 = (a \pm b)^3}$（複号同順）
  ⑥ $\boldsymbol{a^3 \pm b^3 = (a \pm b)(a^2 \mp ab + b^2)}$（複号同順）
- **因数分解の方法**
  ① まず，**共通因数**をくくり出せないかを考える。
  ② 次数の低い文字で**降べきの順**に整理し，各項の係数の部分を整理する。
  ③ 適当なおき換え，項の組み合わせ，加減などで**平方の差**の形に変形する。
  このようにした上で公式の適用を考える。

基本問題

解答 ➡ 別冊 p. 4

できたらチェック。

17 次の式を因数分解せよ。

□ (1) $3ab-3b$　□ (2) x^3y-xyz　□ (3) x^3y-x^2y+xy

□ (4) x^2+6x+9　□ (5) $x^2+x+\frac{1}{4}$　□ (6) $x^2-\frac{2}{3}x+\frac{1}{9}$

□ (7) $9x^2-12x+4$　□ (8) x^2-9　□ (9) $9a^2-4b^2$

18 次の式を因数分解せよ。

□ (1) $(a-b)x-(b-a)y$　□ (2) $3(x+y)^3+27(x+y)^2$

□ (3) $(a-b)^2-9b^2$　□ (4) $(a-1)x^2+4(1-a)y^2$

□ (5) $(3a+2b)^2-(-4a+b)^2$　□ (6) $(a^2+b^2)^2-4a^2b^2$

ガイド　(6) $4a^2b^2$ を $(2ab)^2$ と変形し，あとは公式の適用を考えてみる。

例題研究》 $6x^2-7x-3$ を因数分解せよ。

着眼 共通因数がないので公式を使えばよい。x^2 の係数，定数項のいろいろな組み合わせを考えて，$ad+bc$ が x の係数と一致するものを見つければよい(このような方法を，たすき掛けの方法という)。

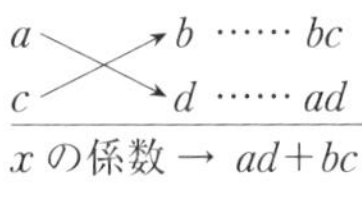

解き方

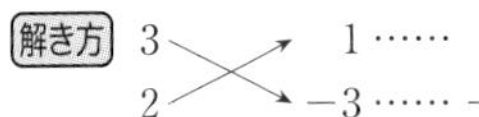

答 $6x^2-7x-3=(3x+1)(2x-3)$

19 次の式を因数分解せよ。 テスト必出

□ (1) x^2+x-2　□ (2) x^2-5x+6　□ (3) x^2+5x+6

□ (4) $2x^2+5x+2$　□ (5) $6x^2-5x+1$　□ (6) $6x^2-x-1$

□ (7) $x^2-8ax+15a^2$　□ (8) $6x^2+7xy+2y^2$　□ (9) $14x^2+19xy-3y^2$

□ (10) $8x^2-26xy+15y^2$　□ (11) $x^2-(a+1)x+a$　□ (12) $abx^2+(a+b)x+1$

20 次の式を因数分解せよ。

□ (1) $(x+y)^2+(x+y)-2$　□ (2) $(a-b)^2-3(a-b)-10$

□ (3) $(x+y)^2-4(x-y)^2$　□ (4) $(x^2+x)^2+3(x^2+x)-10$

□ (5) $(x-1)^2+3(x-1)-4$　□ (6) $a^2(x^2-a^2)-b^2(x^2-b^2)$

ガイド (1) $x+y=X$ とおくと，与式$=X^2+X-2$　あとは公式を利用する。
(2) $a-b=X$　(3) $x+y=X$，$x-y=Y$　(4) $x^2+x=X$　(5) $x-1=X$ とおくとよい。
(6) 展開して x について整理し，共通因数をくくり出し，最後にこれ以上因数分解できないかを確認する。

21 次の式を因数分解せよ。

□ (1) $x^2+2xy+y^2-1$　□ (2) x^2-y^2+6y-9

□ (3) a^2b+a^2-b-1　□ (4) $a^2+b^2+2bc+2ca+2ab$

応用問題

解答 ➡ 別冊 p. 5

例題研究》 $2x^2-xy-y^2-7x+y+6$ を因数分解せよ。

着眼 多くの文字を含んだ整式は，次のように考える。
① 1つの文字に着目。② 降べきの順に並べる。③ 各項の係数を整理し，公式の適用。

解き方 $2x^2-xy-y^2-7x+y+6=2x^2-(y+7)x-(y^2-y-6)$

→ x について降べきの順に　　→因数分解できる

$=2x^2-(y+7)x-(y-3)(y+2)$

$=\{2x+(y-3)\}\{x-(y+2)\}$

$=(\boldsymbol{2x+y-3})(\boldsymbol{x-y-2})$ ……**答**

$$\begin{array}{ccccc} 2 & \searrow\nearrow & y-3 & \cdots\cdots & y-3 \\ 1 & \nearrow\searrow & -(y+2) & \cdots\cdots & -2(y+2) \\ \hline & & & & -y-7 \end{array}$$

22 次の式を因数分解せよ。〈差がつく〉

□ (1) $xy+x+y+1$

□ (2) $x^2-y^2-z^2+2yz$

□ (3) $x-y-x^2+2xy-y^2+2$

□ (4) $x^3+3x^2y-3y-x$

□ (5) $a^2b-ab^2-a^2c-ac^2-b^2c+bc^2+2abc$

23 次の式を因数分解せよ。

□ (1) x^4+x^2+1

□ (2) x^4-18x^2+1

□ (3) x^4+4

□ (4) x^4+5x^2+4

□ (5) x^4+3x^2-4

□ (6) $x^4-27x^2y^2+y^4$

24 次の式を因数分解せよ。〈差がつく〉

□ (1) $(x+y)(y+z)(z+x)+xyz$

□ (2) $(xy+1)(x+1)(y+1)+xy$

□ (3) $xy(x-y)+yz(y-z)+zx(z-x)$

□ (4) $(a+b+c)(ab+bc+ca)-abc$

25 次の式を因数分解せよ。

□ (1) x^3-1

□ (2) x^3+8y^3

□ (3) $x^3+6x^2y+12xy^2+8y^3$

□ (4) $8x^3-36x^2+54x-27$

□ (5) $a^3+b^3+c^3-3abc$

□ (6) $8x^3-27y^3-1-18xy$

ガイド (5) $a^3+b^3=(a+b)^3-3ab(a+b)$ として，まず $(a+b)^3+c^3$ に公式を適用する。

3　実数

★ テストに出る重要ポイント

- **実数の大小関係**…2つの実数 a, b について
  $a-b>0$ ならば $a>b$, $a-b=0$ ならば $a=b$, $a-b<0$ ならば $a<b$
- **分数と小数**…小数には，小数部分が小数第何位かで終わる**有限小数**と，**無限小数**がある。無限小数のうち，いくつかの数字の配列がくり返されるものを**循環小数**という。
- **有限小数と循環小数**…有理数を小数で表すと，有限小数または循環小数となる。
- **実数の平方と絶対値**
  ① $a^2 \geqq 0$（a は実数，等号成立は $a=0$ のとき）
  ② 実数 a の絶対値 $|a|=\begin{cases} a & (a \geqq 0) \\ -a & (a<0) \end{cases}$

基本問題

解答 → 別冊 p. 6

26 次の2数の大小を比較せよ。

□ (1)　$2-\sqrt{2}$，1　　□ (2)　$-\dfrac{1}{\sqrt{5}}$，$-\dfrac{1}{3}$　　□ (3)　$1+\dfrac{1}{\sqrt{2}}$，$2-\dfrac{1}{\sqrt{2}}$

27 次の(1)，(2)は循環小数を分数で表せ。また，(3)は積を循環小数で表せ。

□ (1)　$0.\dot{6}\dot{3}$　　□ (2)　$0.\dot{2}9\dot{7}$　　□ (3)　$0.\dot{1}\dot{8}\times 0.\dot{2}$

□ **28** 次の数の中から自然数，整数，有理数，無理数を選び出せ。

$$-2,\ 0,\ 8,\ \frac{2}{3},\ -\frac{4}{5},\ \sqrt{3},\ (\sqrt{3})^2,\ \pi,\ \sqrt{5}-1,\ \sqrt{\frac{1}{2}},\ \sqrt{0.25}$$

29 $x=a$ $(-1<a<2)$ のとき，次の式の値を a を用いて表せ。〈テスト必出

□ (1)　$|x+1|$　　□ (2)　$|x-2|$　　□ (3)　$2|x+1|-|x-2|$

ガイド　(1) $x=a$ より $a+1$ の符号を考えればよい。(2) $a-2$ の符号を考えよ。

4 根号を含む式の計算

✪ テストに出る重要ポイント

▶ **平方根の計算**

① $\sqrt{a^2}=|a|$ ($a\geqq 0$ のとき $\sqrt{a^2}=|a|=a$, $a<0$ のとき $\sqrt{a^2}=|a|=-a$)

② $a>0$, $b>0$ のとき

$$\sqrt{a}\sqrt{b}=\sqrt{ab},\quad \sqrt{a^2b}=a\sqrt{b},\quad \frac{\sqrt{a}}{\sqrt{b}}=\sqrt{\frac{a}{b}}=\frac{\sqrt{a}\sqrt{b}}{\sqrt{b}\sqrt{b}}=\frac{\sqrt{ab}}{b}$$

▶ **分母の有理化**…乗法公式 $(A+B)(A-B)=A^2-B^2$ を利用する。

例 $$\frac{1}{3+\sqrt{2}}=\frac{3-\sqrt{2}}{(3+\sqrt{2})(3-\sqrt{2})}=\frac{3-\sqrt{2}}{3^2-(\sqrt{2})^2}=\frac{3-\sqrt{2}}{7}$$

基本問題

解答 ➡ 別冊 p. 7

30 次の(1)~(6)のうち，正しいものには○，正しくないものには×をつけ，正しい結果を示せ。

できたらチェック。

□ (1) $x^2=3$ ならば $x=\sqrt{3}$

□ (2) $\sqrt{(-3)^2}=-3$

□ (3) $\sqrt{25}=\pm 5$

□ (4) 49 の平方根は 7

□ (5) $\sqrt{3^2}=3$

□ (6) $\sqrt{5+4}=\sqrt{5}+\sqrt{4}$

31 次の式を簡単にせよ。

□ (1) $\sqrt{5}\times\sqrt{20}$

□ (2) $\sqrt{180}\div\sqrt{5}$

□ (3) $5\sqrt{27}\div 2\sqrt{72}$

□ (4) $\sqrt{12}-3\sqrt{3}$

□ (5) $\sqrt{5}+\sqrt{45}$

□ (6) $\sqrt{6}(\sqrt{3}+\sqrt{2})$

32 次の式の分母を有理化せよ。

□ (1) $\dfrac{2}{5\sqrt{2}}$

□ (2) $\dfrac{2}{2-\sqrt{3}}$

□ (3) $\dfrac{\sqrt{3}-\sqrt{2}}{\sqrt{3}+\sqrt{2}}$

33 次の式を計算せよ。 テスト必出

□ (1) $\dfrac{1}{\sqrt{5}-1}-\dfrac{1}{\sqrt{5}+1}$

□ (2) $\dfrac{\sqrt{5}-\sqrt{3}}{\sqrt{5}+\sqrt{3}}-\dfrac{\sqrt{5}+\sqrt{3}}{\sqrt{5}-\sqrt{3}}$

□ (3) $\dfrac{\sqrt{3}}{\sqrt{7}+\sqrt{3}}+\dfrac{\sqrt{3}}{\sqrt{7}-\sqrt{3}}$

□ (4) $\dfrac{1}{\sqrt{3}}-\dfrac{1}{\sqrt{12}}-\dfrac{1}{\sqrt{27}}$

例題研究》 次の式の分母を有理化せよ。

$$\frac{1}{\sqrt{5}+\sqrt{2}-1}$$

着眼 分母が $\sqrt{5}+\sqrt{2}$ であれば $\sqrt{5}-\sqrt{2}$ を掛ければよいが，この問題では $\sqrt{5}+(\sqrt{2}-1)$ と考えて，$\sqrt{5}-(\sqrt{2}-1)$ を分母・分子に掛ける。そのうえでもう一度有理化する。

解き方 与式 $=\dfrac{\sqrt{5}-(\sqrt{2}-1)}{\{\sqrt{5}+(\sqrt{2}-1)\}\{\sqrt{5}-(\sqrt{2}-1)\}}$

→ $\sqrt{2}+1$ としないように！

$=\dfrac{\sqrt{5}-\sqrt{2}+1}{5-(\sqrt{2}-1)^2}=\dfrac{\sqrt{5}-\sqrt{2}+1}{2(\sqrt{2}+1)}$

→ まだ有理化されていない。$\sqrt{2}-1$ を掛ける

$=\dfrac{(\sqrt{5}-\sqrt{2}+1)(\sqrt{2}-1)}{2(\sqrt{2}+1)(\sqrt{2}-1)}=\mathbf{\dfrac{\sqrt{10}-\sqrt{5}+2\sqrt{2}-3}{2}}$ ……答

34 次の式を計算せよ。

□ (1) $\dfrac{1+\sqrt{2}+\sqrt{3}}{1+\sqrt{2}-\sqrt{3}}+\dfrac{1-\sqrt{2}-\sqrt{3}}{1-\sqrt{2}+\sqrt{3}}$　　□ (2) $\dfrac{1}{1+\sqrt{2}+\sqrt{3}}+\dfrac{\sqrt{2}(\sqrt{3}-1)}{4}$

□ **35** $x=\sqrt{3}+\sqrt{2}$，$y=\sqrt{3}-\sqrt{2}$ のとき，x^2+y^2 の値を求めよ。 〈テスト必出〉

応用問題 ……… 解答 ➡ 別冊 *p. 8*

36 次の式を根号を用いない式で表せ。

□ (1) $\sqrt{(-a)^2}$　　□ (2) $\sqrt{(-a-2)^2}$　　□ (3) $\sqrt{x^2-4x+4}$

□ **37** $x=\dfrac{\sqrt{3}-\sqrt{2}}{\sqrt{3}+\sqrt{2}}$，$y=\dfrac{\sqrt{3}+\sqrt{2}}{\sqrt{3}-\sqrt{2}}$ のとき，$3x^2-5xy+3y^2$ の値を求めよ。

〈差がつく〉

ガイド　x，y の分母をそれぞれ有理化し，$x+y$，xy の値を求める。次に与式を変形して $3x^2-5xy+3y^2=3(x+y)^2-11xy$ に代入する。

例題研究》 $\sqrt{3-\sqrt{5}}$ の2重根号をはずして簡単にせよ。

着眼 根号の中が$(\quad)^2$の形になると根号がはずれる。

$(\sqrt{a}\pm\sqrt{b})^2=a+b\pm2\sqrt{ab}$ （複号同順）

を利用するのだが，いま$\sqrt{5}$の前に2がない。
この場合2をつくるため2を掛けてから割る。

解き方 $\sqrt{3-\sqrt{5}}=\sqrt{\dfrac{6-2\sqrt{5}}{2}}=\dfrac{\sqrt{(\sqrt{5}-1)^2}}{\sqrt{2}}$

→ $(1-\sqrt{5})^2$としないで大きい$\sqrt{5}$から小さい1を引く

$=\dfrac{\sqrt{5}-1}{\sqrt{2}}=\dfrac{\sqrt{10}-\sqrt{2}}{2}$ ……**答**

→ $1-\sqrt{5}$としてはいけない

$\sqrt{A^2}=|A|$に注意すること。

38 次の式の2重根号をはずして簡単にせよ。

□ (1) $\sqrt{5+2\sqrt{6}}$　　□ (2) $\sqrt{7-4\sqrt{3}}$　　□ (3) $\sqrt{4-\sqrt{15}}$

□ **39** $x=\dfrac{1+a^2}{a}$ $(0<a<1)$ のとき，$\dfrac{\sqrt{x+2}+\sqrt{x-2}}{\sqrt{x+2}-\sqrt{x-2}}$ をaの式で表せ。

□ **40** $\dfrac{1}{2-\sqrt{3}}$の整数部分をa，小数部分をbとするとき，$a+2b+b^2$の値を求めよ。

差がつく

ガイド 与式$=2+\sqrt{3}$となるから$3<2+\sqrt{3}<4$よりa，bが求められる。
次に$a+2b+b^2=a+(b+1)^2-1$と変形してa，bを代入すればよい。

5 不等式とその性質

テストに出る重要ポイント

不等式の基本性質

① 2つの実数 a, b に対して，次の関係の1つだけが成立する。

$a>b$, $a=b$, $a<b$

② $a>b$, $b>c$ ならば　$a>c$

③ $a>b$ ならば　$a+c>b+c$, $a-c>b-c$

④ $a>b$ のとき

$m>0$ ならば　$ma>mb$, $\frac{a}{m}>\frac{b}{m}$

$m<0$ ならば　$ma<mb$, $\frac{a}{m}<\frac{b}{m}$

基本問題

解答 → 別冊 p. 9

できたらチェック。

41 $x>y$ のとき，次の□の中に不等号を入れよ。

□ (1) $x+2$ □ $y+2$　□ (2) $x-4$ □ $y-4$　□ (3) $x-y$ □ 0

□ (4) $3x$ □ $3y$　□ (5) $\frac{x}{2}$ □ $\frac{y}{2}$　□ (6) $-4x$ □ $-4y$　□ (7) $-\frac{x}{5}$ □ $-\frac{y}{5}$

42 x と y の間に，次のような関係があるとき，x, y の大小をいえ。

□ (1) $x-3>y-3$　□ (2) $x+(a+2)<y+(a+2)$　□ (3) $5x<5y$

□ (4) $\frac{x}{10}\leqq\frac{y}{10}$　□ (5) $-\frac{1}{2}x\leqq-\frac{1}{2}y$　□ (6) $-3.5x>-3.5y$

応用問題

解答 → 別冊 p. 9

43 $-1<x\leqq3$ のとき，次の式のとりうる値の範囲を求めよ。　差がつく

□ (1) $x+3$　□ (2) $x-2$　□ (3) $4x$　□ (4) $-3x$　□ (5) $-2x+1$

ガイド　与えられた不等式 $-1<x\leqq3$ を $-1<x$ と $x\leqq3$ とに分けて考える。

6 1次不等式

テストに出る重要ポイント

不等式の解き方

① 文字を含む項を左辺に，定数項を右辺に移項する。

② 両辺をそれぞれ計算して，おのおの1つの項にする。

③ 両辺を文字を含む項の係数で割って，$x>a$ のような形にする。

不等式の応用問題を解く手順

① 何を x で表すかを決める。

② 問題に出てくる数(量)を，x を用いて表す。

③ それらの数(量)の大小関係を不等式に表す。

④ その不等式を解いて，解を求める。

⑤ その解が，問題の答えとして適するかどうかを調べる。

基本問題

解答 → 別冊 p. 9

できたらチェック。

44 次の不等式を解け。 テスト必出

□ (1) $3(x-7)-3<4x-1$

□ (2) $-2(3-2x)\geqq -3x+5$

□ (3) $4(x+1)\geqq -(x-2)$

□ (4) $3(5-2x)-4(3-x)>0$

□ (5) $1.25-0.3x>0.15x+0.3$

□ (6) $\dfrac{1-x}{2}<\dfrac{x+1}{3}$

□ (7) $\dfrac{x-3}{2}-\dfrac{x}{6}\leqq 1$

□ (8) $\dfrac{3x-5}{2}-\dfrac{x-4}{4}<-x$

□ **45** 家から1800m離れた駅へ行くのに，はじめは毎分75mの速さで歩き，途中からは毎分150mの速さで走って駅に着いた。所要時間が15分以下であったとすると，走った道のりは何m以上何m以下か。

□ **46** 2桁の整数が2つある。この2つの数の和は36で，大きい数から小さい数を引いた差は14よりも大きいという。この2つの整数を求めよ。 テスト必出

応用問題

解答 ➡ 別冊 p. 10

□ **47** 次の条件を満たす2桁の整数をつくりたい。

① 十の位の数と一の位の数の和は13である。

② 十の位の数と一の位の数を入れかえた整数は，もとの整数の2倍より大きい。

このような整数をつくることができるか。つくることができればその整数を求めよ。

□ **48** 毎月，兄は500円，弟は300円ずつ貯金している。現在，兄の貯金額は2500円，弟の貯金額は1200円になっている。兄の貯金額と弟の貯金額の差が，はじめて3000円以上になるのは今から何か月後か。

例題研究》 不等式 $|x-1|+|x-2|\geqq x+3$ を解け。

着眼 絶対値記号を含む不等式であるから，方程式の場合と同様に，まず絶対値記号をはずすことを考える。

解き方 (i) $x<1$ のとき $-(x-1)-(x-2)\geqq x+3$　　よって　$x\leqq 0$

これは条件 $x<1$ に適するから解である。 → 大切だ

(ii) $1\leqq x<2$ のとき $(x-1)-(x-2)\geqq x+3$　　よって　$x\leqq -2$

これは条件 $1\leqq x<2$ に適さないので，この範囲に解はない。 → 忘れないように

(iii) $2\leqq x$ のとき $(x-1)+(x-2)\geqq x+3$　　よって　$x\geqq 6$

これは条件 $2\leqq x$ に適するから解である。 → よく忘れるので注意

したがって，求める解は　$\boldsymbol{x\leqq 0,\ 6\leqq x}$　……答

49 次の不等式を解け。

□ (1) $|3x-1|>2$　　□ (2) $|x+1|-|x-2|<-x+1$

□ **50** 次の連立不等式を解け。 差がつく

$$\begin{cases} -(x-2)\leqq 2x-1 & \cdots\cdots① \\ 2(x-1)+\dfrac{3}{2}<x+2 & \cdots\cdots② \end{cases}$$

7 集合

テストに出る重要ポイント

- **集合，要素**…ある条件を満たすものの集まりを**集合**という。その集合をつくっているものを**要素**という。a が集合 A の要素であることを
$\boldsymbol{a}\in\boldsymbol{A}$ と表し，a は集合 A に**属する**という。
- **集合の表し方**
① 集合の要素をすべて書き並べる方法で｛ ｝の中に要素を列挙する。
② 集合をつくる条件を示す方法で $\{x|x$ の満たす条件$\}$ のように表す。
- **全体集合，空集合，補集合**…集合を扱っているとき，そこで扱っている対象のすべてのものの集合を**全体集合**といい，U で表す。要素の全くない集合を**空集合**といい，$\varnothing$ で表す。集合 A に対して，全体集合 U の要素で A の要素でないものの集合を A の**補集合**といい，$\overline{\boldsymbol{A}}$ で表す。
すなわち，$\overline{A}=\{x|x\in U$ かつ $x\notin A\}$
また，$\overline{\overline{A}}=A$，$\overline{U}=\varnothing$，$\overline{\varnothing}=U$ である。
- **部分集合**…2つの集合 A，B があって，A の要素がすべて B の要素であるとき，すなわち $a\in A$ ならば $a\in B$ であるとき，A を B の**部分集合**といい，$A\subset B$ または $B\supset A$ と表す。このとき，A は B に含まれる，または，B は A を含むという。
- **和集合，共通部分**…2つの集合 A，B の少なくとも一方に属する要素全体の集合を A と B の**和集合（結び）**といい，$A\cup B$ と表す。2つの集合 A，B の両方に属する要素全体の集合を A と B の**共通部分（交わり）**といい，$A\cap B$ と表す。
- **集合の演算法則**
① $U=A\cup\overline{A}$，$\varnothing=A\cap\overline{A}$
② $A\cap(B\cup C)=(A\cap B)\cup(A\cap C)$
$A\cup(B\cap C)=(A\cup B)\cap(A\cup C)$
③ $\overline{\boldsymbol{A}\cap\boldsymbol{B}}=\overline{\boldsymbol{A}}\cup\overline{\boldsymbol{B}}$，$\overline{\boldsymbol{A}\cup\boldsymbol{B}}=\overline{\boldsymbol{A}}\cap\overline{\boldsymbol{B}}$（ド・モルガンの法則）

基本問題

解答 ⟹ 別冊 p. 11

できたらチェック。

51 次の集合を2通りの方法で書き表せ。

□ (1) 7より小さい自然数全体の集合

□ (2) 10以下の正の偶数全体の集合

□ (3) -4以上2以下の整数全体の集合

52 次の□の中に $\in$ または $\notin$ のいずれかを記入せよ。

□ (1) $A=\{x|x$は正の偶数$\}$のとき，$4\,\square\,A$，$7\,\square\,A$，$\dfrac{1}{2}\,\square\,A$

□ (2) $B=\{x|x$は素数$\}$のとき，$2\,\square\,B$，$4\,\square\,B$，$7\,\square\,B$

53 次の集合 A，B の包含関係を調べよ。

□ (1) A：3の倍数の集合　　B：6の倍数の集合

□ (2) A：12の約数の集合　　B：6の約数の集合

□ (3) A：整数全体の集合　　B：実数全体の集合

54 次の集合 A，B について，$A\cap B$，$A\cup B$ をそれぞれ要素を書き並べる方法で表せ。

□ (1) $A=\{1,\ 3,\ 5,\ 7,\ 9\}$，$B=\{2,\ 3,\ 4,\ 5,\ 6\}$

□ (2) $A=\{x|x$は8の正の約数$\}$，$B=\{x|x$は6の正の約数$\}$

□ (3) $A=\{x|x\leqq 4,\ x$は自然数$\}$，$B=\{2x|x\leqq 4,\ x$は自然数$\}$

55 $\{1,\ 2,\ 3,\ 4,\ 5,\ 6\}$を全体集合とするとき，次の集合の補集合を求めよ。

□ (1) $\{1,\ 5\}$　　□ (2) $\{1,\ 3,\ 5\}$　　□ (3) $\varnothing$（空集合）

56 次の集合 A，B について，$A\cap B$，$A\cup B$ を数直線上に表せ。

□ (1) $A=\{x|-2\leqq x<2\}$，$B=\{x|-3<x\leqq 7\}$

□ (2) $A=\{x|-1<x<2\}$，$B=\{x|x\leqq 0$ または $4<x\}$

57 $U=\{x \mid 1 \leqq x \leqq 10,\ x は整数\}$を全体集合とし，その部分集合 A，B，C を

$A=\{1,\ 3,\ 4,\ 5,\ 8\}$，$B=\{2,\ 4,\ 5,\ 7\}$，$C=\{1,\ 5,\ 8,\ 10\}$

とするとき，次の集合を求めよ。ただし，$\overline{A}$，$\overline{B}$，$\overline{C}$ はそれぞれ A，B，C の補集合を表す。

□ (1) $A \cup B$　　□ (2) $A \cap B$

□ (3) $A \cap \overline{B}$　　□ (4) $\overline{A} \cup C$

□ (5) $A \cap B \cap C$　　□ (6) $(A \cup B) \cap \overline{C}$

応用問題

解答 ➡ 別冊 p. 11

例題研究》 整数全体の集合を Z とする。m，n が任意の整数を表すとき，$M=\{x \mid x=3m+4n\}$ とする。このとき，$M=Z$ であることを証明せよ。

着眼　集合 A，B において，$A=B$ を証明するには，$A \subset B$，$B \subset A$ の 2 つを示せばよい。$A \subset B$ を示すには，$x \in A$ ならば $x \in B$ であることをいえばよい。

解き方　m，n が整数だから，$x=3m+4n$ も整数である。

よって，$x \in M$ ならば $x \in Z$ であり

$M \subset Z$ ……①

次に，任意の整数を $x \in Z$ とする。

$1=3 \times 3+4 \times (-2)$

この式の両辺に x を掛けると　$x=3 \times 3x+4 \times (-2x)$

$3x=m$，$-2x=n$ とおくと，m，n は整数で，$x=3m+4n$ と表される。

したがって，$x \in M$ となり　$Z \subset M$ ……②

①，②より　$M=Z$　〔証明終〕

□ **58** 整数全体の集合を Z とする。$P=\{7m+5n \mid m \in Z,\ n \in Z\}$ とするとき，$P=Z$ であることを証明せよ。

□ **59** 全体集合 $U=\{1,\ 2,\ 3,\ 4,\ 5,\ 6,\ 7,\ 8,\ 9,\ 10\}$ の部分集合 A，B について，

$\overline{A} \cap \overline{B}=\{1,\ 10\}$，$A \cap B=\{2\}$，$\overline{A} \cap B=\{4,\ 6,\ 8\}$

のとき，$A \cup B$，B および A を求めよ。ただし，$\overline{A}$，$\overline{B}$ はそれぞれ A，B の補集合を表す。〈差がつく

8 条件と集合

テストに出る重要ポイント

- **命題**…文章や式で表された事柄であって，正しいか正しくないかが明確に決まるものを**命題**という。命題が正しいとき，その命題は**真**であるといい，正しくないとき，その命題は**偽**であるという。
- **条件と集合**…全体集合 U における条件 $p(x)$，$q(x)$ を満たす x の集合をそれぞれ P，Q とすると　「$p(x) \Longrightarrow q(x)$」が真 $\Longleftrightarrow P \subset Q$
- **必要条件，十分条件，必要十分条件，同値**…命題 $p \Longrightarrow q$ が真のとき，q は p であるための**必要条件**，p は q であるための**十分条件**という。$p \Longrightarrow q$ と $q \Longrightarrow p$ がともに真であるとき，$p \Longleftrightarrow q$ と書き，p は q であるための(q は p であるための)**必要十分条件**といい，**p と q は同値である**という。
- **条件の否定**…条件 p の**否定**(p でない)を $\overline{p}$ で表す。
- **ド・モルガンの法則**

  $\overline{p \text{ かつ } q} \Longleftrightarrow \overline{p} \text{ または } \overline{q}$　　$\overline{p \text{ または } q} \Longleftrightarrow \overline{p} \text{ かつ } \overline{q}$
- **「すべて」と「ある」を含む命題の否定**

  $\overline{\text{すべての } x \text{ について } p} \Longleftrightarrow \text{ある } x \text{ について } \overline{p}$

  $\overline{\text{ある } x \text{ について } p} \Longleftrightarrow \text{すべての } x \text{ について } \overline{p}$

基本問題

解答 ➡ 別冊 *p. 12*

できたらチェック。

60 次の条件の否定をつくれ。

□ (1)　$x>0$ または $x \leqq -3$　　□ (2)　x と y の少なくとも一方は 0

61 次の命題の真偽を答えよ。

□ (1)　$x \geqq 2$ ならば $x^2 \geqq 4$　　□ (2)　$x<-1$ または $x \geqq 5$ ならば $x \leqq 0$ または $x>3$

□ (3)　$x<3$ かつ $x>-1$ ならば $x>1$　　□ (4)　$|x+2|<1$ ならば $|x|<3$

62 次の命題の否定をつくれ。

□ (1)　すべての実数 x について，$x^2-6x+9>0$

□ (2)　ある実数 x について，$x^2=-1$

63 次の各組で，p は q であるためのどんな条件か。必要条件，十分条件，必要十分条件，またはいずれでもないのどれかで答えよ。ただし，文字はすべて実数とする。〈テスト必出〉

□ (1) $p：x=1$　　$q：x^2=1$

□ (2) $p：x=2$ または $x=3$　　$q：x^2-5x+6=0$

□ (3) $p：a>b$　　$q：ma>mb$

□ (4) $p：x+y$ は偶数　　$q：x$ と y は偶数

応用問題

解答 ⟹ 別冊 p. 12

例題研究〉 実数 a，b について，次の 5 つの条件がある。

条件 1：$ab=0$　　条件 2：$a-b=0$　　条件 3：$|a-b|=|a+b|$

条件 4：$a^2+b^2=0$　　条件 5：$a^2-b^2=0$

このとき，次の(1)～(4)のそれぞれについて，□の中に適する条件の番号を入れよ。ただし，(1)において解答は条件 1 でないものとする。

(1) 条件 1 は条件□であるための必要十分条件である。

(2) 条件□は条件 2 であるための十分条件であるが，必要条件ではない。

(3) 条件□は条件 3 であるための十分条件であるが，必要条件ではない。

(4) 条件□は条件 2 であるための必要条件であるが，十分条件ではない。

着眼 条件 $p \Longrightarrow q$ が真のとき，q は p であるための**必要条件**，p は q であるための**十分条件**である。

解き方 条件 1 は $a=0$ または $b=0$，条件 2 は $a=b$，条件 3 は $|a-b|=|a+b| \Longleftrightarrow |a-b|^2=|a+b|^2 \Longleftrightarrow ab=0$ だから，条件 3 は条件 1 と同じ。条件 4 は $a=0$ かつ $b=0$，条件 5 は $a=b$ または $a=-b$ である。

答 (1) **3**　(2) **4**　(3) **4**　(4) **5**

64 a，b，c は実数とする。□にあてはまるものを下の①～④から選び，番号で答えよ。〈差がつく〉

□ (1) $ab=0$ は $a^2+b^2=0$ であるための□

□ (2) $a+b+c=0$ は $a^2+b^2+c^2=0$ であるための□

① 必要十分条件である。　② 必要条件であるが，十分条件ではない。

③ 十分条件であるが，必要条件ではない。

④ 必要条件でも十分条件でもない。

9 命題と証明

テストに出る重要ポイント

- **命題の逆・裏・対偶**…p, q の否定を $\overline{p}$, $\overline{q}$ で表すとき，

  命題 $p \Longrightarrow q$ に対して

  逆：$\boldsymbol{q \Longrightarrow p}$

  裏：$\boldsymbol{\overline{p} \Longrightarrow \overline{q}}$

  対偶：$\boldsymbol{\overline{q} \Longrightarrow \overline{p}}$

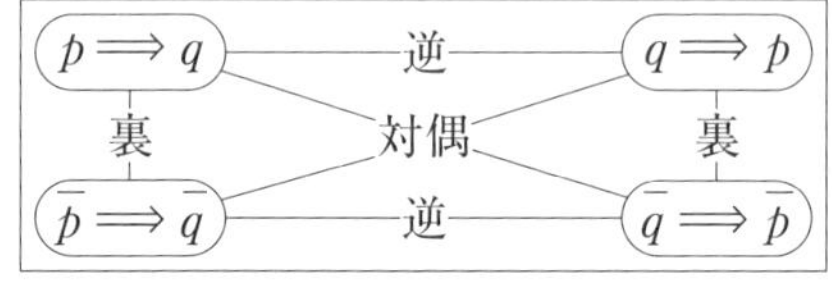

- **背理法**…$p \Longrightarrow q$ を証明するのに，**q を否定すると矛盾が生じる**ことを示し，$p \Longrightarrow q$ が正しいことを主張する証明法のこと。

基本問題

解答 ➡ 別冊 *p. 12*

例題研究》 次の命題の逆・裏・対偶をつくり，その真偽を答えよ。

(1)　2つの実数 a と b について，$a \neq b$ ならば $a^2 \neq b^2$

(2)　2つの実数 a と b について，$a > b$ ならば $a^2 > b^2$

着眼 「p ならば q である」の逆は「q ならば p である」，裏は「p でないならば q でない」，対偶は「q でないならば p でない」である。
仮定と結論をはっきりさせることが大切である。

解き方 (1)　逆：**2つの実数 $\boldsymbol{a}$ と $\boldsymbol{b}$ について，$\boldsymbol{a^2 \neq b^2}$ ならば $\boldsymbol{a \neq b}$　真**　…答

裏：**2つの実数 $\boldsymbol{a}$ と $\boldsymbol{b}$ について，$\boldsymbol{a = b}$ ならば $\boldsymbol{a^2 = b^2}$　真**　…答

対偶：**2つの実数 $\boldsymbol{a}$ と $\boldsymbol{b}$ について，$\boldsymbol{a^2 = b^2}$ ならば $\boldsymbol{a = b}$　偽**　…答

(2)　逆：**2つの実数 $\boldsymbol{a}$ と $\boldsymbol{b}$ について，$\boldsymbol{a^2 > b^2}$ ならば $\boldsymbol{a > b}$　偽**　…答

裏：**2つの実数 $\boldsymbol{a}$ と $\boldsymbol{b}$ について，$\boldsymbol{a \leqq b}$ ならば $\boldsymbol{a^2 \leqq b^2}$　偽**　…答

対偶：**2つの実数 $\boldsymbol{a}$ と $\boldsymbol{b}$ について，$\boldsymbol{a^2 \leqq b^2}$ ならば $\boldsymbol{a \leqq b}$　偽**　…答

できたらチェック。

□ **65**　実数 a について，命題「$a^2 + b^2 > 2 \Longrightarrow |a| > 1$ または $|b| > 1$」の逆・裏・対偶をつくれ。

66 x, y, z を実数とするとき，次の命題の逆・裏・対偶をつくり，その真偽を答えよ。〈テスト必出

□ (1) $xy \leqq 0$ ならば，$x \leqq 0$ または $y \leqq 0$ である。

□ (2) $x=0$ かつ $y=0$ ならば，$x+y=0$ である。

□ (3) 2つの三角形が合同ならば，その面積は等しい。

□ (4) $x=2$ ならば，$x^2-3x+2=0$ である。

□ (5) $x^2<4$ ならば，$-2<x<2$ である。

□ (6) $x=y$ ならば，$zx=zy$ である。

□ (7) $xyz=0$ ならば，$x=0$ または $y=0$ または $z=0$ である。

応用問題

解答 ➡ 別冊 p. 13

例題研究》 次のことが成り立つことを背理法を使って証明せよ。ただし，文字はすべて実数とする。

$$a^2>bc,\ ac>b^2 \text{ ならば } a \neq b \text{ である。}$$

着眼 背理法による証明では，結論の否定を仮定すれば矛盾することを示せばよい。すなわち，$a=b$であると仮定し，矛盾することを示す。

解き方 $a=b$ であると仮定すると，

$a^2>bc$ より $a^2-bc=a^2-ac>0$ ……①

$ac>b^2$ より $ac-b^2=ac-a^2>0$ ……②

②より $a^2-ac<0$ となって，これは①と矛盾する。

したがって，$a \neq b$ である。〔証明終〕

□ **67** $\sqrt{6}$ が無理数であることを用いて，$\sqrt{3}+\sqrt{2}$ が無理数であることを証明せよ。

〈差がつく

□ **68** 整数 n の3乗が偶数であるならば，もとの整数 n が偶数であることを証明せよ。

ガイド まず n が奇数と仮定すると，k を整数として $n=2k+1$ と書ける。

10 関数

✪ テストに出る重要ポイント

- **関数**…2つの変数 x, y があって，x の値を1つに定めると，それに応じて y の値がただ1つ定まるとき，y は x の関数であるといい，$\boldsymbol{y=f(x)}$ と書く。
- **1次関数のグラフ**
  $y=ax+b$ は傾き a, y 切片 b の直線
  ($y=b$ は点 $(0,\ b)$ を通り，y 軸に垂直な直線)
- **定義域，値域**…関数 $y=f(x)$ において，x のとりうる値の範囲を x の**変域**あるいは**定義域**という。また，x がその変域を動くとき，それに対応して定まる y の値の範囲を，この関数の**値域**という。

基本問題

解答 → 別冊 p.13

できたらチェック。

69 次の関数について，$f(0)$, $f(-1)$, $f(2)$ を求めよ。

□ (1) $f(x)=-x+3$　　□ (2) $f(x)=x^2-2x+4$

□ **70** $f(x)=x^3-2x+3$ のとき，次の式を計算せよ。

$$f(a-1)-2f(a)+f(a+1)$$

71 かっこ内に示された範囲を定義域とする次の関数の値域を求めよ。

□ (1) $y=2x-1$ $(0\leqq x\leqq 3)$　　□ (2) $y=-x+1$ $(-3\leqq x\leqq 2)$

応用問題

解答 → 別冊 p.13

□ **72** 関数 $y=ax+b$ $(0\leqq x\leqq 2)$ の値域が，$6\leqq y\leqq 8$ となるように，定数 a, b の値を定めよ。〈差がつく〉

73 次の関数のグラフをかけ。

□ (1) $y=\begin{cases} x-3 & (x\geqq 3) \\ 3-x & (x<3) \end{cases}$　　□ (2) $y=\begin{cases} 2 & (x\geqq 2) \\ x & (x<2) \end{cases}$

11 2次関数のグラフ

テストに出る重要ポイント

- **2次関数の平方完成**…$y=ax^2+bx+c\ (a\neq 0)$ について

$$y=a\left(x^2+\frac{b}{a}x+\frac{c}{a}\right)=a\left\{\left(x+\frac{b}{2a}\right)^2-\frac{b^2}{4a^2}+\frac{c}{a}\right\}$$

$$=\boldsymbol{a\left(x+\frac{b}{2a}\right)^2-\frac{b^2-4ac}{4a}}$$

頂点の座標：$\left(-\boldsymbol{\frac{b}{2a}},\ -\boldsymbol{\frac{b^2-4ac}{4a}}\right)$　軸の方程式：$\boldsymbol{x=-\frac{b}{2a}}$

- **$y=a(x-p)^2+q\ (a\neq 0)$ のグラフ**

① $y=ax^2$ のグラフを x 軸方向に p，y 軸方向に q だけ平行移動した放物線

② $a>0$ のとき下に凸の放物線，$a<0$ のとき上に凸の放物線

③ 頂点の座標は $(p,\ q)$，軸の方程式は $x=p$

- **対称移動**…曲線 $y=f(x)$ を対称移動して得られる曲線の方程式は

① x 軸に関して対称移動：$\boldsymbol{y=-f(x)}$

② y 軸に関して対称移動：$\boldsymbol{y=f(-x)}$

③ 原点に関して対称移動：$\boldsymbol{y=-f(-x)}$

基本問題

解答 ➡ 別冊 p. 14

できたらチェック。

74 次の放物線は $y=-2x^2$ をどのように平行移動したものか。

□ (1) $y=-2x^2-3$　　□ (2) $y=-2(x-1)^2$

□ (3) $y=-2(x+1)^2-1$　　□ (4) $y=-2x^2+4x\quad 3$

75 放物線 $y=3x^2$ を，次のように平行移動して得られる放物線の方程式を求めよ。

□ (1) x 軸方向に 2

□ (2) y 軸方向に -1

□ (3) x 軸方向に -1，y 軸方向に 2

76 次の2次関数について，頂点の座標，軸の方程式を求めよ。テスト必出

□ (1) $y=x^2-2x+2$　□ (2) $y=2(x-1)(x+2)$　□ (3) $y=2-3x-x^2$

□ (4) $y=-2x^2+5x-2$　□ (5) $y=-\frac{1}{2}x^2+3x+1$　□ (6) $y=\frac{1}{3}x^2-2x+1$

77 次の2次関数のグラフをかけ。

□ (1) $y=x^2-4x+3$　□ (2) $y=-x^2+4x-1$　□ (3) $y=-2x^2-x-1$

78 次の2次関数のグラフの頂点の座標と軸の方程式を求めて，そのグラフをかけ。

□ (1) $y=2(x-1)(x+3)$　□ (2) $y=-(x+2)(x+4)$

□ **79** 2次関数 $y=x^2-2x+3$ のグラフは，2次関数 $y=x^2+6x-1$ のグラフをどのように平行移動したものか。

□ **80** 次の2つの2次関数のグラフの頂点が一致するように，定数 a，b の値を定めよ。テスト必出

$y=-x^2+2x$　　$y=2x^2+ax+b$

□ **81** 放物線 $y=x^2-ax-b$ の頂点の座標が $(2,\ 3)$ であるとき，a，b の値を求めよ。

ガイド　平方完成する。頂点が $(2,\ 3)$ であるから，条件式が2つできる。

□ **82** 2つの2次関数 $y=3x^2+(a-1)x-4$，$y=2x^2-(2b-1)x-5$ のグラフの頂点が一致するとき，定数 a，b の値と頂点の座標を求めよ。

ガイド　それぞれを平方完成して，頂点の x，y 座標がそれぞれ等しいとすればよい。

83 放物線 $y=x^2+2x$ を，次の直線または点に関して，それぞれ対称移動して得られる放物線の方程式を求めよ。

□ (1) x 軸　□ (2) y 軸　□ (3) 原点

□ (4) 直線 $x=2$　□ (5) 直線 $y=1$

12 2次関数の最大・最小

テストに出る重要ポイント

- **2次関数 $y=ax^2+bx+c$ $(a\neq 0)$ の最大・最小**
  標準形 $y=a(x-p)^2+q$ に変形すると
  ① $a>0$ ならば，$x=p$ のとき**最小値 q** をとり，最大値はない。
  ② $a<0$ ならば，$x=p$ のとき**最大値 q** をとり，最小値はない。
- **定義域に制限のある場合**…グラフをかき，定義域の両端の値に注意する。
- **区間における最大・最小**…軸と区間の位置関係で場合分けする。

基本問題

解答 → 別冊 p. 16

84 2次関数 $y=\frac{2}{3}x^2$ について，次の問いに答えよ。

□ (1) 定義域が $-6\leqq x\leqq -1$ のとき，この2次関数の最大値と最小値を求めよ。

□ (2) 定義域が $-9\leqq x\leqq 3$ のとき，この2次関数の最大値と最小値を求めよ。

85 次の2次関数の最大値または最小値とそのときの x の値を求めよ。

□ (1) $y=2x^2+5x-4$

□ (2) $y=-x^2-3x+2$

□ (3) $y=(x-2)(x+3)$

□ (4) $y=2x^2+3ax+a^2$ (a は定数)

86 かっこ内に示された範囲を定義域とする次の2次関数の最大値と最小値を求めよ。また，そのときの x の値を求めよ。 テスト必出

□ (1) $y=x^2-5x+4$ $(1\leqq x\leqq 5)$

□ (2) $y=-x^2-4x+4$ $(-3\leqq x\leqq 1)$

□ (3) $y=3+2x-x^2$ $(0\leqq x\leqq 2)$

□ (4) $y=-2x^2-4x+2$ $(1\leqq x\leqq 2)$

□ **87** 2次関数 $y=\frac{1}{2}x^2-2x+c$ $(1\leqq x\leqq 4)$ の最小値が1であるように定数 c の値を定めよ。また，そのときの最大値を求めよ。

応用問題

解答 ⟹ 別冊 p. 16

□ **88** a を正の実数とする。$0 \leqq x \leqq a$ における 2 次関数 $y=-x^2+2x+1$ の最大値を求めよ。

□ **89** a を $a>1$ を満たす実数とする。$1 \leqq x \leqq a$ における 2 次関数 $y=x^2-4x-1$ の最大値を求めよ。

90 a は定数とする。2 次関数 $y=x^2-2ax\ (1 \leqq x \leqq 3)$ について，次の問いに答えよ。〈差がつく〉

□ (1) 最小値を求めよ。

□ (2) 最大値を求めよ。

□ **91** a は定数とする。2 次関数 $y=x^2-4x+2\ (a \leqq x \leqq a+2)$ の最小値を求めよ。

92 a は定数とする。2 次関数 $y=-\dfrac{1}{2}x^2+3x\ (a \leqq x \leqq a+2)$ について，次の問いに答えよ。〈差がつく〉

□ (1) 最小値を求めよ。

□ (2) 最大値を求めよ。

93 a を定数とするとき，区間 $a \leqq x \leqq a+3$ における x の 2 次関数 $f(x)=x^2-6x+2a$ の最小値を $m(a)$ とする。

□ (1) $m(a)$ を a の式で表せ。

□ (2) $m(a)$ を最小にする a の値を求めよ。

94 x，y が実数のとき，次の関数の最大値または最小値とそのときの x，y の値を求めよ。〈差がつく〉

□ (1) $2x-y=4$ のとき x^2+y^2 の最小値

□ (2) $2x+y=1$ のとき x^2-y^2 の最大値

□ **95** 放物線 $y=12x-x^2$ と x 軸とで囲まれる部分に内接する長方形(1 辺は x 軸上にある)の周の長さの最大値を求めよ。〈差がつく〉

13 2次関数の決定

テストに出る重要ポイント

決定の要点

① 頂点または軸が与えられたとき ⟹ $y=a(x-p)^2+q$

② x 軸と接するとき ⟹ $y=a(x-p)^2$

③ x 軸との交点が与えられたとき ⟹ $y=a(x-\alpha)(x-\beta)$

④ 3点が与えられたとき ⟹ $y=ax^2+bx+c$

基本問題

解答 ⟹ 別冊 p. 18

できたらチェック。

96 次の条件を満たす放物線をグラフとする2次関数を求めよ。 テスト必出

□ (1) 頂点の座標が $(-1,\ 2)$ で，点 $(-2,\ 3)$ を通る。

□ (2) 軸の方程式が $x=-1$ で，2点 $(0,\ -1)$，$(-3,\ -4)$ を通る。

97 次の条件を満たす放物線をグラフとする2次関数を求めよ。 テスト必出

□ (1) 2点 $(4,\ 1)$，$(1,\ 1)$ を通り，x 軸に接する。

□ (2) 2点 $(0,\ -2)$，$(3,\ -8)$ を通り，x 軸に接する。

98 次の条件を満たす放物線をグラフとする2次関数を求めよ。 テスト必出

□ (1) x 軸と2点 $(1,\ 0)$，$(3,\ 0)$ で交わり，y 切片が -3 である。

□ (2) 放物線 $y=\frac{1}{2}x^2$ を平行移動したもので，x 軸と2点 $(-1,\ 0)$，$(3,\ 0)$ で交わる。

99 次の条件を満たす放物線をグラフとする2次関数を求めよ。 テスト必出

□ (1) 放物線 $y=-2x^2$ を平行移動したもので，2点 $(1,\ 1)$，$(2,\ -3)$ を通る。

□ (2) 3点 $(0,\ 1)$，$(1,\ -2)$，$(-1,\ 10)$ を通る。

□ (3) 3点 $(-1,\ -3)$，$(1,\ 5)$，$(2,\ 3)$ を通る。

応用問題

解答 ➡ 別冊 p. 19

□ **100** 放物線 $y=x^2+x$ を平行移動したもので，点 $(2,\ 4)$ を通り，その頂点が直線 $y=3x$ 上にある放物線の方程式を求めよ。

101 次の条件を満たす2次関数 $f(x)$ を求めよ。

□ (1) $x=1$ のとき最小値 -3 をとり，$f(2)=-1$

□ (2) $x=-1$ のとき最大値2をとり，$f(1)=-2$

□ **102** 2次関数 $f(x)=ax^2+2ax+b\ (-2\leqq x\leqq 1)$ の最大値が5，最小値が -3 のとき，a，b の値を求めよ。ただし，$a>0$ とする。

例題研究》 グラフが2点 $(0,\ -1)$，$(1,\ 5)$ を通り，最小値が -3 である2次関数を求めよ。

着眼　頂点や軸に関する条件がないので，$y=ax^2+bx+c\ (a\neq 0)$ とおく。

解き方　$y=ax^2+bx+c$ とおく。このグラフが2点 $(0,\ -1)$，$(1,\ 5)$ を通るので

$c=-1$ …①　　$a+b+c=5$ …②

$y=ax^2+bx+c=a\left(x+\dfrac{b}{2a}\right)^2-\dfrac{b^2-4ac}{4a}$ と変形できる。

最小値が -3 より　$-\dfrac{b^2-4ac}{4a}=-3$ …③

①を②，③に代入して　$a+b=6$ …④

$b^2+4a=12a$　　よって　$b^2=8a$ …⑤

④，⑤より，a を消去して　$b^2=8(6-b)$

$b^2+8b-48=0$

$(b+12)(b-4)=0$

よって　$b=-12,\ 4$　　$b=-12$ のとき④より $a=18$，$b=4$ のとき④より $a=2$

したがって　$\boldsymbol{y=18x^2-12x-1}$，$\boldsymbol{y=2x^2+4x-1}$ …答

□ **103** グラフが2点 $(0,\ 1)$，$(1,\ -31)$ を通り，最大値が5である2次関数を求めよ。

□ **104** $x=3$ のとき最大値 m をとる2次関数 $y=ax^2+bx+\dfrac{1}{4a}$ の $x=1$ のときの値が -2 であるという。定数 a，b，m の値を求めよ。

14 2次方程式

テストに出る重要ポイント

- **2次方程式の解の公式**…$ax^2+bx+c=0\ (a\neq 0)$ のとき

$$x=\frac{-b\pm\sqrt{b^2-4ac}}{2a}$$ （ただし，$b^2-4ac\geqq 0$）

特に，$ax^2+2b'x+c=0$ のとき　$x=\dfrac{-b'\pm\sqrt{b'^2-ac}}{a}$

- **2次方程式の解の判別**…$ax^2+bx+c=0\ (a\neq 0)$ のとき

b^2-4acの符号によって解の有無，個数を判別できる。なお，

$D=b^2-4ac$ を**判別式**という。

① $b^2-4ac>0 \iff$ **異なる2つの実数解**

② $b^2-4ac=0 \iff$ **重解**

③ $b^2-4ac<0 \iff$ **実数解をもたない**

$\left(ax^2+2b'x+c=0\right.$ については，$\dfrac{D}{4}=b'^2-ac$ を用いてもよい。$\left.\right)$

基本問題

解答 ⟹ 別冊 p. 20

できたらチェック。

105 次の2次方程式を因数分解の方法で解けっ。

□ (1) $x^2-3x=0$　□ (2) $x^2-36=0$　□ (3) $x^2+8x+16=0$

□ (4) $x^2-x-20=0$　□ (5) $4x^2-12x+9=0$　□ (6) $-x^2+x+6=0$

□ (7) $x^2=2x+35$　□ (8) $2x^2=12x+32$　□ (9) $5x^2-20x=60$

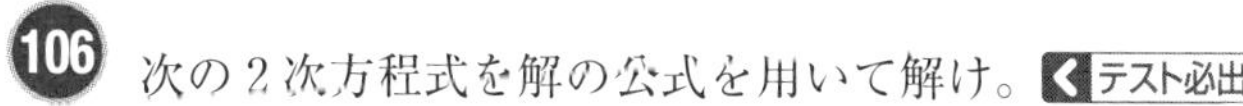

106 次の2次方程式を解の公式を用いて解け。 テスト必出

□ (1) $x^2+x-42=0$　□ (2) $9x^2-30x+16=0$

□ (3) $5x^2-7x+1=0$　□ (4) $x^2-6x+2=0$

□ (5) $4x^2+20x+25=0$　□ (6) $x^2+2=0$

□ (7) $x^2+3x+4=0$　□ (8) $6x^2-4x+3=0$

ガイド　2次方程式の解の公式は大切だから，しっかりおぼえておこう。

107 次の2次方程式について，判別式 D の値を求め，それを利用して解を判別せよ。

□ (1) $3x^2+5x-1=0$　□ (2) $2x^2-6x+5=0$

□ (3) $2x^2+2\sqrt{3}x-3=0$　□ (4) $-4x^2+5x-2=0$

□ (5) $x^2+10x-26=0$　□ (6) $9x^2+6x+1=0$

例題研究》 2次方程式 $x^2-(a-1)x+a-1=0$ が重解をもつように，定数 a の値を定めよ。また，そのときの重解を求めよ。

着眼 与式が2次方程式であるから，**判別式 D の値が 0 であるように** a を定めればよい。次に，重解を求めるには，求めた a の値を与式に代入して求めてもよいが，判別式を用いた方法がある。

解き方 $x^2-(a-1)x+a-1=0$ ……①

①が重解をもつための条件は判別式 $D=0$ であるから

→ ポイントの b^2-4ac のこと

$$D=(a-1)^2-4(a-1)=0$$

共通因数 $a-1$ でくくって　$(a-1)(a-1-4)=0$

$$(a-1)(a-5)=0$$

よって　$a=1, 5$

次に，①が重解をもつとき，$D=0$だから，解の公式により

$$x=\frac{(a-1)\pm\sqrt{D}}{2}=\frac{a-1}{2}$$

したがって　**$a=1$ のとき重解は $x=0$，$a=5$ のとき重解は $x=2$** ……答

108 次の2次方程式が重解をもつように，定数 a の値を定めよ。また，そのときの重解を求めよ。 テスト必出

□ (1) $4x^2-(a-1)x+1=0$　□ (2) $(a^2+1)x^2-2(a+1)x+2=0$

ガイド 重解をもつ条件は D(判別式)の値が 0 である。

□ **109** 横の長さが縦の長さよりも 7m 長く，面積が 78m^2 の長方形の土地がある。この土地の縦と横の長さをそれぞれ求めよ。

□ **110** 正方形がある。一方の辺を 2cm 長くし，他方の辺を 4cm 長くすると，面積はもとの正方形の3倍になるという。もとの正方形の1辺の長さを求めよ。

応用問題

解答 ➡ 別冊 p. 21

111 地上から毎秒 40m の速さで真上に投げ上げた物体の，投げ上げてから t 秒後の高さ ym が $y=40t-5t^2$ で表されるとき，次の問いに答えよ。

□ (1) 物体の高さが 60m となるのは，投げ上げてから何秒後か。

□ (2) 物体が地上に落ちるのは，投げ上げてから何秒後か。

□ **112** 2 桁の整数がある。一の位の数字と十の位の数字の和は 6 で，この整数と，一の位の数字と十の位の数字を入れかえてできる整数との積は 1008 であるという。この 2 桁の整数を求めよ。

例題研究》 x についての 2 次方程式 $x^2+2px+p^2+2p+3=0$ の 1 つの解が 3 であるという。このとき，定数 p の値と他の解を求めよ。

着眼 方程式の解というのは，方程式を成り立たせる x の値であることに着目すれば，**与えられた解を方程式に代入する**と p についての方程式ができる。これを解けば p が求まる。

解き方 与えられた方程式に $x=3$ を代入すると

$9+6p+p^2+2p+3=0$

$p^2+8p+12=0$

$(p+2)(p+6)=0$ $p=-2,\ -6$

→ p が決まれば方程式も決まり，2 つの解が求められる。

$p=-2$ のとき，方程式に代入すると $x^2-4x+3=0$

これを解くと $(x-1)(x-3)=0$ $x=1,\ 3$

$p=-6$ のとき，方程式に代入すると $x^2-12x+27=0$

これを解くと $(x-3)(x-9)=0$ $x=3,\ 9$

よって **$p=-2$ のとき他の解は $x=1$**
$p=-6$ のとき他の解は $x=9$ ……答

□ **113** x についての 2 次方程式 $x^2+2ax+a^2-4=0$ の異なる 2 つの解の差は 4 であり，また，大きい方の解は小さい方の解の 5 倍であるとき，2 つの解および定数 a の値を求めよ。《差がつく》

ガイド 2 つの解を x_1，$x_2(x_1>x_2)$として，$x_1-x_2=4$，$x_1=5x_2$ より求める。

□ **114** A，B 2人が2次方程式 $x^2+mx+n=0$ を解いた。A は係数 m を書き間違えたため解が $x=2$，-3 となり，B は定数項 n を書き間違えたため解が $x=1$，-8 となった。正しい方程式とその解を求めよ。

例題研究》 次の x についての方程式の解を判別せよ。

$$ax^2+(a+2)x+1=0$$

着眼　まず与式は何次方程式だろうか。2次方程式ならば判別式を使えばよいのだが。$a \neq 0$，$a=0$ の場合に分けて調べればよい。

解き方　$a \neq 0$ のとき，与式は2次方程式であるから，与式の判別式 D は
→ $a \neq 0$，$a=0$ の場合分けをすることが大切

$$D=(a+2)^2-4a$$
$$=a^2+4a+4-4a$$
$$=a^2+4$$

$a^2>0$ より，$D>0$ であるから，異なる2つの実数解をもつ。

$a=0$ のとき，与式は $2x+1=0$ となり，1つの実数解 $x=-\dfrac{1}{2}$ をもつ。

よって，**$a \neq 0$ のとき異なる2つの実数解，$a=0$ のとき1つの実数解**　……答

115 次の2次方程式の解を判別せよ。〈差がつく〉

□ (1) $x^2+4ax+3a^2=0$　　□ (2) $x^2-ax+a^2=0$

□ (3) $x^2-2(a+1)x+2(a^2+1)=0$　　□ (4) $a^2x^2-2abx-2b^2=0$　$(a \neq 0)$

□ **116** 2次式 $x^2+6x-a(a-8)$ が x についての完全平方式となるように，定数 a の値を定めよ。(完全平方式とは，1次式の2乗の形で表される式のことである。すなわち，$(px+q)^2$ の形で表される式のことである。)〈差がつく〉

□ **117** a と c が同符号ならば，2次方程式 $ax^2+bx-c=0$ は異なる2つの実数解をもつことを示せ。

□ **118** 方程式 $(a+1)x^2+2(a+2)x+(a+1)=0$ の実数解の個数を求めよ。ただし，a は定数とする。

ガイド　$a+1 \neq 0$ のとき，D(判別式)の符号によってそれぞれ分類せよ。

15 グラフと2次方程式

テストに出る重要ポイント

- **２次関数のグラフと x 軸の位置関係**…２次関数 $f(x)=ax^2+bx+c\ (a\neq0)$ について，$\boldsymbol{D=b^2-4ac}$ とする。

D の符号	$D>0$	$D=0$	$D<0$
$ax^2+bx+c=0$ の実数解	異なる２つの実数解 $x=\alpha, \beta$	重解 $x=\alpha$	実数解をもたない
$a>0$ のとき $y=f(x)$ のグラフと x 軸の位置関係	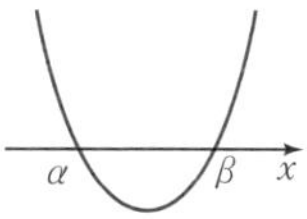 α　β　x	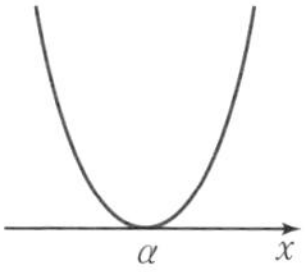 α　x	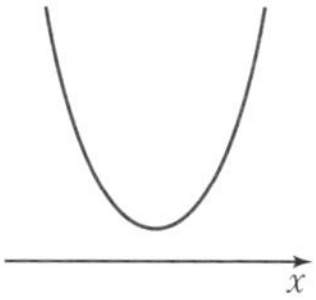 x
$a<0$ のとき $y=f(x)$ のグラフと x 軸の位置関係	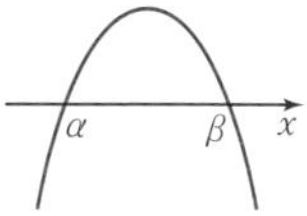 α　β　x	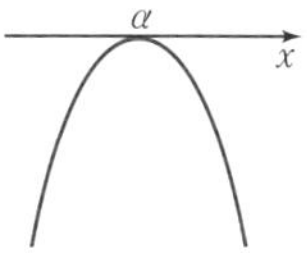 α　x	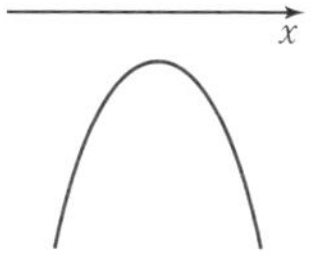 x
共有点の個数	２　個	１　個	０　個

- **２次関数のグラフと２次方程式**
  ① 異なる２つの実数解 $\Longleftrightarrow$ x 軸と異なる２点で交わる。
  ② 重解 $\Longleftrightarrow$ x 軸と１点で接する。
  ③ 実数解をもたない $\Longleftrightarrow$ x 軸との共有点がない。

基本問題

解答 ➡ 別冊 *p. 22*

119 次の２次関数のグラフと x 軸の位置関係(交わる，接する，共有点はない)を調べよ。

できたらチェック。

□ (1) $y=x^2-2x+2$　□ (2) $y=x^2-4x+4$　□ (3) $y=x^2+3x-2$

□ (4) $y=-x^2+2x-1$　□ (5) $y=-x^2+6x-9$　□ (6) $y=-x^2-3x+5$

例題研究》 2次関数 $y=x^2-4x+k$ のグラフが次の条件を満たすとき，定数 k の値の範囲を求めよ。

(1) x 軸と異なる2点で交わる。

(2) x 軸に接する。

(3) x 軸と共有点がない。

着眼 2次関数のグラフと x 軸の位置関係は，**判別式 D の符号**を調べればわかる。すなわち，$D>0$ であれば異なる2点で交わり，$D=0$ であれば接し，$D<0$ であれば共有点がない。

解き方 (1) $y=x^2-4x+k$ のグラフが x 軸と異なる2点で交わるのは，2次方程式 $x^2-4x+k=0$ の判別式 D が正になる場合である。

└→ $ax^2+bx+c=0$ の判別式 $D=b^2-4ac$

$D=16-4k>0$

よって　$\boldsymbol{k<4}$　……答

(2) 同様にして，接するのは判別式 D が0になる場合である。

$D=16-4k=0$　　　よって　$\boldsymbol{k=4}$　……答

(3) x 軸と共有点がないのは判別式 D が負になる場合である。

$D=16-4k<0$　　　よって　$\boldsymbol{k>4}$　……答

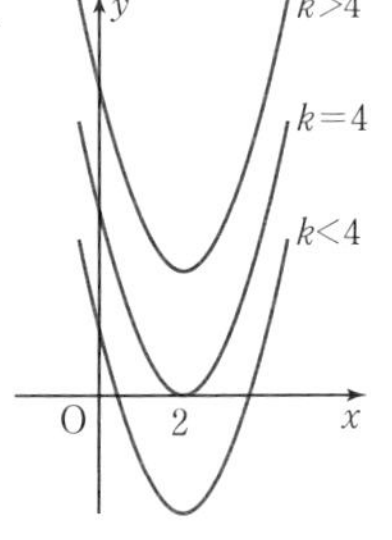

□ **120** 放物線 $y=x^2+2x+3$ と直線 $y=3x+4$ の交点の座標を求めよ。

□ **121** 2次関数 $y=x^2-(2k+1)x+k^2-3$ のグラフが，x 軸と異なる2点で交わるように，定数 k の値の範囲を定めよ。〈テスト必出〉

□ **122** 2次関数 $y=2x^2+3x+k$ のグラフと x 軸の位置関係は，定数 k の値によってどのように変わるか。〈テスト必出〉

□ **123** 2次関数 $y=x^2-2(a+1)x+3a+7$ のグラフが x 軸とただ1点を共有するとき，定数 a の値を求めよ。また，共有点の x 座標を求めよ。

応用問題

解答 ➡ 別冊 p. 23

□ **124** a は定数とする。放物線 $y=x^2-x-3$ と直線 $y=x-a$ の共有点の個数を，a の値によって場合分けをして調べよ。

□ **125** 放物線 $y=x^2-ax+b$ は x 軸に接し，かつ直線 $y=x+1$ にも接する。定数 a，b の値を求めよ。

□ **126** 放物線 $y=2x^2-x-2$ を x 軸方向に a，y 軸方向に $2a$ だけ平行移動して得られる曲線のうち，直線 $y=-x+1$ に接するものを求めよ。〈差がつく〉

127 2次関数 $y=ax^2+bx+c$ のグラフが，下の図の(1)～(5)のようになっているとき，a，b，c，b^2-4ac，$a-b+c$ の値は，正，0，負のいずれになるか，それぞれ答えよ。〈差がつく〉

□ (1)

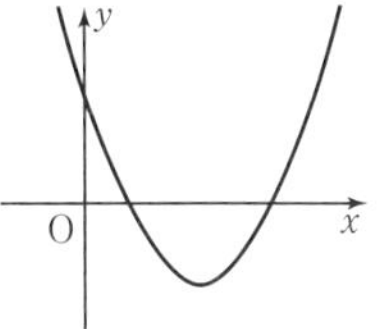

□ (2)

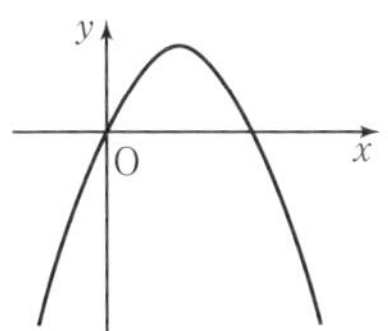

□ (3)

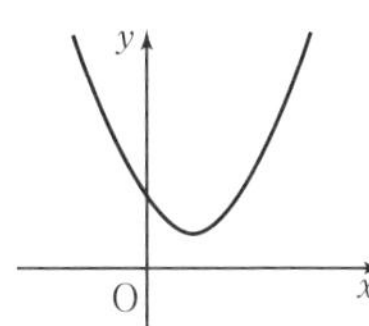

□ (4)

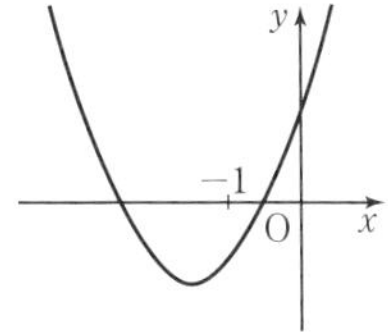

□ (5)

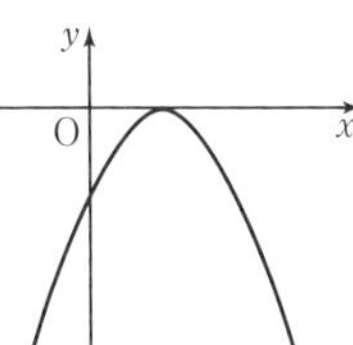

16 グラフと2次不等式

テストに出る重要ポイント

- **2次関数のグラフと不等式の解**…2次関数 $f(x)=ax^2+bx+c\ (a\neq 0)$ について，$D=b^2-4ac$ とする。

D の符号	$D>0$	$D=0$	$D<0$
$a>0$ のとき $y=f(x)$ のグラフと x 軸の位置関係			
$f(x)>0$ の解	$x<\alpha$，$\beta<x$	α 以外のすべての実数	すべての実数
$f(x)<0$ の解	$\alpha<x<\beta$	解はない	解はない
$a<0$ のとき $y=f(x)$ のグラフと x 軸の位置関係			
$f(x)>0$ の解	$\alpha<x<\beta$	解はない	解はない
$f(x)<0$ の解	$x<\alpha$，$\beta<x$	α 以外のすべての実数	すべての実数

- **つねに成り立つ不等式**…2次関数 $f(x)=ax^2+bx+c\ (a\neq 0)$ で

① つねに $f(x)>0 \iff \boldsymbol{a>0}$，$\boldsymbol{D<0}$　（下に凸で，x 軸より上側）

② つねに $f(x)<0 \iff \boldsymbol{a<0}$，$\boldsymbol{D<0}$　（上に凸で，x 軸より下側）

基本問題

解答 ⟹ 別冊 p. 24

128 次の2次不等式を解け。

□ (1)　$(x+1)(x-2)>0$　　□ (2)　$x^2-5x+6\leqq 0$　　□ (3)　$x^2-x-20\geqq 0$

□ (4)　$3x^2-5x+2<0$　　□ (5)　$x^2+4x-3>0$　　□ (6)　$2x^2-3x-1\leqq 0$

129 次の2次不等式を解け。

□ (1) $x^2-4x+5<0$　　□ (2) $x^2+2x+5>0$

□ (3) $x^2-8x+16>0$　　□ (4) $x^2-4x+4\geqq 0$

□ (5) $2x^2-3x+3<0$　　□ (6) $x^2+6x+9\leqq 0$

130 次の連立不等式を解け。

□ (1) $\begin{cases} x^2-2x-8\geqq 0 \\ (x+5)(x-7)<0 \end{cases}$　　□ (2) $\begin{cases} 3x^2-7x+2<0 \\ 6x^2-7x-3>0 \end{cases}$

□ **131** k は定数とする。2次関数 $y=x^2+kx+4$ のグラフと x 軸との共有点の個数を，k の値によって場合分けをして求めよ。

□ **132** 2次関数 $y=x^2-(4+a)x+a+12$ のグラフが x 軸と共有点をもたないような定数 a の値の範囲を求めよ。

□ **133** x がどんな値をとっても，2次不等式 $x^2-ax>x-4$ がつねに成り立つような定数 a の値の範囲を求めよ。 テスト必出

□ **134** $f(x)=x^2-2mx+2m+3$ とする。すべての実数 x について，$f(x)>0$ が成り立つような定数 m の値の範囲を求めよ。

135 2次方程式 $x^2-2(a-1)x-a+3=0$ が，次のような2つの解をもつとき，定数 a の値の範囲を求めよ。 テスト必出

□ (1) 異なる2つの正の解　　□ (2) 異なる2つの負の解

□ (3) 正の解と負の解

応用問題

解答 ⟶ 別冊 p. 26

136 2次方程式 $x^2+ax+4=0$ が，次のような解をもつように，定数 a の値の範囲を定めよ。

□ (1) 異なる2つの解がともに -1 より大きい。

□ (2) 異なる2つの解がともに -1 より小さい。

□ (3) 1つの解が -1 より大きく，他の解が -1 より小さい。

□ **137** 2次方程式 $ax^2+(1-5a)x+6a=0\ (a>0)$ がともに1より大きい異なる2つの解をもつのは，定数 a がどのような範囲にあるときか。差がつく

□ **138** 2次方程式 $2x^2-ax+2=0$ の1つの解が0と1の間に，他の解が1と2の間にあるように，定数 a の値の範囲を定めよ。

□ **139** 2次方程式 $ax^2-x-1=0$ の異なる2つの解が，ともに -1 と1の間にあるための定数 a の条件を求めよ。

□ **140** 2次不等式 $x^2+(a-2)x-2a<0$ を満たす整数 x がちょうど3個だけとなるような定数 a の値の範囲を求めよ。差がつく

□ **141** $1 \leqq x \leqq 3$ を満たすすべての実数 x に対して，2次不等式 $x^2-2kx-k+6>0$ が成り立つような定数 k の値の範囲を求めよ。

□ **142** x，y が実数で，$x^2+y^2=4$ のとき，x^2+2y の最大値と最小値を求めよ。また，そのときの x，y の値を求めよ。

□ **143** x，y が実数で，$x^2+2y^2=2$ のとき，$x+y$ の最大値と最小値を求めよ。また，そのときの x，y の値を求めよ。

144 次の関数のグラフをかけ。

□ (1) $y=|x-1|$　　□ (2) $y=|x|+1$

□ (3) $y=|x+2|+x$　　□ (4) $y=2-|x+1|$

例題研究》 次の関数のグラフをかけ。

$y=|x-1|+|x-2|$

着眼 絶対値の処理のしかたについて考えてみよう。

$\boldsymbol{a \geqq 0}$ のとき $\boldsymbol{|a|=a}$，$\boldsymbol{a<0}$ のとき $\boldsymbol{|a|=-a}$

であるから，絶対値記号の中で，符号の変わる境目の x の値に着目すればよい。

解き方 絶対値記号の中で符号の変わる境目の x の値は，前の項については $x=1$，後の項については $x=2$ であるから

└→ この符号の変わる境目の $x=1$，$x=2$ という x の値を求めることがポイント

(i) $x<1$ のとき，$|x-1|=-(x-1)$，$|x-2|=-(x-2)$

よって，$y=-(x-1)-(x-2)=-x+1-x+2$

$=-2x+3$

(ii) $1\leqq x<2$ のとき，$|x-1|=x-1$，$|x-2|=-(x-2)$

よって，$y=(x-1)-(x-2)=x-1-x+2$

$=1$

(iii) $x\geqq 2$ のとき，$|x-1|=x-1$，$|x-2|=x-2$

よって，$y=(x-1)+(x-2)=x-1+x-2$

$=2x-3$

(i)，(ii)，(iii)より　$y=\begin{cases}-2x+3 & (x<1)\\ 1 & (1\leqq x<2)\\ 2x-3 & (x\geqq 2)\end{cases}$

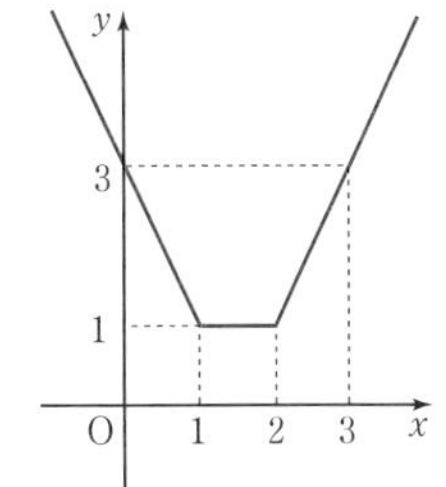

答 グラフは右の図

□ **145** 次の関数のグラフをかけ。**＜差がつく**

$y=|x+1|-|x|+|x-1|$

146 次の関数のグラフをかけ。

□ (1) $y=x^2-2|x|+2$　　□ (2) $y=|x^2-3x|-x+2$

17 直角三角形と三角比

テストに出る重要ポイント

- **三角比の定義**…∠C が直角の直角三角形 ABC において

$\sin A = \dfrac{\mathrm{BC}}{\mathrm{AB}} = \dfrac{a}{c}$（正弦）

$\cos A = \dfrac{\mathrm{AC}}{\mathrm{AB}} = \dfrac{b}{c}$（余弦）

$\tan A = \dfrac{\mathrm{BC}}{\mathrm{AC}} = \dfrac{a}{b}$（正接）

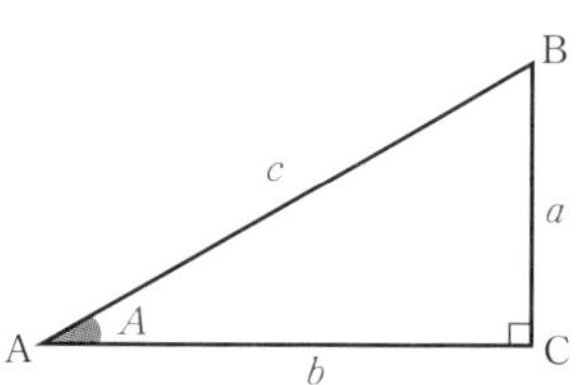

- **特別な角の三角比**

	0°	**30°**	**45°**	**60°**	90°
sin	0	$\frac{1}{2}$	$\frac{1}{\sqrt{2}}$	$\frac{\sqrt{3}}{2}$	1
cos	1	$\frac{\sqrt{3}}{2}$	$\frac{1}{\sqrt{2}}$	$\frac{1}{2}$	0
tan	0	$\frac{1}{\sqrt{3}}$	1	$\sqrt{3}$	

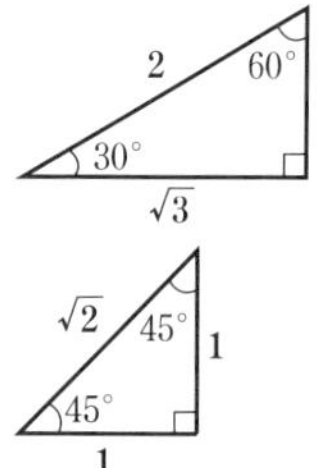

基本問題

解答 ➡ 別冊 p. 29

できたらチェック。

147 次の図の直角三角形で，$\sin A$，$\cos A$，$\tan A$ の値を求めよ。 テスト必出

□ (1)

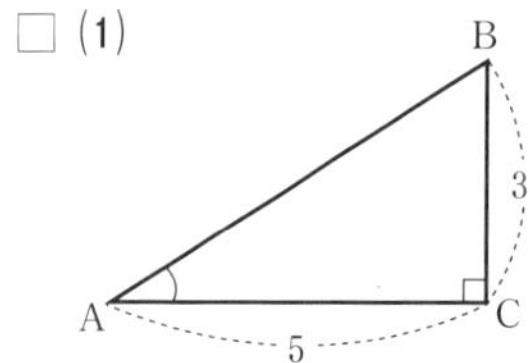

□ (2)

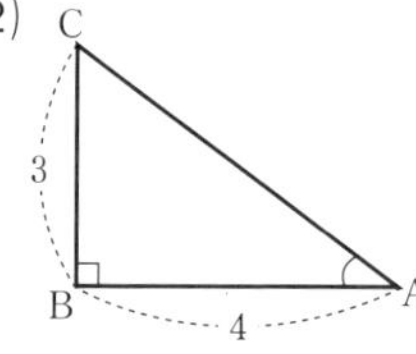

□ (3)

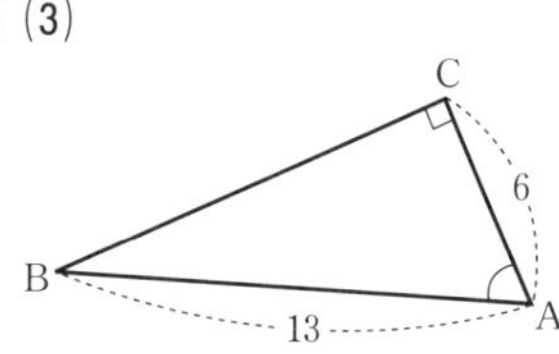

148 教科書についている三角比の表を用いて，次の値を求めよ。

□ (1) sin18°　　□ (2) cos24°　　□ (3) tan42°

□ (4) sin70°　　□ (5) cos62°　　□ (6) tan72°

149 教科書についている三角比の表を用いて，次の角 A の大きさを求めよ。ただし A は鋭角とする。

□ (1) $\cos A=0.5736$ □ (2) $\tan A=2.2460$ □ (3) $\tan A=0.8693$

□ (4) $\sin A=0.9063$ □ (5) $\sin A=0.4848$ □ (6) $\cos A=0.7193$

150 次の図の直角三角形で，x，y の値を求めよ。

□ (1) □ (2) 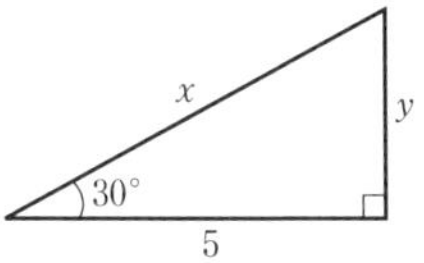 □ (3)

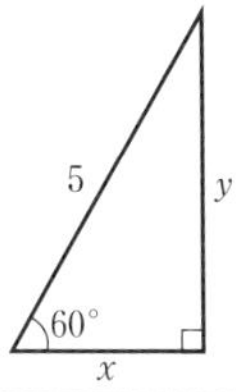

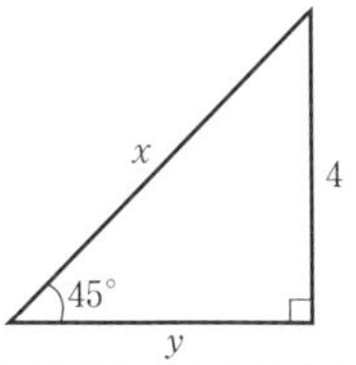

例題研究》 校庭に立っている木の高さを知りたい。木の根もとから 10m 離れた地点から木の先端を見上げたら，仰角(ぎょうかく)が 40° であった。木の高さを求めよ。ただし，目の高さは 1.7m とする。

着眼 測量の問題では，直角三角形の 1 辺と 1 角が与えられることが多い。正確な見取図をかき，求める数値を x とおいて三角比を利用すればよい。

解き方 木の高さを xm とする。

右の図より $\tan 40°=\dfrac{\mathrm{PH}}{\mathrm{AH}}$

$\tan 40°=\underline{0.8391}$，$\mathrm{PH}=x-1.7$，$\mathrm{AH}=10$ であるから
→ 三角比の表から読みとる

$$\frac{x-1.7}{10}=0.8391$$

$x=10\times 0.8391+1.7\fallingdotseq 10.1$ **答 10.1 m**

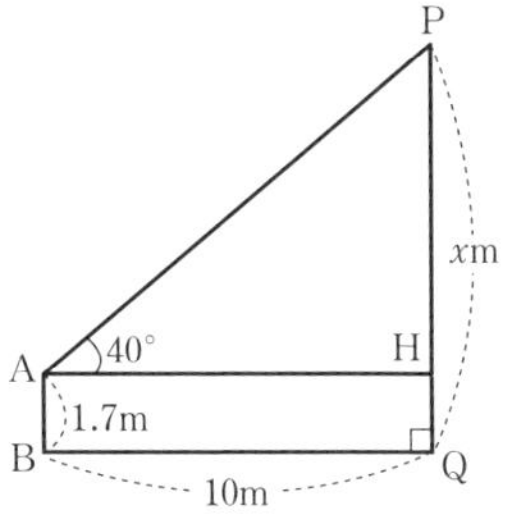

□ **151** 高さ 50m の建物の屋上からある地点を見下ろしたところ，俯角(ふかく)が 35° であった。その地点と建物との距離を求めよ。

152 次の三角比の値を求めよ。

□ (1) sin30°，cos30°，tan30° □ (2) sin45°，cos45°，tan45°

□ (3) sin60°，cos60°，tan60°

153 次の式の値を求めよ。**テスト必出**

□ (1) $\sin 60°\cos 30°-\cos 60°\sin 30°$ □ (2) $\cos 45°\cos 30°-\sin 45°\sin 30°$

□ (3) $(\sin 45°+\cos 45°)(\sin 45°-\cos 45°)$ □ (4) $(\tan 30°-\tan 45°)\tan 60°$

18 正接・正弦・余弦の相互関係

テストに出る重要ポイント

$90°-\theta$ の三角比

$\sin(90°-\theta)=\cos\theta$　　$\cos(90°-\theta)=\sin\theta$

$\tan(90°-\theta)=\dfrac{1}{\tan\theta}$

三角比の相互関係

$\tan\theta=\dfrac{\sin\theta}{\cos\theta}$　　$\sin^2\theta+\cos^2\theta=1$

$1+\tan^2\theta=\dfrac{1}{\cos^2\theta}$

基本問題

解答 ⇒ 別冊 p. 30

できたらチェック。

154 次の三角比を，45° 以下の角の三角比で表せ。

□ (1) $\sin 53°$　　□ (2) $\cos 77°$　　□ (3) $\tan 64°$

□ **155** θ が鋭角で，$\sin\theta=\dfrac{12}{13}$ のとき，$\cos\theta$，$\tan\theta$ の値を求めよ。 テスト必出

□ **156** θ が鋭角で，$\tan\theta=\dfrac{4}{5}$ のとき，$\sin\theta$，$\cos\theta$ の値を求めよ。

応用問題

解答 ⇒ 別冊 p. 30

□ **157** 傾きが 16° の坂道がある。この坂道をまっすぐにのぼらないで，坂道上を右側に 65° の方向に 100m 歩くと，約何 m の高さになるか。

□ **158** ある工場の煙突を地点 A から見上げると仰角は 20° であった。さらに，煙突に向かって 50m 歩いた地点 B で見上げたときの仰角は 35° であった。この煙突の高さを求めよ。ただし，目の高さを 1.6m とする。 差がつく

19 鈍角の三角比

✪ テストに出る重要ポイント

- **三角比の定義**… θ が $0^\circ \leqq \theta \leqq 180^\circ$ の範囲にある角 θ の三角比は次のようになる。

$\sin\theta=\dfrac{y}{r}$

$\cos\theta=\dfrac{x}{r}$

$\tan\theta=\dfrac{y}{x}\ (x \neq 0)$

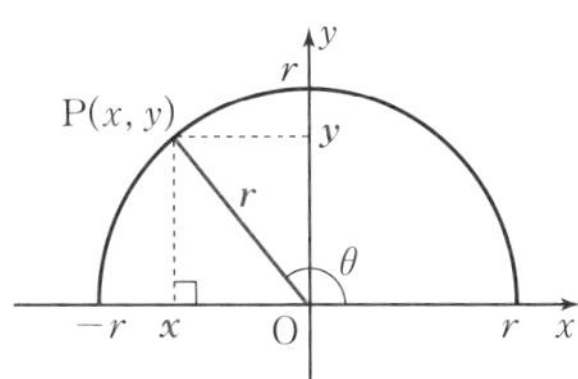

- **三角比のとる値の範囲**

$0 \leqq \sin\theta \leqq 1$，$-1 \leqq \cos\theta \leqq 1$，$\tan\theta$ はすべての実数値をとる。

- **$180^\circ-\theta$ の三角比**

$\sin(180^\circ-\theta)=\sin\theta$

$\cos(180^\circ-\theta)=-\cos\theta$

$\tan(180^\circ-\theta)=-\tan\theta$

基本問題

解答 ➡ 別冊 *p. 31*

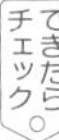

159 次の三角比の値を求めよ。

□ (1) $\sin 135^\circ$　□ (2) $\cos 150^\circ$　□ (3) $\tan 120^\circ$

□ (4) $\cos 90^\circ$　□ (5) $\sin 180^\circ$　□ (6) $\tan 150^\circ$

160 次の式の値を求めよ。

□ (1) $\sin(90^\circ-\theta)+\sin(180^\circ-\theta)-\cos(90^\circ-\theta)+\cos(180^\circ-\theta)$

□ (2) $\dfrac{1-\sin(180^\circ-\theta)}{1+\sin(90^\circ-\theta)} \times \dfrac{1-\cos(180^\circ-\theta)}{1-\cos(90^\circ-\theta)}$

20 三角比の相互関係

テストに出る重要ポイント

三角比の相互関係

$$\tan\theta=\frac{\sin\theta}{\cos\theta} \qquad \sin^2\theta+\cos^2\theta=1 \qquad 1+\tan^2\theta=\frac{1}{\cos^2\theta}$$

基本問題

解答 ➡ 別冊 p. 31

例題研究》 θ が鈍角で，$\sin\theta=\dfrac{3}{4}$ のとき，$\cos\theta$，$\tan\theta$ の値を求めよ。

着眼 $\sin^2\theta+\cos^2\theta=1$ より θ が鈍角であることに注意して $\cos\theta$ を求める。また，$\tan\theta$ は，$\tan\theta=\dfrac{\sin\theta}{\cos\theta}$ より求める。

解き方 $\sin^2\theta+\cos^2\theta=1$ より　$\cos^2\theta=1-\sin^2\theta$
（→ この公式はよく使う）

$\sin\theta=\dfrac{3}{4}$ だから　$\cos^2\theta=1-\dfrac{9}{16}=\dfrac{7}{16}$

θ は鈍角だから，$90°<\theta<180°$ より，$\cos\theta<0$ となる。　よって　$\cos\theta=-\dfrac{\sqrt{7}}{4}$ ……答
（→ 符号に注意すること）

また，$\tan\theta=\dfrac{\sin\theta}{\cos\theta}=\dfrac{3}{4}\div\left(-\dfrac{\sqrt{7}}{4}\right)=\dfrac{3}{4}\times\left(-\dfrac{4}{\sqrt{7}}\right)=-\dfrac{3}{\sqrt{7}}=-\dfrac{3\sqrt{7}}{7}$ ……答

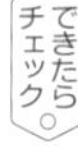

□ **161** θ が鈍角で，$\sin\theta=\dfrac{1}{3}$ のとき，$\cos\theta$，$\tan\theta$ の値を求めよ。

162 次の問いに答えよ。

□ (1) $0°<\theta<180°$ で $\cos\theta=-\dfrac{1}{2}$ のとき，$\sin\theta$，$\tan\theta$ の値を求めよ。

□ (2) θ が鈍角で，$\tan\theta=-2$ のとき，$\sin\theta$，$\cos\theta$ の値を求めよ。 テスト必出

163 次の等式を証明せよ。

□ (1) $\dfrac{\sin\theta}{1-\cos\theta}+\dfrac{\sin\theta}{1+\cos\theta}=\dfrac{2}{\sin\theta}$

□ (2) $\dfrac{\tan\theta}{1+\cos\theta}+\dfrac{\cos\theta+1}{\sin\theta\cos\theta}=\dfrac{2}{\sin\theta\cos\theta}$

164 $0^\circ \leqq \theta \leqq 180^\circ$ のとき，次の等式を満たす θ の値を求めよ。 テスト必出

□ (1) $\sin\theta = \dfrac{\sqrt{3}}{2}$　□ (2) $\cos\theta = -\dfrac{1}{2}$　□ (3) $\tan\theta = -1$

□ **165** $0^\circ \leqq \theta \leqq 180^\circ$ のとき，等式 $2\sin^2\theta + 7\sin\theta - 4 = 0$ を満たす θ の値を求めよ。

166 $0^\circ \leqq \theta \leqq 180^\circ$ のとき，次の不等式を満たす θ の値の範囲を求めよ。

テスト必出

□ (1) $\sin\theta \leqq \dfrac{1}{2}$　□ (2) $\cos\theta > -\dfrac{\sqrt{3}}{2}$　□ (3) $\tan\theta \leqq -\sqrt{3}$

応用問題

解答 ➡ 別冊 *p. 32*

167 次の式を簡単にせよ。 差がつく

□ (1) $\dfrac{1-\sin\theta-\cos\theta}{1-\sin\theta+\cos\theta} + \dfrac{1+\sin\theta+\cos\theta}{1+\sin\theta-\cos\theta}$　□ (2) $(1-\tan^4\theta)\cos^2\theta + \tan^2\theta$

□ (3) $\dfrac{1-2\cos^2\theta}{1-2\sin\theta\cos\theta} + \dfrac{1+2\sin\theta\cos\theta}{1-2\sin^2\theta}$

168 $0^\circ < \theta < 180^\circ$ である角 θ について，$\sin\theta + \cos\theta = \dfrac{1}{\sqrt{2}}$ が成り立つとき，次の式の値を求めよ。

□ (1) $\sin\theta\cos\theta$　□ (2) $\sin\theta - \cos\theta$

□ **169** $0^\circ \leqq \theta \leqq 180^\circ$ のとき，関数 $y = 2\sin^2 x + 8\cos x - 7$ の最大値および最小値を求めよ。 差がつく

ガイド　与式を $\cos x$ の式で表し，平方完成する。$\cos x$ の範囲が $-1 \leqq \cos x \leqq 1$ であることに注意する。

□ **170** $0^\circ \leqq \theta \leqq 180^\circ$ において，$\cos^2 x + 2p\sin x + q$ の最大値が 10，最小値が 7 であるとき，p，q の値を求めよ。

□ **171** $\sin\alpha + \sin\beta = 1$，$\cos\alpha + \cos\beta = 0$ $(0^\circ < \alpha \leqq \beta < 180^\circ)$ であるとき，α，β の値を求めよ。

21 正弦定理

テストに出る重要ポイント

- **正弦定理**…△ABC において，次の等式が成り立つ。

$$\frac{a}{\sin A}=\frac{b}{\sin B}=\frac{c}{\sin C}=2R$$（R は △ABC の外接円の半径）

- **正弦定理の変形**…次のような形で利用することも多い。

$a=2R\sin A$，$b=2R\sin B$，$c=2R\sin C$

$a:b:c=\sin A:\sin B:\sin C$

基本問題

解答 ➡ 別冊 p. 34

例題研究 △ABC において，$c=6\sqrt{6}$，$A=45°$，$B=75°$ のとき，外接円の半径 R を求めよ。また，a を求めよ。

着眼　正弦定理を使って，R を求める。このとき，$c=6\sqrt{6}$ とわかっているので，C を求める。また，a は $a=2R\sin A$ より求める。

解き方　$C=180°-(45°+75°)=60°$，$c=6\sqrt{6}$ より正弦定理を用いて

$$2R=\frac{c}{\sin C}=\frac{6\sqrt{6}}{\sin 60°}=6\sqrt{6}\div\frac{\sqrt{3}}{2}=12\sqrt{2}$$

→ これは外接円の直径！

$R=\mathbf{6\sqrt{2}}$ ……答

次に，$a=2R\sin A$，$2R=12\sqrt{2}$，$A=45°$ より

$$a=12\sqrt{2}\sin 45°=12\sqrt{2}\times\frac{1}{\sqrt{2}}=\mathbf{12}$$ ……答

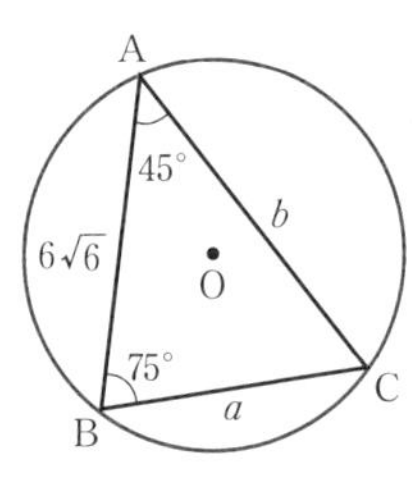

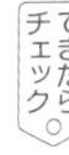

□ **172** △ABC において，$a=10$，$B=75°$，$C=60°$ のとき，外接円の半径 R を求めよ。また，c を求めよ。

173 △ABC において，次の問いに答えよ。 テスト必出

□ (1) BC=5cm，外接円の半径 $R=5$cm のとき，A を求めよ。

□ (2) $a:b:c=4:3:2$ のとき，$\sin A:\sin B:\sin C$ を求めよ。

□ (3) $A:B:C=3:2:1$ のとき，$a:b:c$ を求めよ。

例題研究》 △ABC において，$a=2\sqrt{3}$，$b=6$，$A=30^\circ$ のとき，残りの辺の長さと角の大きさを求めよ。

着眼 正弦定理 $\dfrac{a}{\sin A}=\dfrac{b}{\sin B}$ より B を求めればよい。

B がわかれば，$A+B+C=180^\circ$ より C がわかる。B の値は2通りあることに注意する。

解き方 正弦定理より

$$\frac{2\sqrt{3}}{\sin 30^\circ}=\frac{6}{\sin B}$$

$$\sin B=\frac{6}{2\sqrt{3}}\sin 30^\circ=\sqrt{3}\times\frac{1}{2}=\frac{\sqrt{3}}{2}$$

$0^\circ<B<180^\circ$ より $B=60^\circ$，120°

→ これを忘れないように！

$B=60^\circ$ のとき，$A+B+C=180^\circ$ より

$$C=180^\circ-(30^\circ+60^\circ)=90^\circ$$

$$\frac{2\sqrt{3}}{\sin 30^\circ}=\frac{c}{\sin 90^\circ} \text{ より}$$

$$c=\frac{2\sqrt{3}\sin 90^\circ}{\sin 30^\circ}=2\sqrt{3}\times 1\div\frac{1}{2}=4\sqrt{3}$$

$B=120^\circ$ のとき，$A+B+C=180^\circ$ より

$$C=180^\circ-(30^\circ+120^\circ)=30^\circ$$

△ABC は $A=C=30^\circ$ の二等辺三角形より　$c=a=2\sqrt{3}$

よって，$\boldsymbol{B=60^\circ}$，$\boldsymbol{C=90^\circ}$，$\boldsymbol{c=4\sqrt{3}}$
または　$\boldsymbol{B=120^\circ}$，$\boldsymbol{C=30^\circ}$，$\boldsymbol{c=2\sqrt{3}}$　……

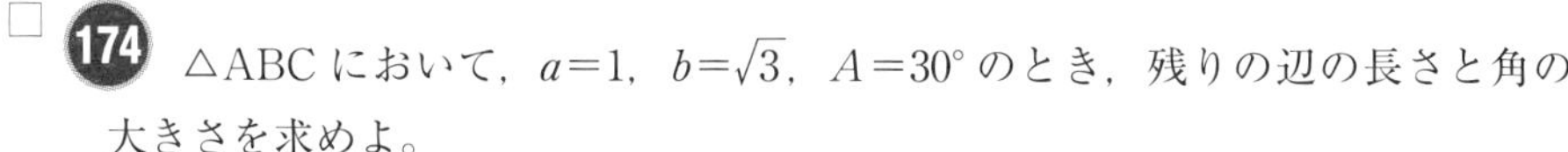

□ **174** △ABC において，$a=1$，$b=\sqrt{3}$，$A=30^\circ$ のとき，残りの辺の長さと角の大きさを求めよ。

□ **175** △ABC において，$\sin A:\sin B:\sin C=4:3:2$，$a=10$ のとき，b，c を求めよ。**テスト必出**

22 余弦定理

テストに出る重要ポイント

- **余弦定理**…△ABC において，次の等式が成り立つ。

①$\begin{cases} a^2=b^2+c^2-2bc\cos A \\ b^2=c^2+a^2-2ca\cos B \\ c^2=a^2+b^2-2ab\cos C \end{cases}$

②$\begin{cases} \cos A=\dfrac{b^2+c^2-a^2}{2bc} \\ \cos B=\dfrac{c^2+a^2-b^2}{2ca} \\ \cos C=\dfrac{a^2+b^2-c^2}{2ab} \end{cases}$

①は2辺とその間の角から対辺を求めるときに，

②は3辺の長さから角の余弦を求めるときによく用いられる。

- **角と辺の大小関係**

A が鋭角 $\Longleftrightarrow a^2<b^2+c^2$，$A$ が直角 $\Longleftrightarrow a^2=b^2+c^2$

A が鈍角 $\Longleftrightarrow a^2>b^2+c^2$

なお，三角形の2辺の大小関係は，その**対角の大小関係と一致**する。

基本問題

解答 ⟹ 別冊 p. 34

176 △ABC において，次の問いに答えよ。 テスト必出

□ (1) $b=3$，$c=4$，$A=60^\circ$ のとき，a を求めよ。

□ (2) $a=3$，$b=3\sqrt{2}$，$C=45^\circ$ のとき，c を求めよ。

□ (3) $a=5$，$b=3$，$c=4$ のとき，A を求めよ。

□ (4) $a=3\sqrt{2}$，$b=2\sqrt{3}$，$c=3+\sqrt{3}$ のとき，B を求めよ。

□ (5) $a:b:c=4:3:2$ のとき，$\cos A:\cos B:\cos C$ を求めよ。

□ **177** 三角形の3辺の長さが6，10，14であるとき，最大の角の大きさを求めよ。

178 3辺の長さがそれぞれ次のように与えられている三角形は，鋭角三角形，直角三角形，鈍角三角形のどれか。

□ (1) 5，8，9　　□ (2) 5，7，10

□ (3) 5，12，13　　□ (4) 3，4，6

179 △ABC において，次のものを求めよ。テスト必出

□ (1) $\sin A : \sin B : \sin C = 5 : 7 : 8$ のとき，$\cos B$，B

□ (2) $a : b : c = 2 : \sqrt{2} : (1+\sqrt{3})$ のとき，$\sin A : \sin B : \sin C$，B

□ (3) $\sin A : \sin B : \sin C = 7 : 5 : 3$ のとき，最大の角の大きさ

例題研究》 △ABC において，$a\cos A + b\cos B = c\cos C$ が成り立つとき，この三角形はどんな形の三角形か。

着眼 三角形の形状決定問題は，正弦定理または余弦定理を用いて，**辺だけの式または角だけの式**にすればよい。

解き方 余弦定理より

$$\cos A = \frac{b^2+c^2-a^2}{2bc},\quad \cos B = \frac{c^2+a^2-b^2}{2ca},\quad \cos C = \frac{a^2+b^2-c^2}{2ab}$$

これらを与式に代入して

$$a\cdot\frac{b^2+c^2-a^2}{2bc} + b\cdot\frac{c^2+a^2-b^2}{2ca} = c\cdot\frac{a^2+b^2-c^2}{2ab}$$

$$\underline{a^2(b^2+c^2-a^2)+b^2(c^2+a^2-b^2)=c^2(a^2+b^2-c^2)}$$

→ 両辺に $2abc$ を掛けて分母を払った

$$c^4-a^4-b^4+2a^2b^2=0$$

$$c^4-(a^4-2a^2b^2+b^4)=0$$

$$c^4-(a^2-b^2)^2=0$$

$$\underline{(c^2-a^2+b^2)(c^2+a^2-b^2)}=0$$

→ 因数分解の公式より

これより　$a^2=b^2+c^2$，または $b^2=a^2+c^2$

よって，△ABC は $A=90°$ の直角三角形，または $B=90°$ の直角三角形である。

答 **$A=90°$ の直角三角形，または $B=90°$ の直角三角形**

180 △ABC において，次の関係が成り立つとき，この三角形はどんな形の三角形か。

□ (1) $a\cos A = b\cos B$　　□ (2) $ca\cos A - cb\cos B = (a^2-b^2)\cos C$

□ (3) $a\cos B = b\cos A$

応用問題

解答 ➡ 別冊 p. 36

181 次の各場合について，△ABC の残りの辺の長さと角の大きさを求めよ。ただし，(3)では，$\sin 75^\circ=\dfrac{\sqrt{6}+\sqrt{2}}{4}$ とする。 差がつく

□ (1) $a=\sqrt{2}$，$b=1+\sqrt{3}$，$C=45^\circ$

□ (2) $a=2\sqrt{3}$，$b=3-\sqrt{3}$，$C=120^\circ$

□ (3) $b=5$，$C=75^\circ$，$A=60^\circ$

□ (4) $a=6$，$A=60^\circ$，$C=30^\circ$

□ (5) $a=2$，$b=\sqrt{2}$，$c=\sqrt{3}-1$

□ (6) $a=4$，$b=2$，$c=2\sqrt{3}$

例題研究》 $a=3$，$b=\sqrt{3}$，$A=60^\circ$ である △ABC の残りの辺の長さと角の大きさを求めよ。

着眼 向かいあう辺と角がわかっているので，正弦定理を用いる。与えられた条件が合同条件ではないので，三角形は1つとはかぎらない。

解き方 $\dfrac{3}{\sin 60^\circ}=\dfrac{\sqrt{3}}{\sin B}$　　よって，$\sin B=\dfrac{\sqrt{3}\sin 60^\circ}{3}=\dfrac{1}{2}$

ゆえに，$B=30^\circ$ または $B=150^\circ$

$B=30^\circ$ のとき　$C=180^\circ-(60^\circ+30^\circ)=90^\circ$

よって，$c=\sqrt{3^2+(\sqrt{3})^2}=\sqrt{9+3}=2\sqrt{3}$

$B=150^\circ$ のとき　$A+B=60^\circ+150^\circ=210^\circ>180^\circ$ となり，不適。

よって　$\boldsymbol{B=30^\circ}$，$\boldsymbol{C=90^\circ}$，$\boldsymbol{c=2\sqrt{3}}$　……答

□ **182** $a=3\sqrt{3}$，$c=3$，$C=30^\circ$ である △ABC の残りの辺の長さと角の大きさを求めよ。

183 $a=\sqrt{6}$，$b=2$，$A=60^\circ$ である △ABC について，次の問いに答えよ。

□ (1) B，C を求めよ。

□ (2) $c^2-2c-2=0$ であることを示し，c を求めよ。

例題研究》 △ABC において，$\tan A\sin^2 B=\tan B\sin^2 A$ が成り立つとき，この三角形はどんな形の三角形か。

着眼 $\tan A=\dfrac{\sin A}{\cos A}$ とし，正弦定理，余弦定理を用いて辺の関係の式になおす。

解き方 $\dfrac{\sin A}{\cos A}\cdot\sin^2 B=\dfrac{\sin B}{\cos B}\cdot\sin^2 A$

$\sin A\neq 0$，$\sin B\neq 0$ より，両辺を $\sin A\sin B$ で割って　$\dfrac{\sin B}{\cos A}=\dfrac{\sin A}{\cos B}$

よって　$\sin B\cos B=\sin A\cos A$

正弦定理，余弦定理を用いて

$$\frac{b}{2R}\cdot\frac{c^2+a^2-b^2}{2ca}=\frac{a}{2R}\cdot\frac{b^2+c^2-a^2}{2bc}$$ （R は △ABC の外接円の半径）

両辺に $4Rabc$ を掛けて

$$b^2(c^2+a^2-b^2)=a^2(b^2+c^2-a^2)$$
$$a^4-b^4-a^2c^2+b^2c^2=0$$
$$(a^4-b^4)-c^2(a^2-b^2)=0$$
$$(a^2-b^2)(a^2+b^2)-c^2(a^2-b^2)=0$$
$$(a^2-b^2)(a^2+b^2-c^2)=0$$
$$(a+b)(a-b)(a^2+b^2-c^2)=0$$

よって　$a=b$，または $c^2=a^2+b^2$

したがって　**BC＝CA の二等辺三角形，または $C=90^\circ$ の直角三角形**　……答

184 △ABC において，次の関係が成り立つとき，この三角形はどんな形の三角形か。〈差がつく〉

□ (1) $\sin C=2\sin A\cos B$　　□ (2) $a^2\tan B=b^2\tan A$

□ **185** △ABC において，次の等式が成り立つとき，B を求めよ。

$b^2=c^2+a^2-ca$

□ **186** △ABC において，辺 BC の中点を M とする。$a=14$，$b=13$，$c=15$ のとき，中線 AM の長さを求めよ。

23 三角形の面積

テストに出る重要ポイント

- **三角形の面積**…△ABC の面積を S とすると
  $$S=\frac{1}{2}bc\sin A=\frac{1}{2}ca\sin B=\frac{1}{2}ab\sin C$$
- **内接円の半径と三角形の面積**…△ABC の内接円の半径を r とすると
  $S=sr$　ただし　$s=\dfrac{a+b+c}{2}$
- **ヘロンの公式**…上の s を用いると，△ABC の面積 S は
  $S=\sqrt{s(s-a)(s-b)(s-c)}$

基本問題

解答 ➡ 別冊 p. 38

できたらチェック。

187 △ABC の辺や角が次のように与えられたとき，△ABC の面積 S を求めよ。

□ (1)　$a=2$，$b=5$，$C=60°$

□ (2)　$a=2\sqrt{2}$，$c=\sqrt{3}$，$B=45°$

□ (3)　$b=5$，$c=4$，$A=150°$

□ **188** AD=5，CD=7，∠BCD=45° である平行四辺形 ABCD の面積 S を求めよ。

189 △ABC において，BC=4，CA=5，AB=6 である。次のものを求めよ。

テスト必出

□ (1)　$\cos A$，$\sin A$

□ (2)　△ABC の外接円の半径 R

□ (3)　△ABC の面積 S

□ (4)　△ABC の内接円の半径 r

190 3辺の長さが次のように与えられたとき，△ABC の面積 S を求めよ。

□ (1)　$a=5$，$b=6$，$c=7$

□ (2)　$a=8$，$b=6$，$c=4$

例題研究》 △ABC において，∠A の二等分線と辺 BC の交点を D とする。$A=120°$，$b=10$，$c=6$ のとき，線分 AD の長さを求めよ。

着眼 AD$=x$ として，面積の関係の式 △ABD＋△ACD＝△ABC を x の式で表す。これを x について解けばよい。

解き方 AD$=x$ とする。

△ABC＝△ABD＋△ACD であるから

→ 1つの三角形の面積を2つの三角形の面積の和として表す

$$\frac{1}{2}\cdot10\cdot6\sin120°=\frac{1}{2}\cdot6\cdot x\sin60°+\frac{1}{2}\cdot10\cdot x\sin60°$$

$$60\sin120°=6x\sin60°+10x\sin60°$$

$$60\cdot\frac{\sqrt{3}}{2}=6x\cdot\frac{\sqrt{3}}{2}+10x\cdot\frac{\sqrt{3}}{2}$$

$$60=6x+10x$$

$$16x=60$$

$$x=\frac{15}{4}$$

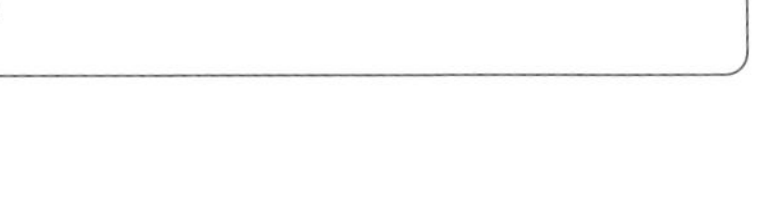

答 $\mathbf{AD=\frac{15}{4}}$

191 △ABC において，AB＝4，AC＝3，∠A＝60° とする。∠A の二等分線と辺 BC の交点を D とするとき，次の線分の長さを求めよ。

□ (1) BC　　□ (2) BD　　□ (3) AD

応用問題

解答 ➡ 別冊 *p. 39*

□ **192** 半径 10cm の円の周上に 3 点 A，B，C があり，

$\overset{\frown}{AB}:\overset{\frown}{BC}:\overset{\frown}{CA}=3:4:5$ であるとき，△ABC の面積を求めよ。

□ **193** 1つの角の大きさが 120°，その対辺の長さが 7cm，他の 2 辺の長さの和が 8cm の三角形がある。この三角形の他の 2 辺の長さと面積を求めよ。

例題研究》 円に内接する四角形 ABCD において，
AB＝3，BC＝1，AD＝4，∠BAD＝60°
とするとき，次のものを求めよ。

(1) 対角線 BD の長さ

(2) 辺 CD の長さ

(3) 四角形 ABCD の面積

着眼 円に内接する四角形の性質(対角の和は 180° であること)を用いる。

解き方 (1) △ABD において，余弦定理より

$BD^2=3^2+4^2-2\cdot3\cdot4\cos60°=9+16-12=13$

よって　BD＝$\sqrt{13}$　……**答**

(2) ∠BCD＝180°−60°＝120° である。

CD＝x とおくと，△BCD において，余弦定理より

$13=1+x^2-2\cdot1\cdot x\cos120°$

$13=1+x^2+x$

$x^2+x-12=0$

$(x+4)(x-3)=0$

$x=-4,\ 3$　　$x>0$ より　$x=\mathrm{CD}=3$　……**答**

(3) 四角形 ABCD＝△ABD＋△BCD＝$\dfrac{1}{2}\cdot3\cdot4\sin60°+\dfrac{1}{2}\cdot1\cdot3\sin120°$

$=\dfrac{1}{2}\cdot3\cdot4\cdot\dfrac{\sqrt{3}}{2}+\dfrac{1}{2}\cdot1\cdot3\cdot\dfrac{\sqrt{3}}{2}=\dfrac{15\sqrt{3}}{4}$　……**答**

194 円に内接する四角形 ABCD において，AB＝5，BC＝3，AD＝8，∠BAD＝60° とするとき，次のものを求めよ。〈差がつく〉

□ (1) 対角線 BD の長さ　　□ (2) 辺 CD の長さ

□ (3) 四角形 ABCD の面積

195 円に内接する四角形 ABCD において，AB＝4，BC＝3，CD＝2，DA＝2 とするとき，次のものを求めよ。

□ (1) 対角線 BD の長さ　　□ (2) 四角形 ABCD の面積

□ **196** 四角形の対角線の長さが 10，12 でそのなす角が 60° であるとき，この四角形の面積 S を求めよ。

24 空間図形の計量

テストに出る重要ポイント

- **3辺の等しい三角錐**
  三角錐 OABC において，OA＝OB＝OC のとき，頂点 O から底面 ABC に下ろした垂線と底面 ABC の交点は △ABC の外心と一致する。

基本問題

解答 ➡ 別冊 p. 40

できたらチェック。

197 右の図のような，AB＝$2\sqrt{3}$，AD＝$\sqrt{6}$，AE＝$\sqrt{2}$ の直方体 ABCD-EFGH において，次の問いに答えよ。 テスト必出

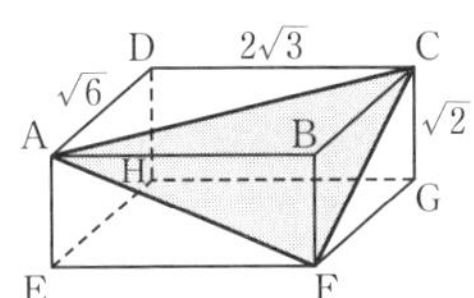

□ (1) ∠ACF の大きさを求めよ。

□ (2) △ACF の面積を求めよ。

□ (3) B から平面 ACF に下ろした垂線の長さを求めよ。

□ **198** 右の図のように，1つの直線上に並ぶ水平面上の3点 A，B，C から，木のてっぺんの仰角を測ると，それぞれ 45°，45°，30° であった。
AB＝5m，BC＝5m であるとき，木の高さを求めよ。

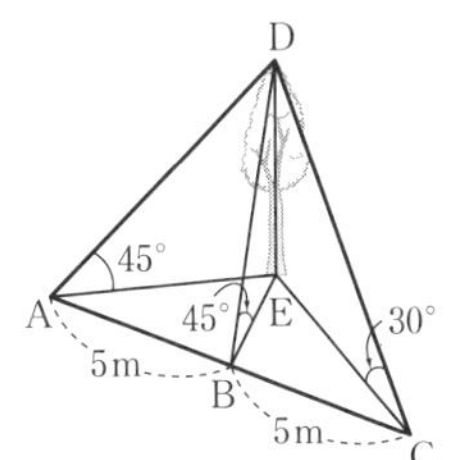

199 1辺の長さが6の正四面体 ABCD において，辺 BC を 1：2 に内分する点を P，辺 CD の中点を Q とするとき，次のものを求めよ。

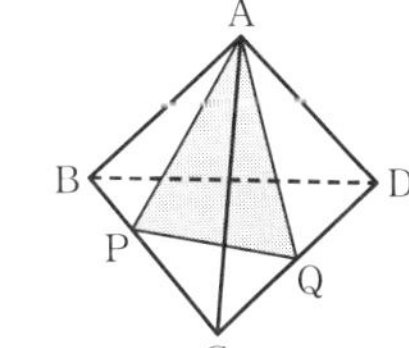

□ (1) AP，AQ，PQ の長さ

□ (2) cos∠PAQ の値

□ (3) △APQ の面積

例題研究》 右の図の直方体は，AB＝1cm，BC＝2cm，BF＝1cm で，点 M は辺 FG の中点である。

(1)　△AEM の面積を求めよ。

(2)　点 A，E，M を通る平面と，点 A，F，M を通る平面でこの直方体を切ったときにできる三角錐 AEFM の体積を求めよ。

(3)　点 P は辺 CD 上の点である。点 A，P，G を結んでできる折れ線の長さ AP＋PG が最小となるとき，その長さを求めよ。

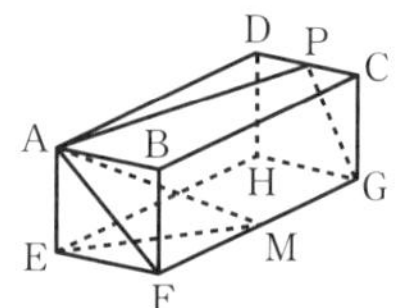

着眼 (1)　△AEM は，∠AEM＝90° の直角三角形である。三平方の定理より EM の長さを求める。

(2)　△EFM を底面と考えると，高さは AE である。

(3)　折れ線がのっている面の展開図をかいてみる。AP＋PG が最小となるのは，A と G を結ぶ線分上に P がくるときである。

解き方 (1)　M は FG の中点だから，△FEM は EF＝FM＝1cm の直角二等辺三角形になり　$EM=\sqrt{2}EF=\sqrt{2}$(cm)

AE⊥EM より ∠AEM＝90° で AE＝1 だから

$\triangle AEM=\dfrac{1}{2}\times 1\times\sqrt{2}=\boldsymbol{\dfrac{\sqrt{2}}{2}}$**(cm²)**　……答

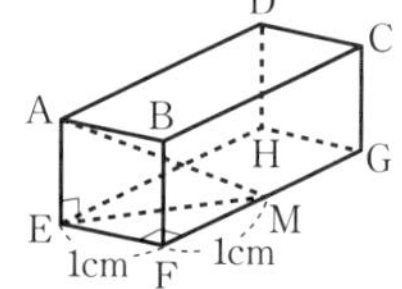

(2)　$\triangle EFM=\dfrac{1}{2}\times 1\times 1=\dfrac{1}{2}$，AE＝1 だから三角錐 AEFM の体積は

$\dfrac{1}{3}\times\dfrac{1}{2}\times 1=\boldsymbol{\dfrac{1}{6}}$**(cm³)**　……答

(3)　折れ線がのっている面の展開図は，右のようになる。

AP＋PG が最小となるのは，A，P，G が一直線上にあるときである。このとき，AP＋PG の長さは AG の長さになる。

BG＝2＋1＝3(cm) で ∠B＝90° だから，△ABG で三平方の定理より

$AG^2=1^2+3^2=10$　　AG＞0 だから　$AG=\boldsymbol{\sqrt{10}}$**(cm)**　……答

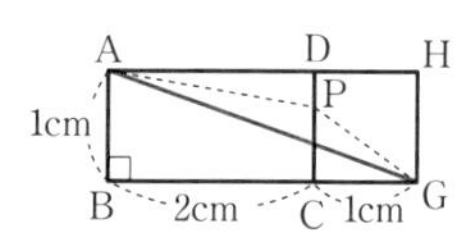

200 すべての辺の長さが a である正四面体 ABCD について，辺 AB の中点を M，辺 CD の中点を N とするとき，テスト必出

□ (1)　線分 AN の長さを a を用いて表せ。

□ (2)　線分 MN の長さを a を用いて表せ。

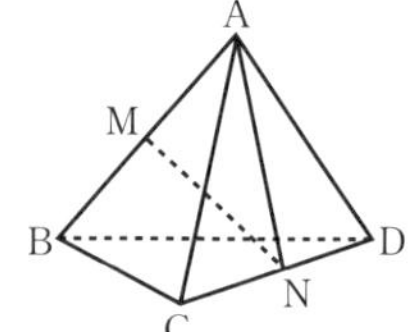

応用問題

解答 ⟹ 別冊 p. 41

例題研究》 1辺の長さが a の正四面体 ABCD において，辺 BC の中点を M とし，頂点 A から底面 BCD に引いた垂線を AH とするとき，次の問いに答えよ。

(1) $\angle\mathrm{AMD}=\theta$ とするとき，$\cos\theta$ を求めよ。

(2) この正四面体 ABCD の体積を求めよ。

着眼 (1) △AMD において余弦定理を用いる。

(2) $\sin\theta>0$ だから $\sin\theta=\sqrt{1-\cos^2\theta}$，$\mathrm{AH}=\mathrm{AM}\sin\theta$，正四面体の体積$=\dfrac{1}{3}\cdot\triangle\mathrm{BCD}\cdot\mathrm{AH}$

解き方 (1) △ABC は正三角形だから，AM⊥BC

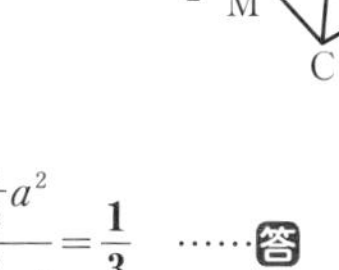

△ABM において ∠ABM=60°，∠AMB=90° だから

$$\mathrm{AM}=\mathrm{AB}\times\frac{\sqrt{3}}{2}=a\cdot\frac{\sqrt{3}}{2}=\frac{\sqrt{3}}{2}a$$

同様にして $\mathrm{MD}=\dfrac{\sqrt{3}}{2}a$

したがって，△AMD において，余弦定理より

$$\cos\theta=\frac{\mathrm{MA}^2+\mathrm{MD}^2-\mathrm{AD}^2}{2\cdot\mathrm{MA}\cdot\mathrm{MD}}=\frac{\left(\frac{\sqrt{3}}{2}a\right)^2+\left(\frac{\sqrt{3}}{2}a\right)^2-a^2}{2\cdot\frac{\sqrt{3}}{2}a\cdot\frac{\sqrt{3}}{2}a}=\frac{\frac{1}{2}a^2}{\frac{3}{2}a^2}=\boldsymbol{\frac{1}{3}}$$ ……答

(2) $\sin\theta>0$ より $\sin\theta=\sqrt{1-\left(\dfrac{1}{3}\right)^2}=\sqrt{\dfrac{8}{9}}=\dfrac{2\sqrt{2}}{3}$

点 H は線分 MD 上にあるから，直角三角形 AMH において

$$\mathrm{AH}=\mathrm{AM}\sin\theta=\frac{\sqrt{3}}{2}a\cdot\frac{2\sqrt{2}}{3}=\frac{\sqrt{6}}{3}a$$

底面の △BCD の面積を S，$\mathrm{AH}=h$，求める正四面体の体積を V とすると

$$S=\frac{1}{2}\cdot a\cdot a\sin 60^\circ=\frac{1}{2}a^2\cdot\frac{\sqrt{3}}{2}=\frac{\sqrt{3}}{4}a^2$$

$$V=\frac{1}{3}Sh=\frac{1}{3}\cdot\frac{\sqrt{3}}{4}a^2\cdot\frac{\sqrt{6}}{3}a=\boldsymbol{\frac{\sqrt{2}}{12}a^3}$$ ……答

→ $\dfrac{1}{3}$ を掛けるのを忘れずに！

□ **201** 次の四面体 OABC の体積 V を求めよ。〈差がつく〉

OA=OB=OC=5，AB=BC=CA=6

25 データの整理

テストに出る重要ポイント

- **度数分布表とヒストグラム**…データの傾向をつかむためには，度数分布表を作りヒストグラムに表してみるとよい。
- **代表値**…代表値には次のようなものがある。
  - ・**平均値**…$\dfrac{(\text{データの値の総和})}{(\text{データの個数})}$
  - ・**中央値**…データを小さい順に並べたとき，その中央にくる値。
  - ・**最頻値**…度数分布表に整理したとき，度数が最も大きい階級の階級値。
- **四分位数**…データを小さい順に並べたとき，4等分する位置にくる3つの値。小さい順に第1四分位数，第2四分位数，第3四分位数という。
- **四分位範囲**…第3四分位数から第1四分位数を引いた差。
  (第3四分位数)−(第1四分位数)
- **箱ひげ図と外れ値**…データの中で，他の値から極端に離れた値。データの第1四分位数または第3四分位数から，それぞれ四分位範囲の1.5倍以上離れたデータの値を外れ値と判定する。

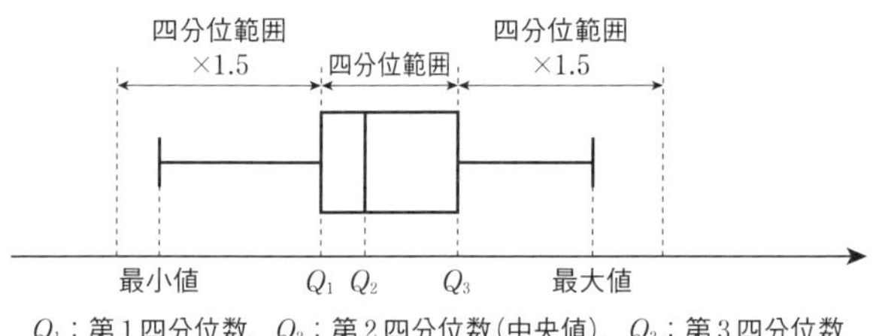

Q_1：第1四分位数，Q_2：第2四分位数(中央値)，Q_3：第3四分位数

基本問題

解答 ➡ 別冊 *p.* 42

202 次のデータは，あるクラスの生徒45人に数学のテストを行った結果である。

61　35　68　15　51　83　55　62　68　26　52　51　75　46　73　53　65　48
45　75　43　40　57　56　35　50　69　66　58　54　56　67　21　54　66　39
38　49　61　43　63　33　45　57　67　(単位は点)

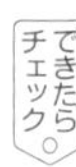

このとき，次の問いに答えよ。ただし，階級の幅を10点として，階級は「10点以上20点未満」から始めるものとする。

□ (1)　度数分布表を作れ。　□ (2)　ヒストグラムをかけ。

□ **203** 次のデータは，ある高校の柔道部員 10 人の上体起こしの記録を調べた結果である(単位は回)。このデータについて，中央値を求めよ。

30, 22, 26, 29, 25, 30, 27, 23, 26, 31

204 右の度数分布表は，ある学校の男子全員について，100m 走の記録を調べてまとめたものである。これについて，次の問いに答えよ。 テスト必出

□ (1) 平均値を求めよ。

□ (2) 中央値はどの階級に属しているか。

□ (3) 最頻値を求めよ。

□ (4) 四分位数を求めよ。

□ (5) 箱ひげ図を作れ。

階級(秒)	度数(人)
13.0 以上 ～ 13.4 未満	2
13.4 ～ 13.8	4
13.8 ～ 14.2	10
14.2 ～ 14.6	8
14.6 ～ 15.0	4
15.0 ～ 15.4	6
15.4 ～ 15.8	4
15.8 ～ 16.2	1
16.2 ～ 16.6	1
合計	40

205 次のデータは，ある市の，2 週間における降雪量を調べた結果である(単位は cm)。次の問いに答えよ。

8, 11, 6, 10, 32, 16, 5, 7, 11, 10, 9, 21, 5, 7

□ (1) 四分位数と四分位範囲を求めよ。

□ (2) 箱ひげ図を作れ。

□ (3) 外れ値があれば，それを求めよ。

応用問題

解答 ➡ 別冊 p. 43

□ **206** あるクラスの男子生徒 n_1 人の握力の平均値を $\overline{x_1}$kg，女子生徒 n_2 人の握力の平均値を $\overline{x_2}$kg，このクラスの生徒全員の握力の平均値を $\overline{x}$kg とするとき，$\overline{x}$ を n_1, n_2, $\overline{x_1}$, $\overline{x_2}$ を用いて表せ。 差がつく

□ **207** 変量 x のデータから $y=ax+b$ (a, bは 0 でない定数) によって，新しい変量 y のデータが得られるとする。変量 x の n 個のデータの値を x_1, x_2, …, x_n, 変量 y の n 個のデータの値を y_1, y_2, …, y_n とし，x の平均値を $\overline{x}$, y の平均値を $\overline{y}$ をするとき，$\overline{y}=a\overline{x}+b$ と表されることを証明せよ。

26 分散と標準偏差

テストに出る重要ポイント

- **偏差**…データの各値 x と平均値 $\overline{x}$ との差。　$x-\overline{x}$
- **分散**…偏差の2乗の平均値。

$$s^2=\frac{1}{n}\{(x_1-\overline{x})^2+(x_2-\overline{x})^2+\cdots+(x_n-\overline{x})^2\}$$

$$=\frac{1}{n}(x_1{}^2+x_2{}^2+\cdots+x_n{}^2)-(\overline{x})^2=(x^2\text{ の平均値})-(x\text{ の平均値})^2$$

- **標準偏差**…分散の正の平方根。

$$s=\sqrt{\frac{1}{n}\{(x_1-\overline{x})^2+(x_2-\overline{x})^2+\cdots+(x_n-\overline{x})^2\}}$$

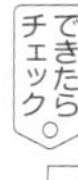

基本問題

解答 ➡ 別冊 p. 43

□ **208** 次のデータは，6人の英語のテストの得点である(単位は点)。平均値，分散，標準偏差(四捨五入して小数第1位まで)を求めよ。

56，68，80，86，62，74

□ **209** 次のデータは，7人の数学のテストの得点である(単位は点)。平均値，分散，標準偏差(四捨五入して小数第1位まで)を求めよ。

62，92，74，80，56，58，82

□ **210** 次のデータは，高校生40人の漢字テストの得点である(単位は点)。平均値，分散，標準偏差(四捨五入して小数第2位まで)を求めよ。

10	7	8	8	6	6	6	8	7	4	8	9	9	7
8	5	8	7	8	9	7	10	2	7	8	6	3	8
10	5	5	4	10	8	6	9	7	8	4	5		

□ **211** 次のデータについて，平均値，分散(四捨五入して小数第2位まで)，標準偏差(四捨五入して小数第2位まで)を求めよ。

5　3　7　5　2　6　9　3　3　8　6　3

□ **212** A，B 2つのクラスの生徒 75 人について，通学時間(片道)を調べたら，右の表のようになった。2つのクラス全体の平均値と標準偏差(四捨五入して小数第1位まで)を求めよ。

クラス	人数(人)	平均値(分)	標準偏差(分)
A	40	20	15
B	35	23	12

213 次のデータは，あるクラスの生徒 40 人の睡眠時間を調査した結果をまとめたものである(単位は分)。

477 268 357 468 508 324 364 340 401 454
442 350 459 368 419 454 317 360 439 394
471 478 429 395 417 459 410 302 372 449
276 437 387 407 328 341 502 437 416 361

□ (1) 右の表を参考に，度数分布表を作成せよ。
□ (2) ヒストグラムをかけ。
□ (3) (1)の度数分布表をもとにして，平均値，中央値，分散，標準偏差(四捨五入して小数第2位まで)を求めよ。
□ (4) 最大値，最小値を求めよ。

階級	階級値	度数
以上　未満 268～306 306～344 344～382 ⋮		
合計		40

応用問題

解答 ⟹ 別冊 p. 44

□ **214** 右の表は，ある中学校のある学年A，B，C 3組について英語の学力検査を行った結果をまとめたものである。表の(1)，(2)の欄をうめよ。ただし，(2)は小数第2位を四捨五入して小数第1位まで求めよ。

組	人数(人)	平均値(点)	標準偏差
A	55	70	8.2
B	48	63	(2)
C	47	58	9.0
合計	150	(1)	9.4

215 n 個の値 x_1，x_2，……，x_n の平均値を m，標準偏差を s，また c を定数とする。次の値を c，m，s を用いて表せ。

□ (1) x_1+c，x_2+c，……，x_n+c の平均値，標準偏差
□ (2) cx_1，cx_2，……，cx_n の平均値，標準偏差
□ (3) $cx_1{}^2$，$cx_2{}^2$，……，$cx_n{}^2$ の平均値

27 データの相関

テストに出る重要ポイント

- **散布図**…個々のデータのもつ2つの変量をそれぞれ x, y とし，$(x,\ y)$ を座標とする点を座標平面上にとった図。
- **相関係数 r**…$-1\leqq r\leqq 1$

  共分散 s_{xy}…x の偏差と y の偏差の積 $(x_i-\overline{x})(y_i-\overline{y})$ の平均値。

  $$s_{xy}=\frac{1}{n}\{(x_1-\overline{x})(y_1-\overline{y})+(x_2-\overline{x})(y_2-\overline{y})+\cdots+(x_n-\overline{x})(y_n-\overline{y})\}$$

  x, y の標準偏差を s_x, s_y とすると，x と y の相関係数 r は

  $$\boldsymbol{r=\frac{s_{xy}}{s_x s_y}}$$

- **相関係数の性質**…r が1に近いほど，強い正の相関関係があり，r が -1 に近いほど，強い負の相関関係がある。
- **仮説検定**…次の手順で行う。主張の妥当性を調べたいとき

  ① 主張を否定した仮説を立てる。

  ② 仮説のもとで起こる可能性を数学的に評価して，主張が正しいかどうか判断する。

できたらチェック。 基本問題

解答 → 別冊 p. 45

□ **216** 下の表は，8人の生徒の国語と英語の得点である（単位は点）。このデータについて，散布図を作成し，相関関係を調べよ。

	1	2	3	4	5	6	7	8
国語	53	67	73	96	56	70	93	68
英語	74	60	85	73	70	73	99	66

□ **217** 右の表の変量 x と y の3組のデータについて，散布図をそれぞれ作成し，相関関係を調べよ。

x_1	y_1	x_2	y_2	x_3	y_3
-2	3	-2	5	-2	12
-1	4	0	2	-1	10
0	5	1	8	0	8
1	7	2	4	1	7
4	10	7	4	2	5
5	14	7	9	2	6
8	15	8	5	6	3
9	14	9	3	8	5

□ **218** ある1枚のメダルを繰り返し8回投げたところ，7回表が出た。このことから，「このメダルは表が出やすいように作られている」と判断してよいか。仮説検定の考えを用いて，基準となる相対度数を0.05として考察せよ。次の表は，表裏が公平に出るように作られた1枚のコインを8回投げることを繰り返したとき，表が出た回数の相対度数を調べたものである。この結果を使ってよい。

表が出た回数(回)	0	1	2	3	4	5	6	7	8
相対度数	0.003	0.034	0.110	0.217	0.275	0.218	0.109	0.032	0.002

219 20人の生徒に数学と英語の5点満点の小テストを行ったところ，右の表のような結果を得た(単位は点)。このとき，次の値を求めよ。標準偏差，相関係数は，小数第3位を四捨五入して小数第2位まで求めよ。

数学(点) ＼ 英語(点)	5	4	3	2	1	計
5	3	2				5
4	2	3	4			9
3	1	1	2	1		5
2				1		1
1						
合計	6	6	6	2		20

□ (1) 数学の得点の平均値，標準偏差

□ (2) 英語の得点の平均値，標準偏差

□ (3) 数学と英語の得点の相関係数

応用問題

解答 ➡ 別冊 p. 47

□ **220** 右の表は，ある小学生15人の走り幅跳びの記録 x(cm)と50m走の記録 y(秒)である。このデータについて散布図を作成せよ。また，相関係数(四捨五入して小数第2位まで)を求めよ。

番号	走り幅跳び x(cm)	50m走 y(秒)
1	370	7.9
2	325	8.7
3	295	9.0
4	374	8.5
5	275	9.6
6	348	8.5
7	350	8.6
8	293	9.4
9	339	8.1
10	292	9.7
11	304	9.3
12	315	8.7
13	304	9.5
14	318	9.5
15	298	10.0

28 集合の要素の個数

✪ テストに出る重要ポイント

- **集合の要素の個数**…有限集合 A の要素の個数を $n(A)$ で表す。
  ① $n(A\cup B)=n(A)+n(B)-n(A\cap B)$
  ② 特に，$A\cap B=\varnothing$ のとき　$n(A\cup B)=n(A)+n(B)$
- **補集合の要素の個数**…全体集合を U とする。
  $n(\overline{A})=n(U)-n(A)$
  $n(\overline{A}\cap\overline{B})=n(\overline{A\cup B})=n(U)-n(A\cup B)$
  $n(\overline{A}\cup\overline{B})=n(\overline{A\cap B})=n(U)-n(A\cap B)$

基本問題

解答 ➡ 別冊 p. 48

できたらチェック。

221 100 以下の正の整数のうち，次のような数は何個あるか。 テスト必出

□ (1) 4 の倍数　　□ (2) 3 の倍数

□ (3) 4 でも 3 でも割り切れる数

□ (4) 4 と 3 の少なくとも一方で割り切れる数

□ (5) 4 でも 3 でも割り切れない数

222 全体集合 U とその部分集合 A，B について，

$n(U)=53$，$n(A)=28$，$n(B)=16$，$n(A\cap B)=8$

のとき，次の集合の要素の個数を求めよ。

□ (1) $\overline{B}$　　□ (2) $A\cup B$　　□ (3) $A\cap\overline{B}$

□ (4) $A\cup\overline{B}$　　□ (5) $\overline{A}\cap\overline{B}$

□ **223** 50 人のクラスで部活動の調査をしたところ，運動部，文化部に所属している生徒はそれぞれ 28 人，19 人で，どちらの部にも所属していない生徒は 8 人であった。運動部，文化部の両方に所属している生徒は何人か。

224 100 以上 400 以下の整数のうち，次のような数は何個あるか。

□ (1) 7 の倍数でない数　　□ (2) 7 の倍数であるが，3 の倍数でない数

29 和の法則・積の法則

テストに出る重要ポイント

- **和の法則**…**2 つの事柄 A，B が同時には起こらないとき**，A の起こる場合が m 通り，B の起こる場合が n 通りあるとすると，A または B の起こる場合の数は $\boldsymbol{m+n}$（通り）である。
- **積の法則**…2 つの事柄 A，B があって，A の起こる場合が m 通りあり，**A のそれぞれの場合について** B の起こる場合が n 通りあるとき，A と B がともに起こる場合の数は $\boldsymbol{m\times n}$（通り）である。

できたらチェック。

基本問題

解答 ➡ 別冊 p. 48

□ **225** 異なる 5 種類のノートと異なる 2 種類の鉛筆がある。ノート 1 種類または鉛筆 1 種類のいずれかを賞品にするとき，賞品の選び方は何通りあるか。

□ **226** 12 を 3 個の自然数の和に分ける方法は何通りあるか。また，3 個以下の自然数の和に分ける方法は何通りあるか。

□ **227** 大小 2 個のさいころを同時に投げるとき，出る目の数の和が 3 の倍数となる場合の数を求めよ。

□ **228** 2 桁の整数のうち，一の位の数字が十の位の数字より大きい整数は何個あるか。

□ **229** $(a+b+c)(x+y)$ を展開すると，項は何個できるか。 **テスト必出**

□ **230** A 市と B 市の間には 4 本，B 市と C 市の間には 3 本の道がそれぞれある。これらの道を通り，A 市から C 市まで行くには何通りの行き方があるか。

□ **231** x，y は整数で，$1\leqq x\leqq 5$，$3\leqq y\leqq 7$ のとき，$(x,\ y)$ を座標とする点は何個あるか。

例題研究》 正の整数 N が $N=p^{\alpha}q^{\beta}\cdots r^{\gamma}$ の形に素因数分解できるとき，N の正の約数の個数は $(\alpha+1)(\beta+1)\cdots(\gamma+1)$ であることを示せ。ただし，1 および N も N の約数に含める。

着眼　これは公式として覚えておくとよい。素因数分解したときに，約数はどのように表されるかを考えればよい。

解き方　$N=p^{\alpha}q^{\beta}\cdots r^{\gamma}$ の約数は，$p^{s}q^{t}\cdots r^{u}$ の形の数で，s，t，…，u はそれぞれ

（→ 具体例で考えるとわかりやすい）

$s=0,\ 1,\ 2,\ \cdots,\ \alpha,$

$t=0,\ 1,\ 2,\ \cdots,\ \beta,$

$u=0,\ 1,\ 2,\ \cdots,\ \gamma$

を満たす整数である。

N の約数はすべてただ1通りに $p^{s}q^{t}\cdots r^{u}$ の形に表されるから，約数の個数は，上の条件を満たす整数の組 $(s,\ t,\ \cdots,\ u)$ の個数に等しい。s，t，…，u はそれぞれ $\alpha+1$，$\beta+1$，…，$\gamma+1$（通り）の値をとるので，積の法則により，求める約数の個数は

$$(\alpha+1)(\beta+1)\cdots(\gamma+1)$$

となる。〔証明終〕

□ **232** 720 の正の約数は全部で何個あるか。また，720 の正の約数の総和を求めよ。ただし，1 および 720 も 720 の約数に含める。〈テスト必出〉

□ **233** 180 と 504 の公約数は何個あるか。

応用問題

解答 ⇒ 別冊 p. 50

□ **234** 500 円硬貨 3 枚，100 円硬貨 3 枚，10 円硬貨 5 枚がある。これらの一部または全部を用いて支払うことのできる金額は何通りあるか。

□ **235** $x+y\leqq6$ を満たす正の整数 x，y の組 $(x,\ y)$ は全部で何組あるか。

ガイド　$x+y\leqq6$，$x>0$，$y>0$ を満たす格子点(座標が整数である点)の個数を数えれば求められる。

□ **236** a，a，a，b，b，c の 6 個の文字から 3 個の文字を選んで 1 列に並べる方法は何通りあるか。〈差がつく〉

例題研究》 赤，黄，青の3個のさいころを同時に投げるとき，目の数の和が8になる場合は何通りあるか。また，3個のさいころが同じ色，同じ大きさで区別できないとき，目の数の和が8になる場合は何通りあるか。

着眼 ある条件のもとで場合の数を考えていくには，重複して数えたり，数え落ちがあったりしないようにする。そのためには，**一定の方針で順序よく考えていく**ことが大切である。

解き方 赤のさいころに着目して，その目の数を1，2，3，4，5，6の6つの場合に分ける。それに応じて，他の2個のさいころの目の数を調べて，目の数の和が8になる場合を考える。
次のような表にして，黄，青のさいころの目の出方を調べていくとよい。

場合／さいころ	和が8						和が8					和が8				和が8			和が8		和が8
赤	1						2					3				4			5		6
黄	1	2	3	4	5	6	1	2	3	4	5	1	2	3	4	1	2	3	1	2	1
青	6	5	4	3	2	1	5	4	3	2	1	4	3	2	1	3	2	1	2	1	1
場合の数	6						5					4				3			2		1

これで目の数の和が8になる場合がすべて調べつくされており，またこれらの場合は同時には起こらない。したがって，求める場合の数は，和の法則により

$6+5+4+3+2+1=21$ (通り)　　**答 21通り**

次に，3個のさいころが区別できないとすると，上の表では

(赤，黄，青)$=(1,\ 1,\ 6),\ (1,\ 6,\ 1),\ (6,\ 1,\ 1)$

などが同じ場合になって重複して数えられることになる。そこで，出た目の数の大きさに着目して分類すると，次のような表ができる。

最も小さい目	1	1	1	2	2
真ん中の目	1	2	3	2	3
最も大きい目	6	5	4	4	3

答 5通り

□  **237** $3x+2y+z=15$ を満たす正の整数 x，y，z の組 $(x,\ y,\ z)$ は何組あるか。

238 ある山を登るのに5つの道がある。この山を登って下りるのに，次の場合，何通りの道の選び方があるか。

□ (1) 登るときと下りるときで同じ道を通らないとき。

□ (2) A，Bの2人が登るときはいっしょに登り，下りるときは別々の道を選び，さらに登るときに通った道は通らないとき。

30 順列

✪ テストに出る重要ポイント

- **n 個から r 個とる順列**…異なる n 個のものから r 個とる順列の数は
  $${}_n\mathrm{P}_r=n(n-1)(n-2)\cdots(n-r+1)=\frac{n!}{(n-r)!}$$
- **同じものを含む順列**…n 個のもののうち，同じものが p 個，q 個，r 個，…ずつあるとき，この n 個のものの順列の数は
  $$\frac{n!}{p!q!r!\cdots\cdots}\ (ただし，p+q+r+\cdots\cdots=n)$$
- **重複順列**…異なる n 個のものから同じものを繰り返して使うことを許して r 個とる順列の数は　n^r
- **円順列**…異なる n 個のものを円形に並べる順列の数は　$(n-1)!$
- **じゅず順列**…円順列で裏返して重なるものは同じものとみなしたとき，これをじゅず順列という。その順列の数は　$\dfrac{(n-1)!}{2}$

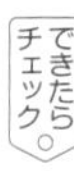

基本問題

解答 ➡ 別冊 p. 50

□ **239** ${}_4\mathrm{P}_2$，${}_{10}\mathrm{P}_3$，${}_3\mathrm{P}_3$，${}_5\mathrm{P}_1$ の値をそれぞれ求めよ。

240 次の等式を満たす正の整数 n の値を求めよ。

□ (1) ${}_n\mathrm{P}_2=72$　　□ (2) ${}_n\mathrm{P}_3=3\times{}_n\mathrm{P}_2$

□ **241** 1，2，3，4，5，6 の 6 個の数字から異なる 3 個を用いて，3 桁の整数は何個できるか。

□ **242** 5 色を使って，右の図の A～D を塗り分ける方法は何通りあるか。ただし，すべての部分の色は異なるものとする。

A	B	C	D

□ **243** 20 人の中から，幹事，風紀委員，管理委員をそれぞれ 1 名ずつ選ぶ選び方は何通りあるか。 **テスト必出**

□ **244** 駅が 30 ある区間で，発駅と着駅を指定してつくる片道乗車券は何種類できるか。

例題研究》 1，2，3，4，5，6 の 6 個の数字を全部用いて 6 桁の整数をつくるとき，次の問いに答えよ。

(1) 400000 以上の整数は何個あるか。

(2) 5 と 6 が隣り合う整数は何個あるか。

着眼 (1) 十万の位の数字の選び方は，4，5，6 のどれかであることに注意する。

(2) 5 と 6 をひとまとまりのものと考えればよい。

解き方 (1) 十万の位の数字の選び方は，4，5，6 のどれかであるから 3 通りある。そのおのおのに対して，一万の位以下の数字の選び方は，十万の位で選んだ数字を除く 5 個の数字から 5 個をとった順列であるから，${}_5P_5$ 通りある。

ゆえに，積の法則により，求める個数は $3\times{}_5P_5=3\times5\cdot4\cdot3\cdot2\cdot1=360$ (個)　**答 360 個**

(2) 5 と 6 をまとめて 1 つのものと考えると，全部で 5 個から 5 個をとった順列となり，
→ この考え方が大切！

その数は ${}_5P_5$ 通りである。そのおのおのに対して，ひとまとめにした 5 と 6 の順列が考えられ，その数は ${}_2P_2$ 通りである。

ゆえに，積の法則により，求める個数は ${}_5P_5\times{}_2P_2=5\cdot4\cdot3\cdot2\cdot1\times2\cdot1=240$ (個)

答 240 個

□ **245** 1，2，3，4，5，6 の 6 個の数字から異なる 3 個を用いてできる 3 桁の整数は何個あるか。また，それらのうちで 400 以上の整数は何個あるか。

246 0，1，2，3，4，5 の 6 個の数字から異なる 3 個を用いてできる整数のうち，次のような整数は何個あるか。〈テスト必出

□ (1) 3 桁の整数　　□ (2) 両端の数字が奇数である整数

□ (3) 偶数

□ **247** 男子 3 人，女子 4 人が 1 列に並ぶとき，女子 4 人がみな隣り合う並び方は何通りあるか。また，男子と女子が交互に並ぶ並び方は何通りあるか。

248 a，b，c，d，e，f，g の 7 文字を 1 列に並べるとき，次のような並べ方は何通りあるか。〈テスト必出

□ (1) a，b が隣り合う。　　□ (2) a，b が両端にくる。

□ **249** 野球で9名のメンバーが決まっているとき，打順の決め方は何通りあるか。また，1番，3番，9番の打者が始めから決まっているとき，打順の決め方は何通りあるか。

□ **250** a，a，a，b，bの5文字を1列に並べるとき，並べ方は何通りあるか。

□ **251** 1，1，1，2，2，3，3の7個の数字をすべて用いてできる7桁の整数は全部で何個あるか。

□ **252** 青旗4本，黄旗3本，赤旗4本を1列に並べるとき，並べ方は何通りあるか。

□ **253** A，A，B，B，C，Cの6個の文字のすべてを用いてできる文字列は何通りあるか。 テスト必出

□ **254** 1，2，3，4の4個の数字を用いて3桁の自然数をつくるとき，何通りの数ができるか。ただし，同じ数字を繰り返し用いてもよいものとする。

□ **255** 5人が3軒の旅館に宿泊するとき，宿泊のしかたは何通りあるか。ただし，1人も宿泊しない旅館があってもよいものとする。

□ **256** 1枚の硬貨を6回投げるとき，表，裏の出方は何通りあるか。

257 次の問いに答えよ。 テスト必出

□ (1)　n 人をA，B 2つの部屋に入れる方法は何通りあるか。ただし，1人も入らない部屋があってもよいものとする。

□ (2)　n 人をA，B 2つの組に分ける方法は何通りあるか。

□ (3)　n 人を2つの組に分ける方法は何通りあるか。

□ **258** 候補者が3人，選挙人が8人いる。記名投票で1人1票を投ずるとき，投票のしかたは何通りあるか。ただし，候補者は投票できないものとする。また，白票はないものとする。

□ **259** A，B，C，Dの4人でじゃんけんを1回するとき，4人の「グー」，「チョキ」，「パー」の手の出し方は何通りあるか。

□ **260** A, B, C, D, Eの5人が円形のテーブルに着席するとき，着席のしかたは何通りあるか。

□ **261** 異なる色の8個の球を円周上に並べる並べ方は何通りあるか。また，この8個の球をつないでネックレスをつくるとき，何通りのネックレスができるか。

□ **262** 9人の客が円卓に着席するとき，このうちの特定の3人が隣り合って座るようにしたい。着席のしかたは何通りあるか。

□ **263** 両親と5人の子供が円形のテーブルに着席するとき，両親が隣り合わせに着席するしかたは何通りあるか。

□ **264** 男子，女子4人ずつが円卓に着席するとき，男子と女子が交互に着席するしかたは何通りあるか。〈テスト必出

応用問題

解答 → 別冊 *p. 53*

例題研究》 右の図のように，東西6条，南北7条の道路で碁盤の目のように区画された市街地がある。A地点からB地点まで最短距離で行く道順は何通りあるか。そのうち，道路CDを通る道順は何通りあるか。

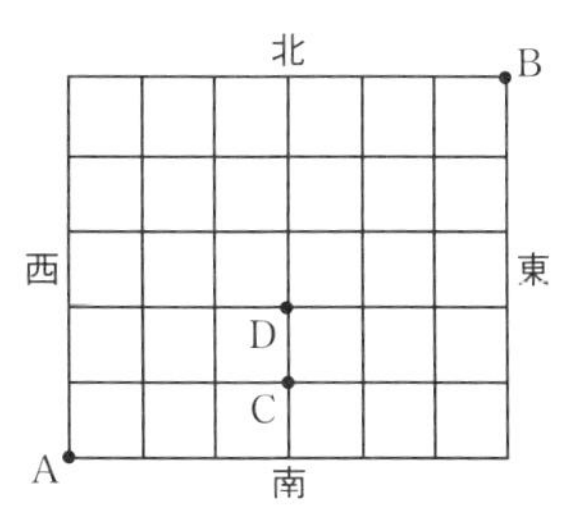

着眼 A地点から東へ1条，北へ1条道を進むことをそれぞれa，bで表すと，AからBまでの最短経路は，aaaaaabbbbbのように，6個のaと5個のbを1列に並べた順列で表される。

解き方 A地点から東へ1条，北へ1条道を進むことをそれぞれa，bで表すと，AからBまでの最短経路は，6個のaと5個のbを並べた順列で表される。

したがって，その数は　$\dfrac{11!}{6!5!}=\dfrac{11\cdot10\cdot9\cdot8\cdot7}{5\cdot4\cdot3\cdot2\cdot1}=462$ (通り)

同様に，AからCまでの最短経路の数は　$\dfrac{4!}{3!1!}=4$ (通り)

　　　DからBまでの最短経路の数は　$\dfrac{6!}{3!3!}=\dfrac{6\cdot5\cdot4}{3\cdot2\cdot1}=20$ (通り)

よって，CDを通る最短経路の数は　$4\times20=80$ (通り)

　答 **AからBまで行く道順：462通り，CDを通る道順：80通り**

□ **265** 右の図のように，碁盤の目のような道路のついた公園がある(周囲を含めて，実線でかかれた部分が道路である)。左下のA地点から右上のB地点まで最短距離で行く行き方は何通りあるか。 差がつく

B
池
池
A

□ **266** 15段ある階段を上るのに，一度に1段ずつまたは2段ずつ上ることができるとすると，何通りの上り方があるか。

□ **267** ある高校の野球チームが8チームと試合をすることになった。結果が4勝3敗1引き分けになる場合は何通りあるか。

□ **268** りんご4個，かき3個，バナナ5本を盛り合わせた果物鉢(くだものばち)を回して6人にそれぞれ1個ずつ取らせるとき，全部で何通りの果物の取り方があるか。

□ **269** 異なる5冊の和書と異なる4冊の洋書を4人の学生に与える方法は何通りあるか。ただし，1冊ももらえない学生があってもよいものとする。 差がつく

□ **270** 1から9999までの整数の中で，1を2個含む数，1を1個も含まない数の個数をそれぞれ求めよ。

例題研究》 赤球1個，黄球2個，青球4個を円形に並べる方法は何通りあるか。

着眼 1個しかない赤球を固定すると，残りの黄球2個，青球4個の並べ方は同じものを含む順列の問題となる。

解き方 赤球1個，黄球2個，青球4個を円形に並べる並べ方は，赤玉を固定して考えると，黄球2個，青球4個の順列の数に等しい。

よって　$\dfrac{6!}{2!4!}=15$ (通り)

答　**15通り**

□ **271** 立方体の各面を5色で塗り分ける方法は何通りあるか。ただし，塗り分けるというのは，隣り合う2面を異なる色で塗ることとする。また，立方体を回転させて一致する塗り方は同じとみなす。 差がつく

31 組合せ

テストに出る重要ポイント

- **n 個から r 個とる組合せ**…異なる n 個のものから r 個とる組合せの数は
  $${}_{n}\mathrm{C}_{r}=\frac{{}_{n}\mathrm{P}_{r}}{r!}=\frac{n!}{r!(n-r)!}$$
- **重複組合せ**…異なる n 個のものから同じものを繰り返しとることを許して r 個とる組合せの数は，$(n-1)$ 個の仕切り｜と r 個の○の順列の総数に等しく ${}_{n+r-1}\mathrm{C}_{r}$

基本問題

できたらチェック。

解答 ⇒ 別冊 p. 55

□ **272** 40 人のクラスの中から 2 人の代表を選ぶとき，その選び方は何通りあるか。また，特定の 1 人 A が代表に選ばれる場合は何通りあるか。

□ **273** 男子 10 人，女子 9 人の中から，男子 3 人，女子 2 人を選ぶ選び方は何通りあるか。

□ **274** 5 本の平行線が他の 4 本の平行線と交わってできる平行四辺形の数を求めよ。テスト必出

□ **275** 平面上に 8 個の点があって，どの 3 点も一直線上にないとき，2 点を通る直線は何本できるか。また，3 点を頂点とする三角形は何個できるか。

□ **276** 1 枚の硬貨を 10 回投げるとき，表が 3 回出る場合は何通りあるか。

277 次の等式を満たす正の整数 n の値を求めよ。

□ (1) ${}_{n}\mathrm{C}_{n-2}=136$　　□ (2) $3\times{}_{n}\mathrm{C}_{4}=5\times{}_{n-1}\mathrm{C}_{5}$

□ **278** 13 人が 3 台の自動車 A，B，C にそれぞれ 6 人，4 人，3 人に分かれて乗る方法は何通りあるか。

□ **279** 10冊の異なる本を5冊，3冊，2冊に分ける方法は何通りあるか。

□ **280** 9冊の異なる本を3冊ずつ3つの組に分ける方法は何通りあるか。

テスト必出

□ **281** 9人を4人，4人，1人に分ける方法は何通りあるか。

例題研究》 aが3個，bが2個，cが5個ある。この10個の文字を1列に並べる方法は何通りあるか。

着眼 *p.72* のポイントの「同じものを含む順列」の考えを使っても解けるが，ここでは組合せの考えで解く。下のように，1列に10個の空所をつくっておき，そこに3個のaの入れ方を考える。次に，2個のb，5個のcの入れ方をそれぞれ考える。

解き方 右のように，1列に10個の空所をつくる。

①	②	③	④	⑤	⑥	⑦	⑧	⑨	⑩
□	□	□	□	□	□	□	□	□	□
a	b	c	a	a	c	b	c	c	c

まず，aを入れる空所の選び方は ${}_{10}C_3$ 通りある。
そのおのおのに対して，bを入れる空所の選び方は，
残りの7個の空所から2個の空所を選ぶ選び方になるので，${}_{7}C_2$ 通りある。
最後に，cを入れる空所の選び方は，残り5個の空所から5個の空所を選ぶ選び方と考えてよいから，${}_{5}C_5$ 通りである。
したがって，並べ方の数は，積の法則により

$${}_{10}C_3\times{}_{7}C_2\times{}_{5}C_5=120\times21\times1=2520\text{（通り）}$$

答　2520通り

□ **282** 1個のさいころを繰り返し8回投げるとき，1の目が3回，2の目が3回，3の目が2回出る場合の数は何通りあるか。

□ **283** 6個の同じ種類のりんごを a，b，c の3つの異なる鉢に盛り分ける方法は何通りあるか。ただし，鉢にはりんごを何個盛ってもよく，また，りんごを1個も盛らない鉢があってもよいものとする。 テスト必出

□ **284** 前問で，どの鉢にも少なくとも1個のりんごを盛るものとすれば，盛り分ける方法は何通りあるか。

□ **285** 候補者が3人，選挙人が20人いる。無記名投票で1人1票を投票するとき，票の分かれ方は何通りあるか。ただし，候補者は投票できないものとする。

テスト必出

□ **286** 5つの学級から7名の委員を選ぶ方法は何通りあるか。また，各学級からは必ず1名を選ぶとすれば何通りあるか。ただし，1つの学級からだれが選ばれるかは区別しないものとする。

□ **287** 10円硬貨が13枚ある。これを4人に分配する方法は何通りあるか。ただし，4人には10円硬貨を1枚以上を与えるものとする。

□ **288** かき，なし，りんごがたくさんある。これらで10個入りの果物かごをつくりたい。果物かごのつくり方は何通りあるか。〈テスト必出

□ **289** $(x+y+z)^4$ を展開したとき，項は何個できるか。

応用問題

解答 ➡ 別冊 p. 57

□ **290** 10人の生徒を3人，3人，4人の3つの組に分けたい。ところが，10人の中に女子生徒が2人いて，この2人は同じ組に入れることにした。組分けのしかたは何通りあるか。ただし，2つの3人の組は区別しないものとする。

□ **291** $x+y+z+u=12$ を満たす正の整数解の組 $(x,\ y,\ z,\ u)$ は何個あるか。ただし，たとえば，(6, 2, 2, 2) と (2, 6, 2, 2) は異なる組として数えるものとする。

□ **292** 鉛筆10本を5人で分けるのに，1人で7本以上は受け取らないような分け方は何通りあるか。ただし，1本も受け取らない人がいてもよいものとする。

□ **293** 方程式 $x_1+x_2+x_3+\cdots+x_n=m$ の正の整数解は何個あるか。ただし，m は n より大きい正の整数とする。

□ **294** a，a，b，b，bの5個の文字から3個とる組合せ，および順列の数を求めよ。

□ **295** 10個のもののうち，4個は同じもので他の2個もまた別の同じものであるとき，この中から一度に5個とる組合せ，および順列の数を求めよ。

32 場合の数と確率

テストに出る重要ポイント

- **試行と事象**…偶然に起こることがらを考察するための実験や観測を**試行**といい，試行の結果として起こる事柄を**事象**という。
- **根元事象と全事象**…事象のうち，それ以上分けることのできない事象を**根元事象**という。1つの試行で，根元事象の全体からなる事象を**全事象**という。
- **余事象**…事象 A に対して，事象 A が起こらないという事象を A の**余事象**といい，$\overline{A}$ で表す。
- **確率**…1つの試行において，起こりうる場合がすべて同様に確からしく，その数を n とする。このうち，事象 E の起こる場合の数が r であるとき，$P(E)=\dfrac{r}{n}$ を事象 E の起こる**確率**という。
- **頻度確率**…たとえば，さいころで1の目が出る確率は，さいころを投げる実験を多数回繰り返すと，1の目が出る相対度数(相対頻度)がある一定の値に近づく。その値を「さいころで1の目が出る**頻度確率**」という。

できたらチェック。

基本問題

解答 ➡ 別冊 p. 58

□ **296** 男子8人，女子4人の部員の中から3人の代表を選ぶとき，男子が2人，女子が1人となる確率を求めよ。

□ **297** 30個の球の中に1個だけ赤球が混じっている。この中から同時に4個の球を取り出すとき，その中に赤球が含まれていない確率を求めよ。

□ **298** 男女3人ずつ合計6人が円陣をつくるとき，どの男子も隣り合わない確率を求めよ。〈テスト必出〉

□ **299** 3個のさいころを同時に投げるとき，出た目の和が15となる確率を求めよ。

□ **300** A，Bの2人が1個のさいころをそれぞれ1回投げ，Aの出た目が5以上でBの出た目より大きいとき，Aの勝ちとする。Aの勝つ確率を求めよ。

□ **301** 1から240までの数が1つずつ書かれた240枚のカードがある。この中から1枚を取り出すとき，それが240の約数の書かれたカードである確率を求めよ。

□ **302** 白球12個，赤球6個が入っている箱の中から，同時に4個の球を取り出すとき，3個が白球で1個が赤球である確率を求めよ。〈テスト必出〉

□ **303** 赤球3個，白球3個，青球3個の合計9個の球から，同時に5個の球を取り出すとき，その中に同じ色の球が3個含まれている確率を求めよ。

□ **304** 10人がくじ引きで順番を決めて円形に並ぶとき，ある特定の2人が隣り合う確率を求めよ。〈テスト必出〉

例題研究》 1から10までの自然数が1つずつ書かれた10枚のカードがある。この中から1枚ずつ2枚のカードを取り出すとき，次の確率を求めよ。

(1) 2枚のカードに書かれている数の和が10である確率。

(2) 2枚のカードに書かれている数の和が5の倍数である確率。

着眼 場合の数をていねいに調べればよい。(2)は，和が5，10，15の3つの場合がある。

解き方 10枚のカードから2枚のカードを取る取り出し方は ${}_{10}C_2=45$ (通り)ある。

(1) 2枚のカードの数の和が10となるのは，(1，9)，(2，8)，(3，7)，(4，6)の4通りである。

よって，求める確率は $\boldsymbol{\frac{4}{45}}$ ……**答**

(2) 2枚のカードの数の和が5の倍数となるのは，5，10，15のいずれかになる場合である。

和が5になるのは，(1，4)，(2，3)の2通り。

和が10になるのは，(1)より4通り。

和が15になるのは，(5，10)，(6，9)，(7，8)の3通り。

よって，求める確率は $\frac{2+4+3}{45}=\frac{9}{45}=\boldsymbol{\frac{1}{5}}$ ……**答**

□ **305** 2個のさいころを同時に投げるとき，出た目の和が4の倍数となる確率を求めよ。

33 確率の基本性質

テストに出る重要ポイント

確率の基本性質

① ある事象 A に対して　$\mathbf{0 \leqq P(A) \leqq 1}$

② 全事象 U に対して　$\mathbf{P(U)=1}$

③ 空事象 $\varnothing$ に対して　$\mathbf{P(\varnothing)=0}$

確率の加法定理

① A，B が互いに排反であるとき，その和事象の確率は

$\mathbf{P(A \cup B)=P(A)+P(B)}$

② A，B が互いに排反でないとき，その和事象の確率は

$\mathbf{P(A \cup B)=P(A)+P(B)-P(A \cap B)}$

余事象の確率

A の余事象を $\overline{A}$ とすると　$\mathbf{P(\overline{A})=1-P(A)}$

基本問題

できたらチェック。

解答 ⟹ 別冊 p. 60

□ **306** 10円硬貨1枚と50円硬貨1枚を同時に投げるとき，少なくとも1枚表が出る確率を求めよ。

□ **307** 袋の中に7個の白球と3個の黒球が入っている。この中から同時に3個の球を取り出すとき，白球が2個以上含まれている確率を求めよ。

□ **308** 100本のくじの中に，1等が1本，2等が10本，3等が19本あり，その他ははずれである。このくじを1本引くとき，1等，2等，3等のどれかで当たる確率を求めよ。

□ **309** 1個のさいころを投げるとき，奇数の目または4以下の目が出る確率を求めよ。

□ **310** 箱の中に同じ形の白石が5個と黒石が6個入っている。この中から同時に4個の石を取り出すとき，4個とも同じ色の石である確率を求めよ。

例題研究》 20本のくじの中に当たりくじが何本か入っている。このくじを続けて2本引くとき，少なくとも1本が当たりくじである確率は $\frac{7}{19}$ である。当たりくじは何本入っているか。

着眼 余事象の確率 $P(\overline{A})=1-P(A)$ を利用する。少なくとも1本が当たる事象は，2本ともはずれる事象の余事象である。

解き方 x 本の当たりくじがあるとすると，少なくとも1本が当たる事象は，2本ともはずれる事象の余事象であるから，

$1-\frac{{}_{20-x}C_2}{{}_{20}C_2}=\frac{7}{19}$ よって $\frac{(20-x)(19-x)}{20\cdot 19}=\frac{12}{19}$

分母を払って整理すると

$(20-x)(19-x)=12\cdot 20$

$x^2-39x+140=0$

$(x-4)(x-35)=0$

$0\leqq x\leqq 20$ だから $x=4$ **答 4本**

□ **311** あるくじを引くとき，当たる確率が0.16であるという。このくじを引いて当たらない確率を求めよ。

312 100本のくじの中に当たりくじが10本入っている。このくじを続けて3本引くとき，次の確率を求めよ。**テスト必出**

□ (1) 1本だけ当たる確率

□ (2) 少なくとも1本は当たる確率

□ **313** 10円硬貨4枚を同時に投げるとき，少なくとも1枚表が出る確率を求めよ。

□ **314** 10円硬貨1枚，50円硬貨1枚，100円硬貨1枚を同時に投げるとき，少なくとも1枚表が出る確率を求めよ。

□ **315** トランプのダイヤのカード13枚の中から，同時に2枚引くとき，絵札が少なくとも1枚入っている確率を求めよ。

ガイド 絵札が1枚も入っていない確率を求めて，余事象の確率を考える。

応用問題

解答 ⟹ 別冊 p. 61

□ **316** A，B の 2 人が同じ問題を解こうとしている。A が問題を解く確率は $\frac{3}{5}$，B が問題を解く確率は $\frac{3}{4}$ で，A と B がともに問題を解く確率は $\frac{2}{5}$ であるという。A と B のうち少なくとも一方が問題を解く確率を求めよ。

317 同じ製品 10 個の中に不良品が 3 個ある。この中から同時に 2 個の製品を取り出すとき，次の確率を求めよ。

□ (1)　2 個とも良品である。

□ (2)　少なくとも 1 個は不良品である。

例題研究》 2 個のさいころを同時に投げるとき，次の確率を求めよ。

(1)　目の数の和が 9 を超えない。　(2)　目の数の積が偶数になる。

着眼 事象 A については，A が起こるか A が起こらないかのいずれかであるから，$P(A)+P(\overline{A})=1$ である。$P(A)$ が直接求めにくいときは，$P(\overline{A})$ を求めるとよい。

解き方 全部の場合の数は $6^2=36$（通り）である。

(1)　目の数の和が 9 を超えない事象 A の余事象 $\overline{A}$ は，目の数の和が 10 以上である事象である。$\overline{A}=\{(4,\ 6),\ (5,\ 5),\ (6,\ 4),\ (5,\ 6),\ (6,\ 5),\ (6,\ 6)\}$ であるから

$$P(\overline{A})=\frac{6}{36}=\frac{1}{6}$$

したがって，求める確率は　$P(A)=1-P(\overline{A})=1-\frac{1}{6}=\mathbf{\frac{5}{6}}$　……答

(2)　目の数の積が偶数になる事象 B の余事象 $\overline{B}$ は，目の数の積が奇数になる事象である。目の数の積が奇数になるのは，2 個のさいころの目がともに奇数になるときである。

（この場合の数のほうが簡単にわかる）

$\overline{B}=\{(1,\ 1),\ (1,\ 3),\ (1,\ 5),\ (3,\ 1),\ (3,\ 3),\ (3,\ 5),\ (5,\ 1),\ (5,\ 3),\ (5,\ 5)\}$ であるから

$$P(\overline{B})=\frac{9}{36}=\frac{1}{4}$$

したがって，求める確率は　$P(B)=1-P(\overline{B})=1-\frac{1}{4}=\mathbf{\frac{3}{4}}$　……答

□ **318** 2 個のさいころを同時に投げるとき，目の数が異なる確率を求めよ。

□ **319** 1 個のさいころを 4 回投げるとき，1 の目が 1 回以上出る確率を，余事象の考え方を用いて求めよ。《差がつく

34 確率の計算

テストに出る重要ポイント

- **いろいろな事象の確率**…いままでに習った次の事柄などを組み合わせて確率の計算をすることができる。
  ① 確率の基本性質：$0 \leqq P(A) \leqq 1$, $P(U)=1$, $P(\varnothing)=0$
  ② 確率の加法定理：2つの事象 A, B に対して
  $P(A \cup B)=P(A)+P(B)-P(A \cap B)$
  特に，A, B が互いに排反であるとき，$P(A \cup B)=P(A)+P(B)$
  ③ 余事象の確率：$P(\overline{A})=1-P(A)$
  ④ ド・モルガンの法則：ある試行における2つの事象 A, B に対して
  $\overline{A \cap B}=\overline{A} \cup \overline{B}$, $\overline{A \cup B}=\overline{A} \cap \overline{B}$

基本問題

解答 → 別冊 p. 62

できたらチェック。

320 Aの袋には白球4個，赤球5個，Bの袋には白球3個，赤球4個が入っている。 テスト必出

□ (1) Aの袋から同時に2個の球を取り出すとき，
(a) 白球2個 (b) 白球1個，赤球1個 (c) 赤球2個
となる確率をそれぞれ求めよ。

□ (2) Aの袋から同時に2個の球を取り出してBの袋に入れ，よく混ぜてからBの袋から同時に2個の球を取り出してAの袋に戻す。このとき，Aの袋の中の白球，赤球の個数がはじめと変わらない確率を求めよ。

□ **321** 1，2，3，…，9の9個の数の中から2個の数を選んで，和をつくる。このとき，和が2の倍数または3の倍数となる確率を求めよ。

□ **322** 3人でじゃんけんを1回するとき，勝負が決まる確率を求めよ。

323 1から20までの数を1つずつ書いた20枚のカードの中から，カードを1枚取り出すとき，次の確率を求めよ。 テスト必出

□ (1) 3の倍数である。 □ (2) 2でも3でも割り切れない。

□ **324** 袋の中に白球5個，赤球4個が入っている。この中から同時に2個の球を取り出すとき，少なくとも1個は白球である確率を求めよ。

325 袋の中に赤球4個，黄球3個，青球2個が入っている。次の場合の確率を求めよ。

□ (1) 1個の球を取り出すとき，それが赤球である確率
□ (2) 同時に2個の球を取り出すとき，2個とも赤球である確率
□ (3) 同時に2個の球を取り出すとき，それらが赤球と黄球である確率
□ (4) 同時に2個の球を取り出すとき，2個とも青球でない確率
□ (5) 同時に2個の球を取り出すとき，少なくとも1個は青球である確率

□ **326** 袋の中に，1から9までの番号を1つずつ記入した9枚のカードがある。この中から同時に3枚のカードを取り出すとき，それらのカードの番号の積が偶数である確率を求めよ。

例題研究》 袋の中に，1，2，3，4，5の番号をつけた札が各数字5枚ずつ合計25枚ある。この中から同時に5枚の札を取り出すとき，次の確率を求めよ。

(1) 1の番号をつけた札が少なくとも1枚入っている確率
(2) 1，2の番号をつけた札の少なくとも一方が入っている確率

着眼 「少なくとも」があるときには，余事象の確率を考えるとよい。

解き方 全部の場合の数は ${}_{25}C_5$ (通り) ある。

(1) 1の番号札が少なくとも1枚入っているという事象 A は，1の番号札が1枚も入っていないという事象 $\overline{A}$ の余事象である。

2，3，4，5の番号札各5枚ずつ合計20枚の中から5枚取り出す場合の数は　${}_{20}C_5$ (通り)

よって　$P(\overline{A})=\dfrac{{}_{20}C_5}{{}_{25}C_5}=\dfrac{2584}{8855}$

ゆえに，求める確率は　$P(A)=1-P(\overline{A})=1-\dfrac{2584}{8855}=\boldsymbol{\dfrac{6271}{8855}}$　……答

(2) 1，2の番号札の少なくとも一方が入っているという事象 B は，1，2の番号札が両方とも入っていないという事象 $\overline{B}$ の余事象である。

3，4，5の番号札各5枚ずつ合計15枚の中から5枚取り出す場合の数は　${}_{15}C_5$ (通り)

よって　$P(\overline{B})=\dfrac{{}_{15}C_5}{{}_{25}C_5}=\dfrac{13}{230}$

ゆえに，求める確率は　$P(B)=1-P(\overline{B})=1-\dfrac{13}{230}=\boldsymbol{\dfrac{217}{230}}$　……答

応用問題

解答 → 別冊 p. 63

例題研究》 1個のさいころを3回投げるとき，1つの目の数が他の2つの目の数の和より大きくなる確率を求めよ。

着眼 1つの目の数が3，4，5，6の場合に分けて考える。各場合は互いに排反である。したがって，求める確率はこれらの確率の和になる。

解き方 (i) 1つの目の数が3のとき，他の2数の組は{1，1}である。
→ 1つの目の数が1，2のときは条件を満たすことはない

(i)の場合の確率は $\frac{3}{6^3}=\frac{3}{216}$

(ii) 1つの目の数が4のとき，他の2数の組は{1，1}，{1，2}である。

(ii)の場合の確率は $\frac{3+3!}{6^3}=\frac{9}{216}$

(iii) 1つの目の数が5のとき，他の2数の組は{1，1}，{1，2}，{1，3}，{2，2}である。

(iii)の場合の確率は $\frac{3\times2+3!\times2}{6^3}=\frac{18}{216}$

(iv) 1つの目の数が6のとき，他の2数の組は{1，1}，{1，2}，{1，3}，{1，4}，{2，2}，{2，3}である。

(iv)の場合の確率は $\frac{3\times2+3!\times4}{6^3}=\frac{30}{216}$

(i)〜(iv)の4つの事象は，どの2つの事象も互いに排反であるから，求める確率は

$$\frac{3}{216}+\frac{9}{216}+\frac{18}{216}+\frac{30}{216}=\frac{60}{216}=\mathbf{\frac{5}{18}}$$ ……答

327 A，B，C，D，E，F，G，Hの8チームで試合をする。試合の方法はトーナメント形式で，その組み合わせは抽選によるとする。ただし，引き分けはないものとする。〈差がつく

□ (1) AチームとBチームが1回戦で当たる確率を求めよ。

□ (2) 8チームの実力には優劣はないものとして，AチームとBチームが決勝戦で当たる確率を求めよ。

328 3個のさいころを同時に投げるとき，次の確率を求めよ。

□ (1) 最大値が4である確率

□ (2) 最小値が2である確率

□ **329** 袋の中に赤球6個，黒球4個，白球2個が入っている。この中から同時に2個の球を取り出すとき，2個とも異なる色の球である確率を求めよ。

35 試行の独立と確率

✪ テストに出る重要ポイント

- **独立な試行**…2つの試行 T_1，T_2 において，それぞれの試行の結果が他の試行の結果と無関係である（影響されない）とき，試行 T_1 と T_2 は**独立であるという**。
- **独立な試行における乗法定理**
独立な試行 T_1，T_2 について，試行 T_1 で事象 A_1 が起こり，試行 T_2 で事象 A_2 が起こる確率は $P(A_1)\times P(A_2)$ である。

基本問題 解答 ➡ 別冊 p. 64

できたらチェック。

330 1個のさいころを2回投げるとき，次の確率を求めよ。〈テスト必出〉

□ (1) 2回とも偶数の目が出る確率　　□ (2) 目の積が偶数である確率

□ **331** A，B 2つの袋があり，A には赤球5個と白球3個が入っており，B には赤球3個と白球5個が入っている。いま，A の袋からは同時に2個の球を取り出し，B の袋からは1個の球を取り出すとき，3個とも赤球である確率を求めよ。

□ **332** 3本の当たりくじを含む10本のくじがある。引いたくじをもとに戻して1本ずつ3回引くとき，3回とも当たる確率を求めよ。

応用問題 解答 ➡ 別冊 p. 64

333 5人の生徒が同じ問題を解こうとしている。それぞれの生徒が問題を解く確率を $\frac{3}{4}$，$\frac{2}{3}$，$\frac{1}{2}$，$\frac{1}{3}$，$\frac{1}{4}$ として，次の問いに答えよ。〈差がつく〉

□ (1) 5人すべてが問題を解く確率を求めよ。

□ (2) 少なくとも2人が問題を解く確率を求めよ。

334 ある地方の天気を数年間観測した結果，天気の状態を晴，曇，雨として整理したとき，右の表のようになった。表は，たとえば，ある日の天気が雨のとき，その翌日の天気が，晴，曇，雨となる確率がそれぞれ0.3，0.5，0.2であることを示している。

当日＼翌日	晴	曇	雨
晴	0.6	0.3	0.1
曇	0.4	0.3	0.3
雨	0.3	0.5	0.2

□ (1) 5月3日が晴のとき，5月5日の天気が晴，曇，雨となる確率をそれぞれ求めよ。

□ (2) ある日から同じ天気が3日間続く確率を求めよ。ただし，最初の日の天気が晴，曇，雨である確率は，それぞれ0.5，0.3，0.2であるとする。

335 あるゲームでAがBに勝つ確率は0.4，BがCに勝つ確率は0.5，CがAに勝つ確率は0.6である。ゲームは次の順序で行われるものとする。

第1回戦：AとBが対戦する。

第2回戦：第1回戦の勝者とCが対戦する。

第3回戦：第2回戦の勝者と第1回戦の敗者が対戦する。

第4回戦：第3回戦の勝者と第2回戦の敗者が対戦する。

このとき，次の確率を求めよ。ただし，引き分けはないものとする。

□ (1) Bが4連勝する確率　　□ (2) Cが3連勝する確率

□ **336** ある競技で，A，Bの2人が試合をして先に3勝したほうを勝者とし，試合を終了する。毎回の試合で，Aが勝つ確率は$\frac{1}{3}$，Bが勝つ確率は$\frac{2}{3}$，引き分けはないものとする。このとき，Aが勝者となる確率を求めよ。

337 A，B，C，D，E，F，G，Hの8チームがトーナメント形式で試合をする。1回戦，2回戦とも対戦相手は抽選によって決めるものとする。また，Aチームは他のどのチームにも勝ち，BチームはAチーム以外のどのチームにも勝つものとする。このとき，次の問いに答えよ。ただし，引き分けはないものとする。差がつく

□ (1) 1回戦の対戦の組み合わせは何通りあるか。

□ (2) 1回戦でBチームが負ける組み合わせは何通りあるか。

□ (3) Bチームが決勝戦に進出する確率を求めよ。

36 反復試行の確率

テストに出る重要ポイント

反復試行の確率

① 同じ試行を繰り返す試行を**反復試行**という。

② 反復試行において，1回の試行で事象 A の起こる確率が p，A の起こらない確率が $q\ (p+q=1)$ のとき
n 回の試行で A がちょうど r 回起こる確率は　$\boldsymbol{{}_n\mathrm{C}_r p^r q^{n-r}}$

基本問題

解答 → 別冊 p. 66

できたらチェック。

338 1個のさいころを5回投げるとき，次の確率を求めよ。

□ (1) 1または2の目がちょうど2回出る確率

□ (2) 1または2の目がちょうど3回出る確率

□ (3) 1または2の目が少なくとも2回出る確率

339 1枚の硬貨を5回投げるとき，次の確率を求めよ。 テスト必出

□ (1) 表がちょうど2回出る確率

□ (2) 表がちょうど3回出る確率

□ (3) 少なくとも2回表が出る確率

□ **340** 6個の白球と4個の赤球が入っている袋から球を1個取り出し，色を調べてもとに戻す。これを5回繰り返すとき，ちょうど3回赤球が出る確率を求めよ。

341 1個のさいころを5回投げるとき，次の確率を求めよ。

□ (1) 奇数の目がちょうど3回出る確率

□ (2) 偶数の目がちょうど2回出る確率

□ (3) 偶数の目が4回以上出る確率

□ (4) 3の倍数の目が2回以上出る確率

□ (5) 偶数または5以上の目が2回以上出る確率

応用問題 解答 ➡ 別冊 p. 67

342 1個のさいころを4回投げるとき，次の確率を求めよ。

□ (1) 1または6の目が少なくとも1回出る確率

□ (2) 目の数の和が4になる確率

□ (3) 目の数の和が5になる確率

□ (4) 目の数の和が6になる確率

□ **343** 1個のさいころを続けて3回投げ，1回目，2回目，3回目に出た目の数をそれぞれx，y，zとする。このとき，和$x+y+z$が偶数である確率を求めよ。また，x，y，zの少なくとも1つが偶数である確率を求めよ。《差がつく》

344 1個のさいころを続けて4回投げ，1回目，2回目，3回目，4回目に出た目の数をそれぞれa，b，c，dとするとき，次の確率を求めよ。

□ (1) 和$a+b+c+d$が偶数となる確率

□ (2) 積$abcd$が偶数となる確率

例題研究》 A，Bの2人があるゲームをして，先に3勝したほうを優勝とし，ゲームをやめる。1回のゲームでAが勝つ確率は$\frac{2}{3}$で，引き分けはないものとする。このとき，Aが3勝1敗で優勝する確率を求めよ。

着眼 Aが3勝1敗で優勝するのは，3ゲーム目まででAの2勝1敗で，4ゲーム目にAが勝つときである。

解き方 3ゲーム目までにAが2勝1敗となる確率は

$${}_3C_2\left(\frac{2}{3}\right)^2\left(\frac{1}{3}\right)$$

Aが3勝1敗で優勝するのは，4ゲーム目にAが勝つときなので，求める確率は

$${}_3C_2\left(\frac{2}{3}\right)^2\left(\frac{1}{3}\right)\times\frac{2}{3}=\mathbf{\frac{8}{27}}$$ ……**答**

□ **345** 上の**例題研究》**において，Aが優勝する確率を求めよ。

346　1個のさいころを3回投げるとき，出た目の数の最小値を m とする。

□ (1)　$m \geqq 3$ となる確率を求めよ。

□ (2)　$m=3$ となる確率を求めよ。

□ **347**　5題の問題のうち3題以上解けた生徒を合格にするという試験がある。5題のうち3題の割合で問題を解く生徒が，この試験に合格する確率を求めよ。

例題研究》　原点Oから出発して，数直線上を動く点Pがある。1個のさいころを投げて，3以上の目が出ると点Pは $+2$ だけ移動し，2以下の目が出ると -1 だけ移動する。さいころを6回投げたとき，点Pの座標が3である確率を求めよ。

着眼　さいころを6回投げたとき，3以上の目が x 回出たとして，Pの座標についての方程式をつくる。

解き方　さいころを6回投げたとき，3以上の目が x 回出たとすると，Pの座標は

$$2x-(6-x)=3x-6$$

これが3に等しいから　$3x-6=3$　$3x=9$　$x=3$

したがって，求める確率は，さいころを6回投げたとき，3以上の目が3回出る確率だから

$${}_6C_3\left(\frac{4}{6}\right)^3\left(\frac{2}{6}\right)^3={}_6C_3\left(\frac{2}{3}\right)^3\left(\frac{1}{3}\right)^3=20\times\frac{2^3}{3^6}=\mathbf{\frac{160}{729}}$$ ……答

□ **348**　1枚の硬貨を投げて，表が出たら10円，裏が出たら5円もらえるとき，この硬貨を10回投げて，もらった金額の合計が60円になる確率を求めよ。

□ **349**　右の図のように，東西，南北に通ずる道路がある。各分岐点(ぶんきてん)でさいころを1回投げて，1または6の目が出れば北へ，それ以外の目が出れば東へそれぞれ次の分岐点まで1区画だけ進むものとする。分岐点Xを出発した人が，さいころを6回投げたとき，分岐点Yに到達する確率を求めよ。《差がつく》

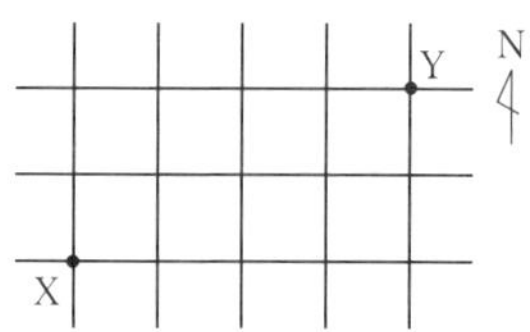

ガイド　Xから北へ2区画，東へ4区画進めばYに到達する。

37 条件つき確率と乗法定理

テストに出る重要ポイント

- **条件つき確率**…事象 A が起こったという条件のもとで事象 B の起こる条件つき確率 $P_A(B)$ は

$$P_A(B)=\frac{P(A\cap B)}{P(A)}$$

- **乗法定理**…$P(A\cap B)=P(A)\cdot P_A(B)$

できたらチェック。

基本問題

解答 → 別冊 p. 69

□ **350** トランプの絵札のカード 12 枚をよくきってから，2 枚を続けて引くとき，1 枚目のカードがスペードである事象を A，2 枚目のカードがスペードである事象を B とする。このとき，条件つき確率 $P_A(B)$ を求めよ。 テスト必出

351 1 個のさいころを投げるとき，偶数の目が出るという事象を A，3 の倍数の目が出るという事象を B とするとき，次の確率を求めよ。 テスト必出

□ (1) $P(A\cap B)$　□ (2) $P(A\cup B)$　□ (3) $P_A(B)$

352 袋の中に赤球 5 個と白球 4 個が入っている。この中から球をもとに戻さずに 1 個ずつ 2 回取り出すとき，次の確率を求めよ。

□ (1) 1 回目に白球が出て，2 回目に赤球が出る確率

□ (2) 2 回目に赤球が出る確率

353 ある学校の生徒を調査したところ，音楽が好きな生徒が 80%，体育が好きな生徒が 60%，どちらも好きな生徒が 40% いることがわかった。無作為に 1 人の生徒を選んだとき，次の確率を求めよ。

□ (1) その生徒が音楽が好きであるとわかったとき，体育も好きである確率

□ (2) その生徒が体育が好きであるとわかったとき，音楽も好きである確率

応用問題

解答 → 別冊 p. 69

□ **354** 10本のくじの中に4本の当たりくじがある。A，B，Cの3人がこの順にくじを1本ずつ引くとき，Cが当たる確率を求めよ。ただし，引いたくじはもとに戻さないものとする。 差がつく

355 1つの試行によって起こる2つの事象 A，B について，$P(A)=\frac{1}{2}$，$P(B)=\frac{1}{3}$，$P_A(B)=\frac{1}{5}$ のとき，次の確率を求めよ。

□ (1) $P(A\cup B)$　　□ (2) $P_B(A)$

356 大中小3個のさいころを同時に投げて，それらの目の数の和が10になるという事象を A，3個とも偶数の目が出るという事象を B とするとき，次の確率を求めよ。

□ (1) $P(B)$　　□ (2) $P_B(A)$

357 同じ製品を製造しているA，B 2つの機械がある。全部の製品のうち，Aの機械で35%，Bの機械で65%製造している。また，Aの製品の中には5%，Bの製品の中には3%の不良品がそれぞれ混じっている。

□ (1) 1個の製品を取り出したとき，それが不良品である確率を求めよ。

□ (2) 不良品を選んだとき，それがAの機械で製造されたものである確率を求めよ。

□ **358** A，B 2つの袋があり，Aには白球5個と赤球3個，Bには白球4個と赤球4個が入っている。2つの袋から無作為に1つの袋を選び，球を1個取り出したところ，白球であった。このとき，Aの袋を選んだ確率を求めよ。

□ **359** Aの袋には赤球3個と白球2個，Bの袋には赤球4個と白球1個が入っている。Aの袋から同時に2個の球を取り出してBの袋に入れて，よく混ぜてから，Bの袋から同時に2個の球を取り出してAの袋に戻すとき，Aの袋の赤球の個数がはじめより増加する確率を求めよ。

38 期待値

✪ テストに出る重要ポイント

▶ 期待値

ある試行の結果によって値の定まる変量 X が，x_1，x_2，x_3，…，x_n という値をとり，X がこれらの値をとる確率を，それぞれ p_1，p_2，p_3，…，p_n とするとき，$\boldsymbol{x_1p_1+x_2p_2+x_3p_3+\cdots+x_np_n}$ を，変量 X の**期待値**という。

X の値	x_1	x_2	x_3	…	x_n	計
確率	p_1	p_2	p_3	…	p_n	1

基本問題

できたらチェック。

解答 ⟹ 別冊 p. 71

□ **360** 1個のさいころを2回投げるとき，出た目の数の和の期待値を求めよ。

□ **361** 3枚の硬貨を同時に1回投げるとき，表が出た硬貨の枚数の期待値を求めよ。〈テスト必出〉

□ **362** 20本のくじがあり，その中の当たりくじの賞金と本数は，右の表のようになっている。このくじを1本引くとき，もらえる賞金の期待値を求めよ。〈テスト必出〉

	賞金	本数
1等	1000円	1本
2等	600円	4本
3等	200円	8本
はずれ	0円	7本

363 1個のさいころを投げる。最初に偶数の目が出たら，その目の数を X とし，最初に奇数の目が出たら，さらにさいころをもう1回投げて，出た目の数を X とする。このとき，次の問いに答えよ。

□ (1) $X=1$ となる確率を求めよ。

□ (2) $X=2$ となる確率を求めよ。

□ (3) X の期待値を求めよ。

例題研究》 袋の中に赤球2個，白球3個が入っている。この中から同時に2個の球を取り出すとき，その中に含まれる白球の個数の期待値を求めよ。

着眼　取り出した白球の個数を X とし，X のとりうる値を考え，X の値に対する確率の表をつくって期待値を求める。

解き方　全部の場合の数は　${}_5C_2$（通り）
取り出した白球の個数を X とすると，X のとりうる値は $X=0$，1，2である。

$X=0$ となるのは，赤球2個を取り出す場合だから，その確率は　$\dfrac{{}_2C_2}{{}_5C_2}=\dfrac{1}{10}$

$X=1$ となるのは，白球1個，赤球1個を取り出す場合だから，その確率は　$\dfrac{{}_3C_1\times{}_2C_1}{{}_5C_2}=\dfrac{6}{10}$

$X=2$ となるのは，白球2個を取り出す場合だから，その確率は　$\dfrac{{}_3C_2}{{}_5C_2}=\dfrac{3}{10}$

したがって，求める期待値は

$$0\times\frac{1}{10}+1\times\frac{6}{10}+2\times\frac{3}{10}=\frac{12}{10}=\mathbf{\frac{6}{5}}\ \textbf{(個)}$$ ……答

X	0個	1個	2個	計
確率	$\frac{1}{10}$	$\frac{6}{10}$	$\frac{3}{10}$	1

□ **364** 上の **例題研究》** において，同時に3個の球を取り出すとき，その中に含まれる白球の個数の期待値を求めよ。

□ **365** 1から6まで数が1つずつ書かれた6枚のカードがある。この中から同時に2枚のカードを取り出すとき，大きいほうの数を X とする。このとき，X の期待値を求めよ。

□ **366** 1から5までの番号を書いた札が，それぞれの番号の数だけある。この中から札を1枚取り出すとき，次の①，②のどちらが得か。

① 出た番号と同じ枚数だけ100円硬貨をもらう。

② 偶数の番号が出れば，番号に関係なく850円もらう。

367 袋の中に，赤球30個と白球 n 個が入っている。この中から球を1個取り出し，それが赤球ならば200円，白球ならば300円を受け取ることができるという。このとき，次の問いに答えよ。ただし，n は正の整数とする。

□ (1) $n=10$ のとき，受け取ることができる金額の期待値を求めよ。

□ (2) 受け取ることができる金額の期待値が，235円以上でかつ238円以下となるような n の値をすべて求めよ。

39 三角形の辺と角の大小

テストに出る重要ポイント

三角形の辺と角の大小

① 三角形の1辺の長さは他の2辺の長さの和より小さく，他の2辺の長さの差より大きい。

$|b-c|<a<b+c$

② △ABC において

AB＞AC ⟺ ∠C＞∠B

AB＝AC ⟺ ∠C＝∠B

AB＜AC ⟺ ∠C＜∠B

基本問題

解答 ➡ 別冊 p. 73

368 次のような △ABC について，3つの角の大小を調べよ。

□ (1) AB＝3，BC＝4，CA＝5　　□ (2) ∠A＝100°，AB＝7，AC＝9

369 長さが次のように与えられている3つの線分が三角形の3辺となるように，x の値の範囲を定めよ。 テスト必出

□ (1) x，3，7　　□ (2) 7，$2x$，$5-x$

□ **370** 右の図において，点 P が線分 CD 上を動くとき，線分の長さの和 AP＋PB の最小値とそのときの線分 CP の長さを求めよ。

テスト必出

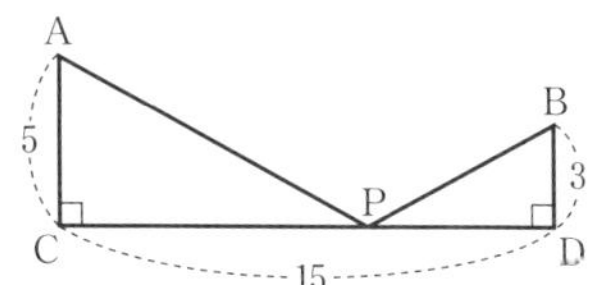

□ **371** △ABC において AC＞AB とし，頂点 A から辺 BC に垂線 AD を引くとき，∠DAC＞∠DAB，DC＞DB であることを証明せよ。

□ **372** △ABC の ∠A の外角の二等分線上に点 P をとるとき，PB＋PC＞AB＋AC であることを証明せよ。

40 角の二等分線と対辺の分割

✪ テストに出る重要ポイント

- **∠A の二等分線と比**

△ABC の ∠A の二等分線と対辺 BC との交点を D とすると，点 D は辺 BC を **AB：AC に内分**する。**BD：DC＝AB：AC**

△ABC の ∠A の外角の二等分線と対辺 BC の延長との交点を E とすると，点 E は辺 BC を **AB：AC に外分**する。**BE：EC＝AB：AC**

基本問題

解答 → 別冊 *p. 74*

できたらチェック。

373 下の図で，同じ印をつけた角は等しいとして，次の線分の長さを求めよ。

□ (1) BD の長さ

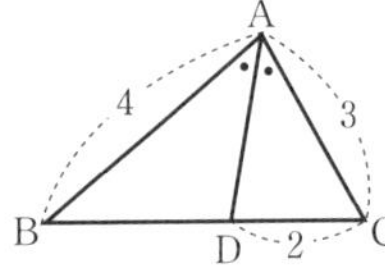

□ (2) PQ の長さ

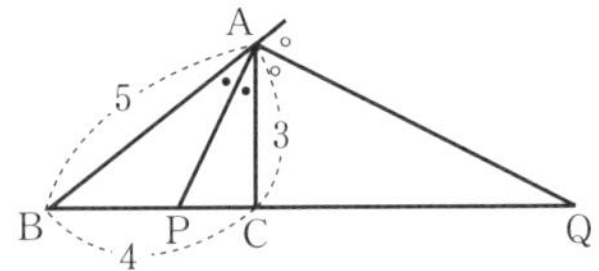

□ **374** △ABC において，∠A の二等分線と辺 BC の交点を D，∠A の外角の二等分線と辺 BC の延長との交点を E とする。AB＝14，BC＝12，CA＝10 のとき，線分 BD，CE の長さを求めよ。

□ **375** 右の図において，AB＝6，BC＝4，AE＝2，∠ABF＝∠FBD，∠CAD＝∠DAG のとき，線分 EC，CD の長さを求めよ。

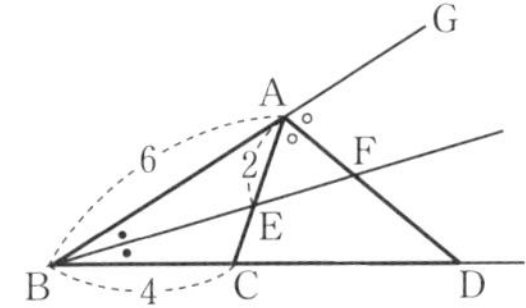

□ **376** AB＝3，BC＝2，CA＝2 の △ABC において，∠A およびその外角の二等分線が，辺 BC およびその延長と交わる点をそれぞれ D，E とするとき，線分 DE の長さを求めよ。

□ **377** △ABC の底辺 BC の中点を D とし，∠ADB および ∠ADC の二等分線が辺 AB，AC と交わる点をそれぞれ E，F とするとき，直線 EF は底辺 BC に平行であることを証明せよ。

41 三角形の重心・外心・内心・垂心

✪ テストに出る重要ポイント

- **三角形の重心**…三角形の3つの**中線は1点で交わる**。この点を**重心**という。重心は，各中線を2：1に内分する。
- **三角形の外心**…三角形の3辺の**垂直二等分線は1点で交わる**。この点を**外心**という。外心は外接円の中心となる。
- **三角形の内心**…三角形の3つの**内角の二等分線は1点で交わる**。この点を**内心**という。内心は内接円の中心となる。
- **三角形の垂心**…三角形の3つの**垂線は1点で交わる**。この点を**垂心**という。

基本問題

解答 ➡ 別冊 p. 75

できたらチェック。

378 次の図において，点Oは△ABCの外心である。角α，βをそれぞれ求めよ。

□ (1)

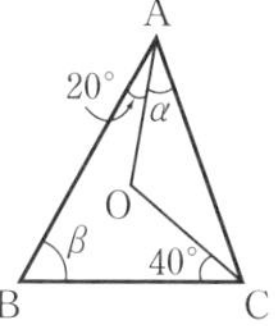

□ (2)

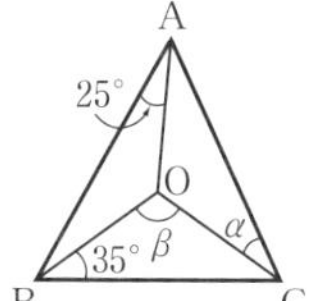

379 次の図において，点Iは△ABCの内心である。角α，βをそれぞれ求めよ。

□ (1)

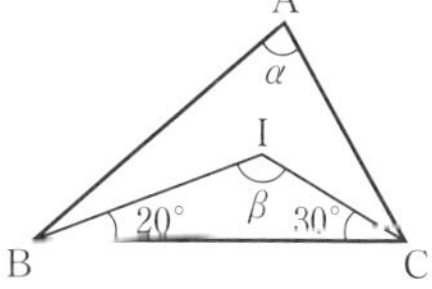

□ (2)

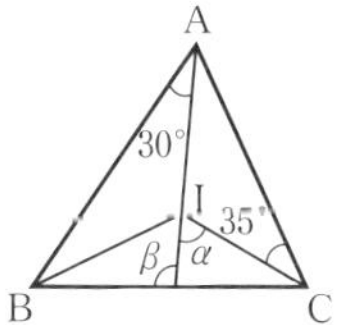

380 △ABCの内心をIとし，直線AIと辺BCの交点をDとする。AB＝8，BC＝6，CA＝4のとき，次のものを求めよ。

□ (1) 線分BDの長さ　　□ (2) AI：ID

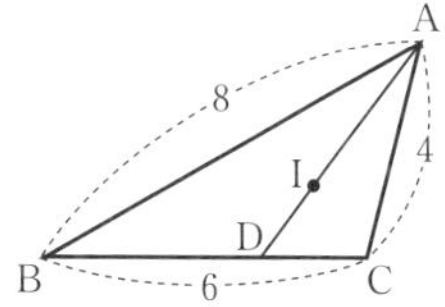

□ **381** 右の図において，点 H は △ABC の垂心である。直線 CH が辺 AB と交わる点を D，直線 BH が辺 AC と交わる点を E とする。∠A＝55°，∠ABC＝65° のとき，∠BHC および ∠DEB の大きさを求めよ。

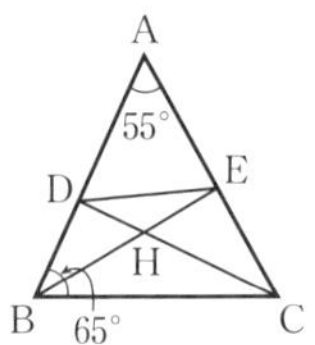

□ **382** △ABC の内心を I とすると，$\angle \mathrm{BIC}=90^\circ+\dfrac{1}{2}\angle \mathrm{A}$ であることを証明せよ。

テスト必出

応用問題

解答 ➡ 別冊 *p. 76*

例題研究》 △ABC の内接円が辺 BC と接する点を D とすると，△ABD の内接円 O と △ACD の内接円 O′ は互いに接することを証明せよ。

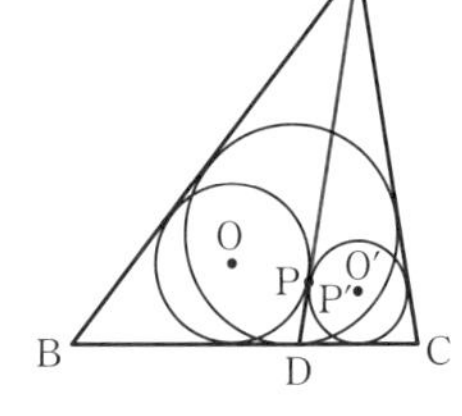

着眼 円 O，O′ が AD に接する点をそれぞれ P，P′ とし，P，P′ が一致することはAP−AP′=0 を示せばよい。

解き方 BC＝a，CA＝b，AB＝c，AD＝d とおき，円 O，O′ が AD と接する点をそれぞれ P，P′ とする。円 O，O′ に円の接線の長さの定理を用いると

$$\mathrm{AP}=\frac{1}{2}(c+d-\mathrm{BD}),\ \mathrm{AP'}=\frac{1}{2}(b+d-\mathrm{CD})$$

よって　$\mathrm{AP}-\mathrm{AP'}=\dfrac{1}{2}\{(c+\mathrm{CD})-(b+\mathrm{BD})\}$　……①

また，△ABC とその内接円について，円の接線の長さの定理を用いると

$$\mathrm{BD}=\frac{1}{2}(a-b+c),\ \mathrm{CD}=\frac{1}{2}(a+b-c)$$

これらを①の右辺に代入して整理すると　AP−AP′=0

したがって，P と P′ は一致する。

ゆえに，円 O，O′ は P で互いに接する。　〔証明終〕

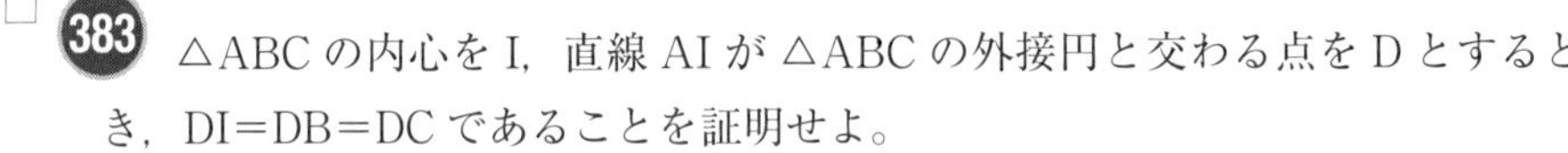

□ **383** △ABC の内心を I，直線 AI が △ABC の外接円と交わる点を D とするとき，DI＝DB＝DC であることを証明せよ。

□ **384** △ABC の垂心を H，直線 AH が辺 BC および外接円と交わる点をそれぞれ D，E とし，直線 BH が辺 AC と交わる点を F とするとき，HD＝DE であることを証明せよ。

42 三角形の比の定理

✪ テストに出る重要ポイント

● チェバの定理

△ABC の 3 辺 AB, BC, CA 上にそれぞれ点 P, Q, R があり，3 直線 AQ, BR, CP が点 X で交わるとき

$$\frac{AP}{PB}\cdot\frac{BQ}{QC}\cdot\frac{CR}{RA}=1$$

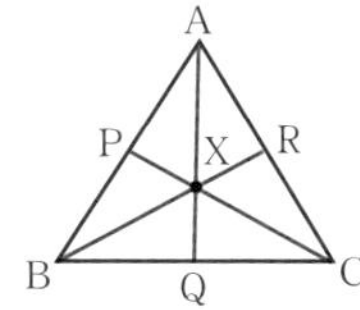

● チェバの定理の逆

△ABC の 3 辺 AB, BC, CA 上にそれぞれ点 P, Q, R があり，

$\frac{AP}{PB}\cdot\frac{BQ}{QC}\cdot\frac{CR}{RA}=1$ が成り立てば，3 直線 AQ, BR, CP は 1 点で交わる。

● メネラウスの定理

△ABC の 3 辺 AB, BC, CA またはその延長と直線 ℓ がそれぞれ点 P, Q, R で交わるとき

$$\frac{AP}{PB}\cdot\frac{BQ}{QC}\cdot\frac{CR}{RA}=1$$

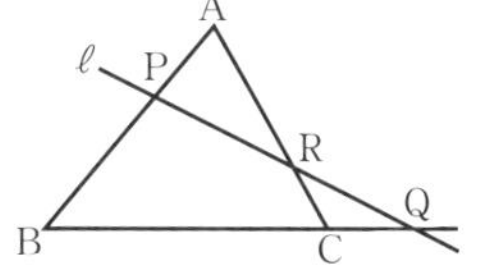

● メネラウスの定理の逆

△ABC の 3 辺 AB, BC, CA またはその延長上にそれぞれ点 P, Q, R があり，この 3 点のうち 1 個または 3 個が辺の延長上にあるとき

$\frac{AP}{PB}\cdot\frac{BQ}{QC}\cdot\frac{CR}{RA}=1$ が成り立てば，3 点 P, Q, R は一直線上にある。

基本問題

解答 ➡ 別冊 p. 76

385 下の図の △ABC において，次の比を求めよ。

□ (1) BP : PC　　□ (2) AR : CR　　□ (3) RA : AC

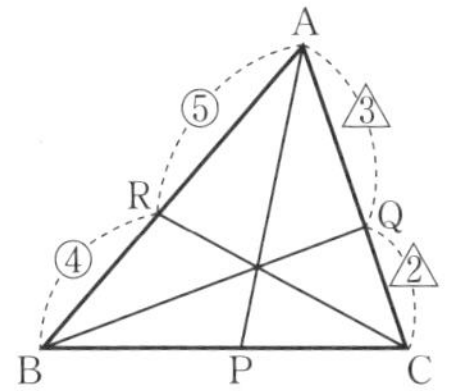

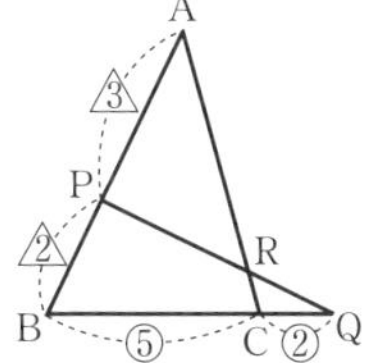

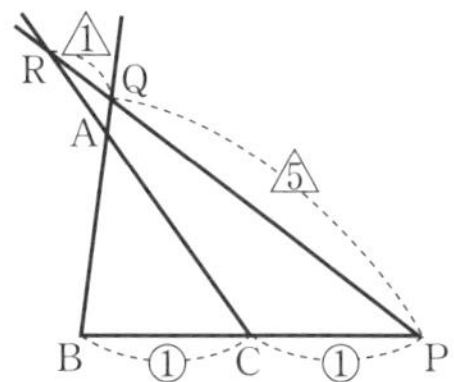

386 右の図の △ABC において，次の比を求めよ。

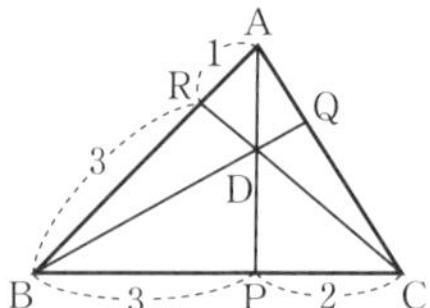

□ (1)　AQ：QC

□ (2)　AD：DP

□ (3)　△BDP：△BDR

387 右の図の △ABC において，次の比を求めよ。

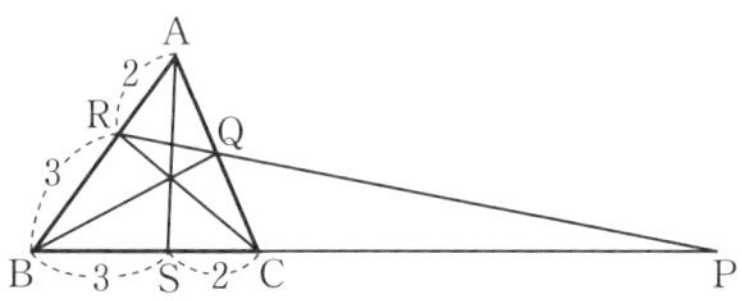

□ (1)　CQ：QA

□ (2)　BP：PC

□ (3)　PQ：QR

□ **388** △ABC において，辺 AB を 4：3 の比に内分する点を D，辺 AC を 2：5 の比に内分する点を E とする。線分 BE，CD の交点を P とするとき，△PBC：△ABC を求めよ。

応用問題

解答 ⟹ 別冊 *p. 77*

□ **389** △ABC で，辺 CA，CB 上にそれぞれ D，E を CD＝2AD，EB＝2CE であるようにとる。点 P が線分 DE の中点で，点 F が辺 BC の中点であるとき，PF∥AB であることを証明せよ。

□ **390** チェバの定理の逆を使って，三角形の頂点から対辺に引いた 3 つの垂線は 1 点で交わることを証明せよ。

ガイド　△ABC の 3 つの垂線を AD，BE，CF とすると，∠BEC＝∠BFC＝90° だから △AFC∽△AEB であり，AF：AE＝AC：AB となる。

□ **391** △ABC の各頂角の外角の二等分線が対辺の延長と交わる点は一直線上にあることを証明せよ。

ガイド　メネラウスの定理の逆により，各頂点の外角の二等分線が対辺の延長と交わる 3 点が一直線上にあることを示す。

43 円に内接する四角形

✪ テストに出る重要ポイント

▶ 円周角

① 円周角の大きさは同じ弧に対する**中心角の大きさの半分**である。

② 1つの円，または半径の等しい円において，等しい弧に対する円周角は等しい。逆に，等しい円周角に対する弧は等しい。

③ 直径に対する円周角は直角である。逆に，直角の円周角に対する弦は直径である。

④ 円の中心から弦へ引いた垂線は，弦を2等分する。

⑤ 弦の垂直二等分線は円の中心を通る。

▶ 円に内接する四角形の性質

① **対角の和は 180°** である。

② 1つの外角は，それと隣り合う内角の対角に等しい。

▶ 四角形が円に内接する条件

① 1組の対角の和が 180° である四角形は，円に内接する。

② 1つの外角が，それと隣り合う内角の対角に等しい四角形は，円に内接する。

基本問題

解答 ➡ 別冊 p. 78

392 次の図において，角 x を求めよ。

□ (1)

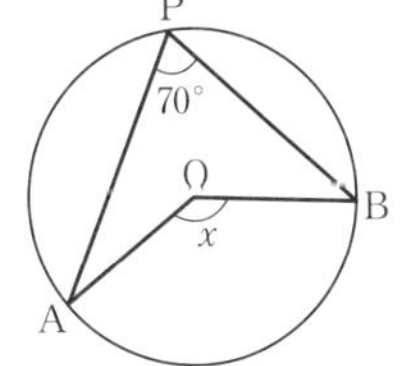

□ (2)

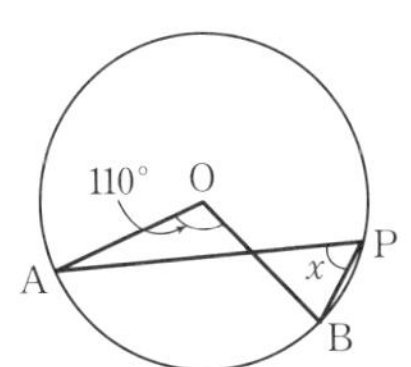

□ (3)

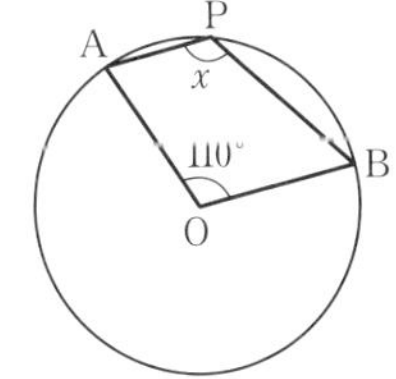

□ **393** 円Oの周上に3点A，B，Cをとる。弧AB，弧BC，弧CAの長さの比が2：3：4であるとき，∠ACBの大きさを求めよ。 〈テスト必出

ガイド まず，中心角∠AOBを求める。全円周を2+3+4とすると，弧ABは2となる。

例題研究》 右の図において，BC は円 O の直径で，∠AOB＝76°，∠DOC＝34° である。

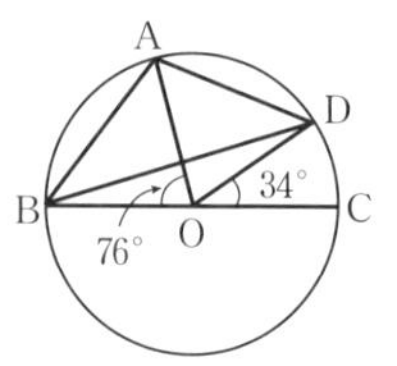

(1)　∠ADB の大きさを求めよ。
(2)　∠BAD の大きさを求めよ。

着眼 
円周角の大きさは**中心角の大きさの半分**である。

解き方 (1)　∠ADB は弧 AB に対する円周角で，弧 AB に対する中心角は 76° である。

よって，∠ADB＝$\frac{1}{2}$×76°＝**38°**　……答

(2)　∠BAD は弧 BCD に対する円周角で，弧 BCD に対する中心角は　180°＋34°＝214°

よって，∠BAD＝$\frac{1}{2}$×214°＝**107°**　……答

394 右の図において，AB と CD は円 O の直径，∠BAE＝25°，∠AOC＝40° である。
これについて，次の問いに答えよ。

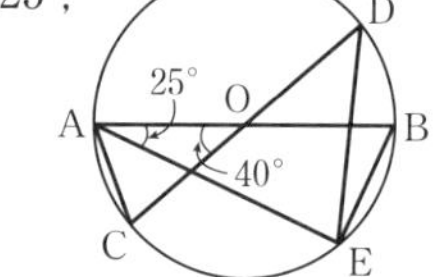

□ (1)　∠CDE の大きさを求めよ。
□ (2)　∠AED の大きさを求めよ。

□ **395** △ABC の頂点 B から辺 AC に垂線 BD を引き，頂点 C から辺 AB に垂線 CE を引く。このとき，4 点 B，C，D，E は同一円周上にあることを証明せよ。

396 次の図において，角 x，y を求めよ。 **テスト必出**

□ (1)

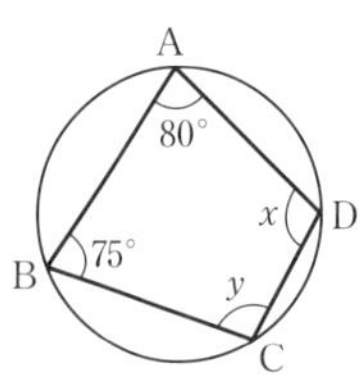

□ (2)

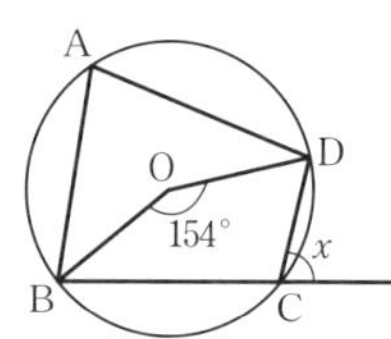

□ (3)

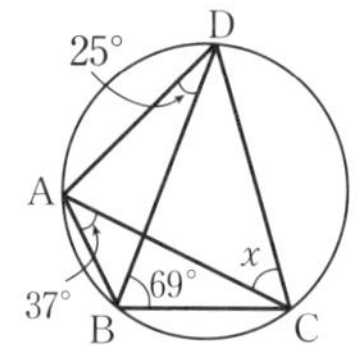

□ **397** 円に内接する四角形 ABCD において，∠A，∠B，∠C の大きさの比が，2：3：4 であるとき，四角形 ABCD の 4 つの内角の大きさを求めよ。

□ **398** 円に内接する平行四辺形の 4 つの内角の大きさを求めよ。

399 右の図のように，点 P を通る直線 ℓ_1，ℓ_2 はそれぞれ点 A，B で円 O と接している。
また，点 C は直線 AB に関して，点 P と反対側にある円周上の点である。
∠APB＝50° のとき，次の角の大きさを求めよ。

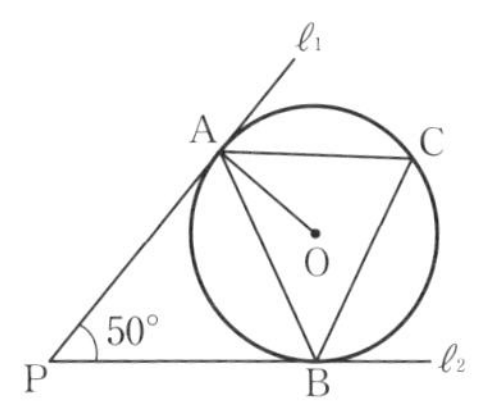

□ (1) ∠ACB　　□ (2) ∠OAB

例題研究》 △ABC の頂点 C における外角の二等分線と，この三角形の外接円との交点を D とするとき，AD＝BD であることを証明せよ。

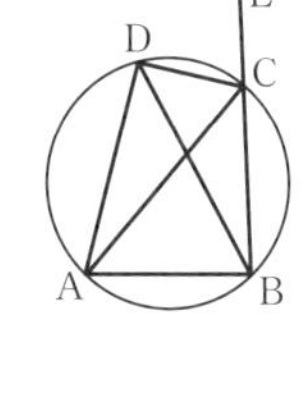

着眼 結論から証明の筋道を予想しよう。結論は AD＝BD で，△ADB が二等辺三角形であるということである。すなわち，∠DAB＝∠DBA を示せばよいことになる。四角形 ABCD が円に内接していることを利用する。

解き方 DC は，∠ACB の外角の二等分線だから

∠DCE＝∠DCA　……①

四角形 ABCD は円に内接するから

∠DCE＝∠DAB　……②

弧 AD に対する円周角だから

∠DCA＝∠DBA　……③

①，②，③から，∠DAB＝∠DBA

△ADB が二等辺三角形になるから，AD＝BD　〔証明終〕

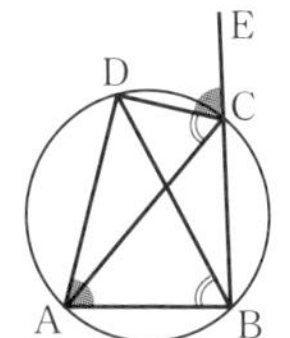

□ **400** 右の図のように，円に内接している四角形 ABCD において，∠BAD の二等分線が円と交わる点を E とするとき，線分 CE は頂点 C における外角 ∠DCF を 2 等分することを証明せよ。

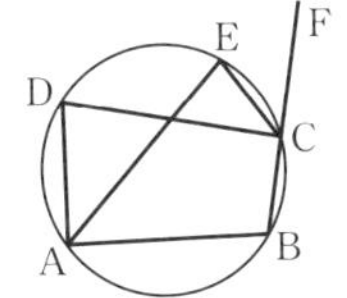

応用問題

解答 ⟹ 別冊 *p. 79*

□ **401** 正三角形 ABC の外接円の弧 AB，弧 AC の中点をそれぞれ M，N とするとき，弦 MN は辺 AB，AC によって 3 等分されることを証明せよ。

44 円と直線

テストに出る重要ポイント

接線

① 円外の点からこの円に引いた2つの接線の長さは等しい。

② 接線と弦のなす角は，その角の内部にある弧に対する円周角に等しい(右の図で，∠BAT＝∠ACB)。**接弦定理**ともいう。また，この定理の逆

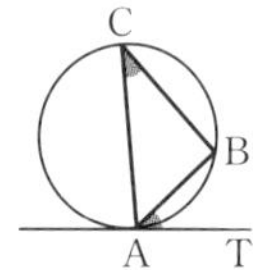

「∠BAT＝∠ACB ⟹ AT は円の接線」も成り立つ(**接弦定理の逆**)。

方べきの定理

① 円の2つの弦 AB，CD の交点，またはそれらの延長の交点を P とすると
PA·PB＝PC·PD

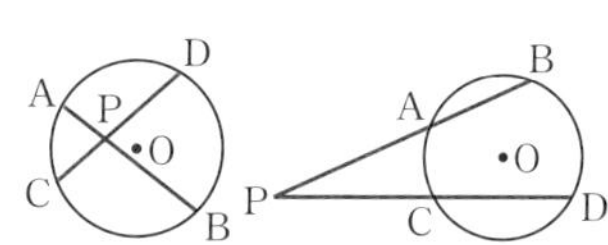

② 円の外部の点 P から円に引いた接線の接点を T とする。P を通って円と2点 A，B で交わる直線を引くと
PA·PB＝PT²

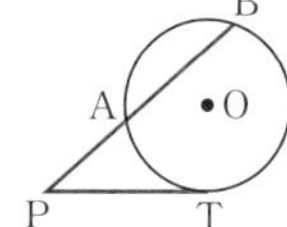

方べきの定理の逆

① 2つの線分 AB と CD，または AB の延長と CD の延長が点 P で交わるとき，PA·PB＝PC·PD ならば，4点 A，B，C，D は1つの円周上にある。

② 一直線上にない3点 A，B，T および線分 AB の延長上に点 P があり，PA·PB＝PT² ならば，PT は A，B，T を通る円に接する。

できたらチェック。

基本問題

解答 ⟹ 別冊 p. 79

□ **402** 円外の1点から，この円に引いた2つの接線の長さは等しいことを証明せよ。

□ **403** 右の図において，PA，PB，DE はそれぞれ A，B，C を接点とする円 O の接線である。PA＝15 であるとき，△DPE の周の長さを求めよ。

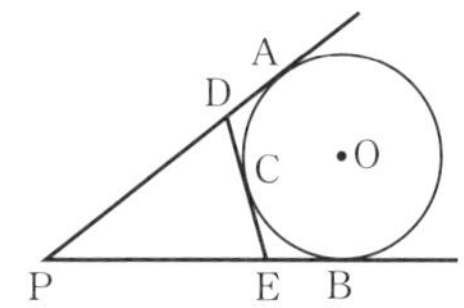

□ **404** 円に外接する四角形の2組の対辺の長さの和は等しいことを証明せよ。

例題研究》 右の図のように，四角形 ABCD は円 O に内接し，直線 TT′ は点 A における円 O の接線である。四角形 ABCD の 4 つの内角の大きさを求めよ。

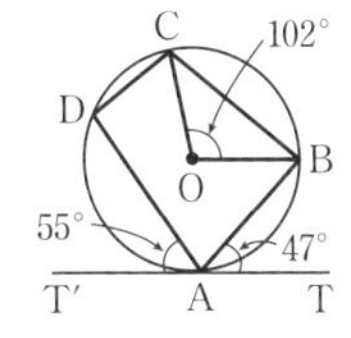

着眼 円周角の定理，接線と弦のつくる角の定理（接弦定理）を利用する。

解き方 A と C を結ぶと，$\angle ACB=\angle BAT=47°$

$\angle ACD=\angle DAT'=55°$

よって，$\angle C=\angle ACB+\angle ACD=47°+55°=102°$

B と D を結ぶと，$\angle ADB=\angle BAT=47°$，$\angle BDC=\dfrac{1}{2}\angle BOC=\dfrac{1}{2}\times 102°=51°$

よって，$\angle D=\angle ADB+\angle BDC=47°+51°=98°$

円に内接する四角形の性質により　$\angle A=180°-\angle C=180°-102°=78°$

$\angle B=180°-\angle D=180°-98°=82°$

答 **$\angle A=78°$，$\angle B=82°$，$\angle C=102°$，$\angle D=98°$**

405 次の図において，角 x，y をそれぞれ求めよ。ただし，直線 AT は点 A における円の接線である。《テスト必出

□ (1)

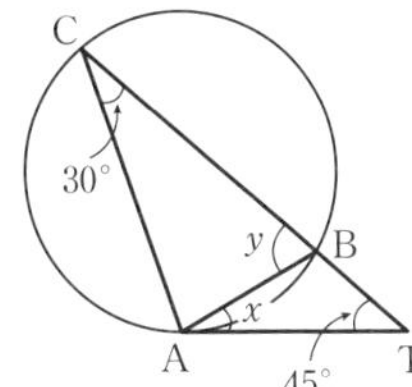

□ (2)

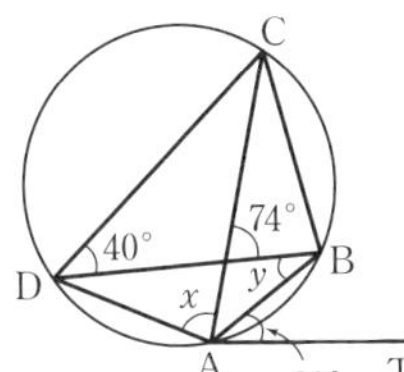

□ (3)

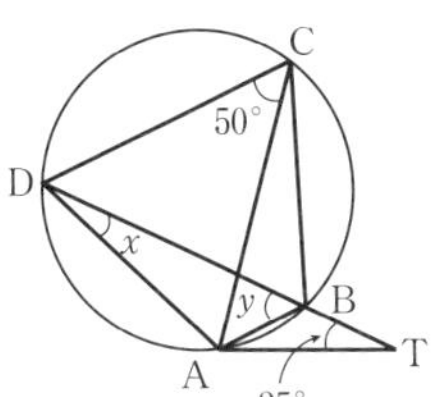

□ **406** 円 O の半径と長さの等しい弦 AB がある。半径 OB の延長上に点 C をとり，BC＝OB とする。このとき，直線 AC は円 O の接線となることを証明せよ。

407 次の図において，x，y，z の値をそれぞれ求めよ。《テスト必出

□ (1)

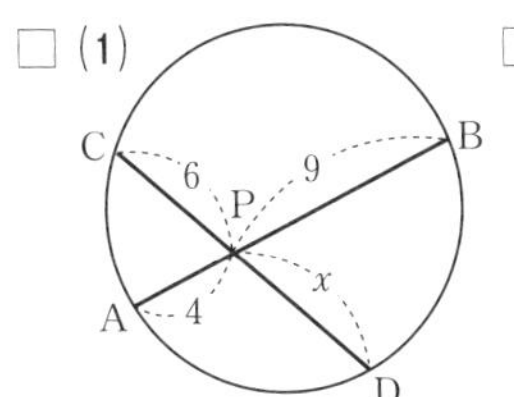

□ (2)

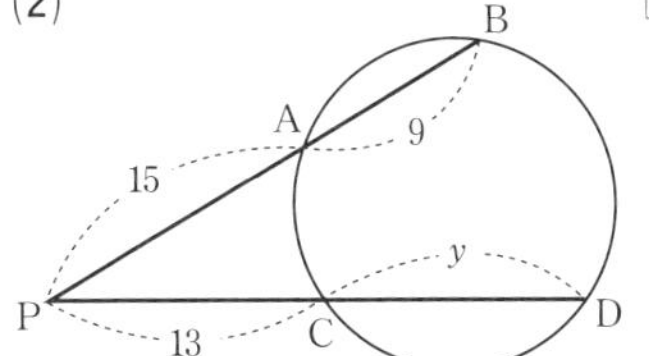

□ (3)

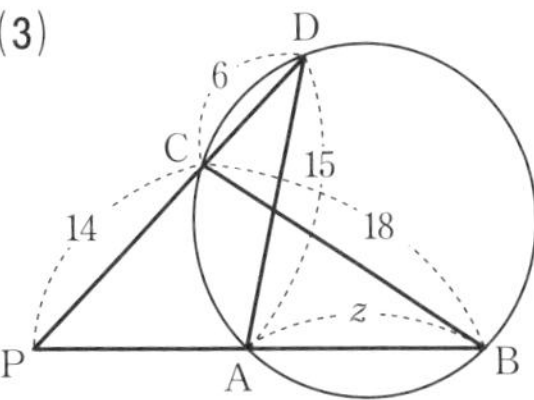

408 次の図において，x の値を求めよ。

□ (1)

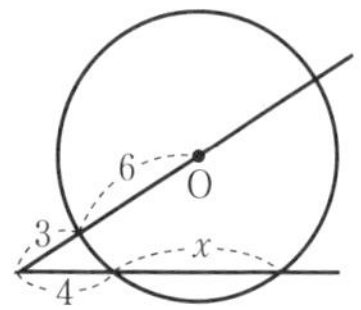

□ (2)

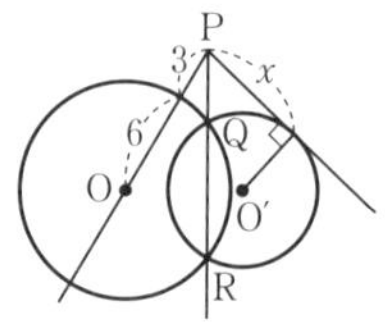

□ **409** 直径 a の円Oに，円外の点Pから，長さ b の接線PTを引く。線分POと円Oの交点をAとすると，PAの長さ x は，2次方程式 $x^2+ax-b^2=0$ の解であることを示せ。

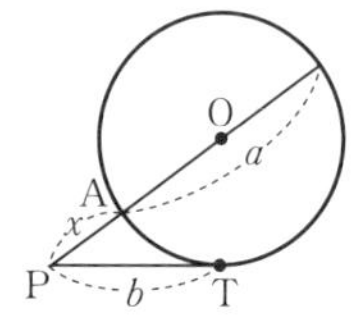

410 右の図で，円Oの半径は6，弦ABの長さは6，CD：DB＝2：1である。このとき，次のものを求めよ。

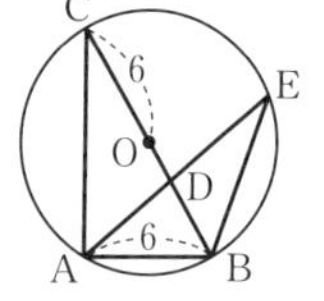

□ (1)　∠Eの大きさ　　□ (2)　線分ADの長さ

□ (3)　線分AEの長さ

□ **411** △ABCの内部に点Pがある。∠PAB＝∠PBC，∠PAC＝∠PCBならば，直線APは辺BCの中点を通ることを証明せよ。

応用問題

解答 ➡ 別冊 p. 81

例題研究》 円の弧BCの中点Aから2つの弦AD，AEを引き，弦BCとの交点をそれぞれF，Gとすると，D，E，G，Fは同一円周上にあることを証明せよ。

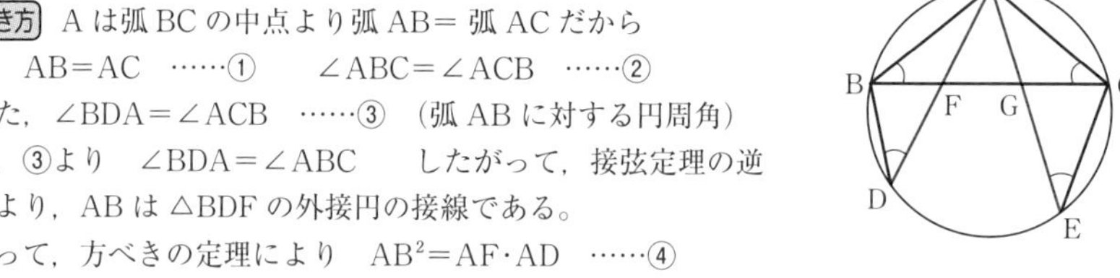

着眼　AF・AD＝AG・AEとなることを示せばよい。

解き方　Aは弧BCの中点より弧AB＝ 弧ACだから

AB＝AC　……①　　∠ABC＝∠ACB　……②

また，∠BDA＝∠ACB　……③　(弧ABに対する円周角)

②，③より　∠BDA＝∠ABC　　したがって，接弦定理の逆により，ABは△BDFの外接円の接線である。

よって，方べきの定理により　AB^2＝AF・AD　……④

同様にして　AC^2＝AG・AE　……⑤　　①，④，⑤より　AF・AD＝AG・AE

よって，方べきの定理の逆により，D，E，G，Fは同一円周上にある。〔証明終〕

□ **412** ABを直径とする半円において，弦AC，BDの交点をEとする。このとき，AE・AC＋BE・BD＝AB^2 であることを証明せよ。

45 2つの円の位置関係

✪ テストに出る重要ポイント

- **2つの円の位置関係**…2つの円の半径を r, r' ($r>r'$), 中心間の距離を d とすると, 次の5つの場合がある。
  (1) **互いに外部にある** $\boldsymbol{d>r+r'}$　(2) **外接する** $\boldsymbol{d=r+r'}$
  (3) **2点で交わる** $\boldsymbol{r-r'<d<r+r'}$　(4) **内接する** $\boldsymbol{d=r-r'}$
  (5) **一方が他方の内部にある** $\boldsymbol{d<r-r'}$
  ㊟交わる2つの円の中心どうしを結ぶ線分 OO′ は, 2つの円に共通な弦を垂直に2等分する。
  2つの円が接するとき, 接点 P, O, O′ は一直線上にある。
- **共通接線**…2つの円の両方に接する直線のこと。
  (1) **共通外接線**の長さ
  $TT'=HO'=\sqrt{d^2-(r-r')^2}$
  (2) **共通内接線**の長さ
  $TT'=HO'=\sqrt{d^2-(r+r')^2}$

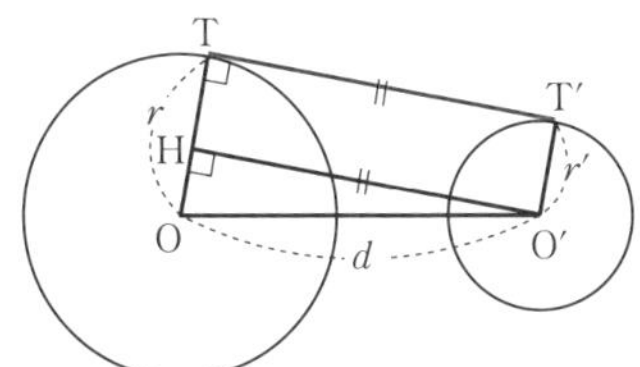

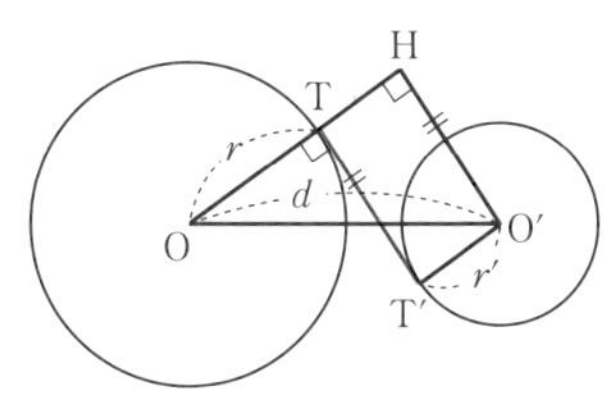

- **2つの円の弦の平行**…2つの円 O, O′ が2点 A, B で交わるとき, 点 A を通る任意の直線が円 O, O′ と交わる点を P, P′, 点 B を通る任意の直線が円 O, O′ と交わる点を Q, Q′ とすると, PQ∥P′Q′ となる。

基本問題

解答 ➡ 別冊 p. 82

できたらチェック。

413 半径が 12cm と 7cm の2つの円の中心間の距離が次のとき, 2つの円の位置関係を答えよ。〈テスト必出〉

□ (1) 5cm　□ (2) 7cm　□ (3) 19cm　□ (4) 20cm

414 2つの円 O, O′ の半径をそれぞれ $r$cm, r'cm, 中心間の距離を $d$cm とするとき, 次の場合の共通外接線と共通内接線の本数を求めよ。〈テスト必出〉

□ (1) $r=13$, $r'=5$, $d=10$　□ (2) $r=6$, $r'=3$, $d=9$

415 右の図において，直線 ℓ_1 は点 A，C で，直線 ℓ_2 は点 B，D でそれぞれ円 O，O′ に接し，ℓ_1 と ℓ_2 は点 E で交わっている。円 O の半径を 15，円 O′ の半径を 9，中心間の距離 OO′ を 30 とする。次の線分の長さを求めよ。

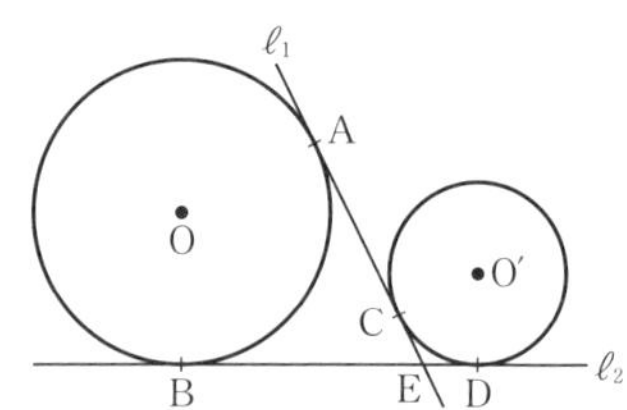

□ (1)　AC　　□ (2)　BD　　□ (3)　CE

例題研究》 AB＝7cm，BC＝8cm，CA＝9cm の △ABC において，A，B，C を中心とする 3 つの円をかき，互いに 2 つずつ外接するようにしたい。それぞれの円の半径を求めよ。

着眼 2 つの円が外接するとき，中心間の距離は 2 つの円の半径の和に等しい。

解き方 2 つずつ外接する円の接点を図のように P，Q，R とすると，P，Q，R はそれぞれ線分 AB，BC，CA 上にある。円 A，円 B，円 C の半径をそれぞれ $x$cm，$y$cm，$z$cm とすると

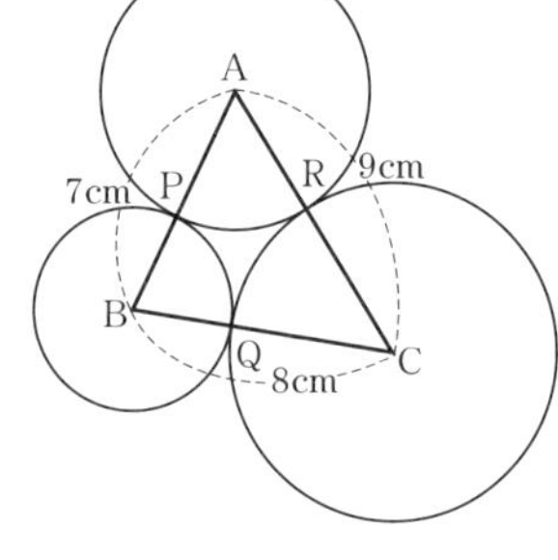

$AB=x+y=7$ ……①

$BC=y+z=8$ ……②

$CA=z+x=9$ ……③

これらを解けばよい。

③ － ②より　$x-y=1$ ……④

① ＋ ④より　$2x=8$　よって　$x=4$

$x=4$ を①に代入して　$4+y=7$　よって　$y=3$

$x=4$ を③に代入して　$z+4=9$　よって　$z=5$

答　円 A の半径は 4cm，円 B の半径は 3cm，円 C の半径は 5cm

□ **416** A，B，C を中心とする 3 つの円 A，B，C が互いに外接している。これらの円の半径の比が 1：2：3 であるとき，AB：BC：CA を求めよ。

46 作図

テストに出る重要ポイント

- **作図**…定規とコンパスだけを用いて，与えられた条件を満たす図形をかくことを**作図**という。すなわち作図では，
  ・与えられた2点を通る直線を引くこと
  ・与えられた点を中心として，与えられた半径の円をかくこと
  だけにより，条件を満たす図形をかく。

基本問題

解答 ⟹ 別冊 p. 82

できたらチェック。

417 次の図形を作図せよ。

□ (1) 与えられた線分 AB の垂直二等分線

□ (2) 与えられた ∠AOB の二等分線

□ (3) 与えられた点 A を通り，与えられた直線 ℓ に垂直な直線

□ (4) 与えられた点 A を通り，与えられた直線 ℓ に平行な直線

□ (5) 半直線 OA と ∠XO′Y が与えられたとき，OA とのなす角が ∠XO′Y と等しいような半直線

418 与えられた線分 AB について，次の点を作図せよ。 テスト必出

□ (1) 線分 AB を 1：2 に内分する点　□ (2) 線分 AB を 5：1 に外分する点

□ **419** 与えられた △ABC の外心を作図せよ。

□ **420** 長さ 1 と a の線分が与えられたとき，長さ $\sqrt{a}$ の線分を作図せよ。

応用問題

解答 ⟹ 別冊 p. 83

□ **421** 与えられた △ABC の内接円を作図せよ。

□ **422** 与えられた円の周上の点 A における接線を作図せよ。

□ **423** 与えられた長方形と等しい面積をもつ正方形を作図せよ。 差がつく

47 空間図形

テストに出る重要ポイント

2直線の位置関係

(1) 交わる　(2) 平行である　(3) ねじれの位置にある

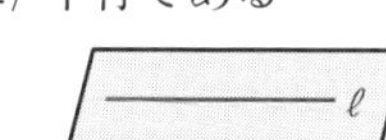

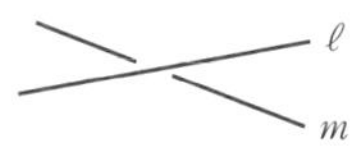

直線と平面の位置関係

(1) 直線が平面に含まれる　(2) 交わる　(3) 平行である

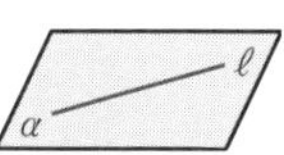

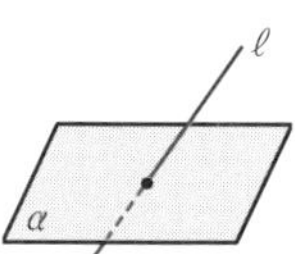

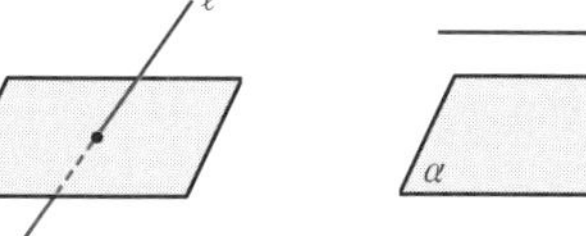

2平面の位置関係

(1) 交わる　(2) 平行である

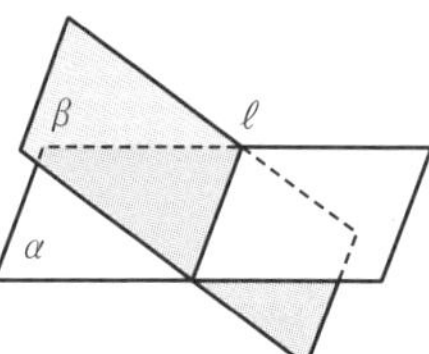

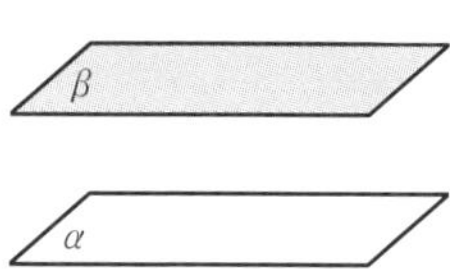

三垂線の定理

平面 α 上の直線を ℓ, α 上にない点を P, ℓ 上の点を Q, α 上にあって ℓ 上にない点を O とするとき

(1) $\mathbf{PO\perp\alpha}$, $\mathbf{OQ\perp\ell\Longrightarrow PQ\perp\ell}$

(2) $\mathbf{PO\perp\alpha}$, $\mathbf{PQ\perp\ell\Longrightarrow OQ\perp\ell}$

(3) $\mathbf{PQ\perp\ell}$, $\mathbf{OQ\perp\ell}$, $\mathbf{PO\perp OQ\Longrightarrow PO\perp\alpha}$

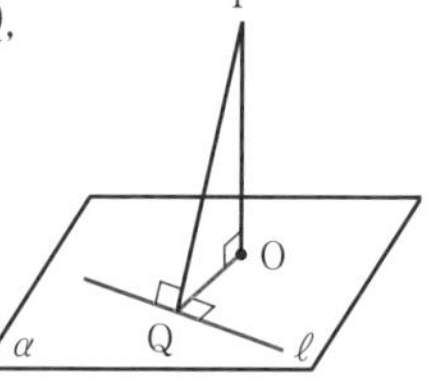

正多面体

正多面体…各面がすべて合同な正多角形で，各頂点に集まる面の数がすべて等しい凸多面体を**正多面体**という。正多面体は次の5種類しかない。

・正四面体　・正六面体　・正八面体　・正十二面体　・正二十面体

オイラーの多面体定理

オイラーの多面体定理…凸多面体の頂点の数，辺の数，面の数をそれぞれ v, e, f とすると，$\boldsymbol{v-e+f=2}$ が成り立つ。

基本問題

解答 → 別冊 p. 84

できたらチェック。

424 直方体 ABCD−EFGH について，次の問いに答えよ。

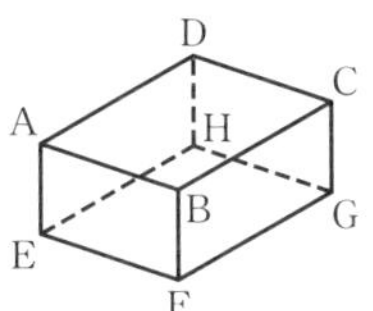

□ (1) 辺 AD と平行な辺をすべて答えよ。

□ (2) 線分 AC とねじれの位置にある辺をすべて答えよ。

□ (3) 辺 AE と垂直な面をすべて答えよ。

□ (4) 面 ABCD と平行な辺をすべて答えよ。

□ (5) 平行な位置関係にある面は何組あるか。

425 1 辺の長さが 9 の正八面体がある。次の問いに答えよ。 テスト必出

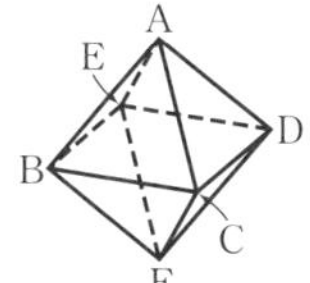

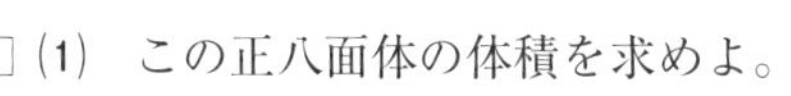

□ (1) この正八面体の体積を求めよ。

□ (2) この正八面体に内接する球の半径を求めよ。

□ **426** 多面体の面の数を f，辺の数を e とする。すべての面が三角形である多面体について，$2e=3f$ が成り立つことを示せ。

応用問題

解答 → 別冊 p. 85

□ **427** 1 辺の長さが 4 の立方体の各面の対角線の交点を頂点とする正八面体の 1 辺の長さを求めよ。また，この正八面体の体積を求めよ。

428 正多面体について，次の問いに答えよ。 差がつく

□ (1) 正多面体の各面の正多角形は，正三角形，正方形，正五角形以外にはないことを示せ。

□ (2) 正多面体の各面が正三角形の場合，1 つの頂点に集まる正三角形の個数は，3，4，5 のいずれかであることを示せ。

□ (3) (2)で 1 つの頂点に集まる正三角形の個数が 3，4，5 のそれぞれの場合について，正多面体の形はどうなるか。

□ **429** 各頂点に集まる面の数が 3 で，各面が五角形か六角形でできている凸多面体において，五角形の面は何個あるか。

48 約数と倍数

テストに出る重要ポイント

- **約数と倍数**…2つの整数 a, b について，ある整数 k を用いて $\boldsymbol{a=bk}$ と表されるとき，b を a の**約数**といい，a は b の**倍数**であるという。特に，0はすべての整数の倍数であり，1はすべての整数の約数である。
- **倍数の判定法**
  2の倍数 ⟺ 一の位の数が偶数　　3の倍数 ⟺ 各位の数の和が3の倍数
  4の倍数 ⟺ 下2桁の数が4の倍数
  5の倍数 ⟺ 一の位の数が0または5
  8の倍数 ⟺ 下3桁の数が8の倍数
  9の倍数 ⟺ 各位の数の和が9の倍数
- **素数，合成数**…2以上の自然数で，1とその数以外に正の約数をもたない数を**素数**という。1は素数ではない。2以上の自然数で，素数でないものを**合成数**という。
- **素因数分解**…整数がいくつかの整数の積で表されるとき，積をつくる1つ1つの整数を**因数**という。素数である因数を**素因数**という。自然数を素数だけの積の形に表すことを**素因数分解**という。任意の自然数の素因数分解は，積の順序の違いを除けばただ1通りである。(**素因数分解の一意性**)
- **約数の個数**…自然数 n が，$\boldsymbol{n=p^aq^br^c}$ の形に素因数分解されたとすると，n の正の約数の個数は $\boldsymbol{(a+1)(b+1)(c+1)}$，また，正の約数の総和は $(1+p+p^2+\cdots+p^a)(1+q+q^2+\cdots+q^b)(1+r+r^2+\cdots+r^c)$ である。

基本問題

解答 ➡ 別冊 p. 86

430 次の問いに答えよ。

□ (1) 18の正の約数をすべて求めよ。　□ (2) 72の正の約数は何個あるか。

431 a, b, c は整数とする。

□ (1) a と b がともに5の倍数ならば，$2a+3b$ は5の倍数であることを証明せよ。

□ (2) b が a の倍数であり，c が b の倍数であるならば，c は a の倍数であることを証明せよ。

432 次の問いに答えよ。

□ (1) 5桁の自然数34□52が9の倍数であるとき，□に入る数を求めよ。

□ (2) 3桁の自然数73□が4の倍数であるとき，□に入る数をすべて求めよ。

433 次の問いに答えよ。 テスト必出

□ (1) 500の正の約数の個数を求めよ。

□ (2) 500の正の約数の総和を求めよ。

434 次の問いに答えよ。

□ (1) 24の倍数で，正の約数の個数が10個である自然数を求めよ。

□ (2) 100以下の自然数のうち，正の約数の個数が12個であるものをすべて求めよ。

435 次の問いに答えよ。

□ (1) $\sqrt{\dfrac{600}{n}}$ が自然数になるような自然数 n をすべて求めよ。

□ (2) $\sqrt{7875n}$ が自然数になるような100以下の自然数 n を求めよ。

応用問題

解答 ➡ 別冊 p. 87

□ **436** n を自然数とする。$n^2-8n+15$ が素数となるような自然数 n をすべて求めよ。

□ **437** 50! を素因数分解したとき，素因数2の個数を求めよ。 差がつく

□ **438** 正の約数の個数が28個である最小の正の整数を求めよ。

□ **439** 5桁の自然数 $abcba$ が11で割り切れるための必要十分条件は，$2a-2b+c$ が11で割り切れることであることを証明せよ。

49 最大公約数と最小公倍数

テストに出る重要ポイント

- **最大公約数と最小公倍数**…2つ以上の整数に共通な約数を，それらの整数の**公約数**といい，公約数のうち最大のものを**最大公約数**という。また，2つ以上の整数に共通な倍数を，それらの整数の**公倍数**といい，正の公倍数のうち最小のものを**最小公倍数**という。
一般に，公約数はすべて最大公約数の約数であり，公倍数はすべて最小公倍数の倍数である。
- **互いに素**…2つの整数 a，b の最大公約数が1のとき，a と b は**互いに素**であるという。
- **互いに素である整数の性質**…2つの整数 a，b が互いに素であり，a が bc を割り切るならば，a は c を割り切る。
- **最大公約数，最小公倍数の性質**…2つの自然数 a，b の最大公約数を g，最小公倍数を l として，$a=ga'$，$b=gb'$ であるとする。このとき次の性質が成り立つ。
① **a' と b' は互いに素である**
② **$l=ga'b'$**
③ **$ab=gl$**

基本問題

解答 ➡ 別冊 p. 88

440 次の2つの整数，3つの整数の最大公約数と最小公倍数を求めよ。

□ (1) 180，600　　□ (2) 90，150，392

□ **441** n を自然数とする。n と84の最小公倍数が504となるという。このような n をすべて求めよ。〈テスト必出〉

□ **442** n を整数とする。$n+2$ が5の倍数であり，$n+3$ が7の倍数であるならば，$n+17$ は35の倍数であることを証明せよ。

□ **443** n を自然数とするとき，n と $n+1$ が互いに素であることを証明せよ。

444 次の条件を満たす自然数の組 $(a,\ b)\ (a<b)$ をすべて求めよ。

□ (1) 最大公約数が 6，最小公倍数が 252

□ (2) 最大公約数が 14，最小公倍数が 1176

445 次の問いに答えよ。〈テスト必出〉

□ (1) 2つの分数 $\frac{25}{8}$，$\frac{35}{18}$ のどちらに掛けても積が自然数となるような分数のうち，最小のものを求めよ。

□ (2) 3つの分数 $\frac{21}{8}$，$\frac{15}{14}$，$\frac{6}{49}$ のいずれに掛けても積が自然数となるような分数のうち，最小のものを求めよ。

□ **446** 2つの自然数 a と b が互いに素であるとき，$7a+8b$ と $6a+7b$ は互いに素であることを証明せよ。〈テスト必出〉

応用問題

解答 ➡ 別冊 p. 89

447 2つの自然数 a，b について，次の命題を証明せよ。

□ (1) a，b が互いに素であるならば，$a+b$，ab は互いに素である。

□ (2) $a+b$，ab が互いに素であるならば，a，b は互いに素である。

□ **448** 自然数 m，$n\ (m\geqq n>0)$ がある。$m+n$ と $m+4n$ の最大公約数が 3 で，最小公倍数が $4m+16n$ であるという。このような m，n の組をすべて求めよ。

50 整数の割り算と商および余り

テストに出る重要ポイント

- **割り算の原理**…整数 a と正の整数 b に対して，
  $\boldsymbol{a=bq+r}$　$(\boldsymbol{0 \leqq r < b})$
  を満たす整数 q，r がただ1通りに決まる。このとき，q は a を b で割ったときの**商**，r は a を b で割ったときの**余り**という。$r=0$ のとき，a は b で**割り切れる**という。
- **余りによる整数の分類**…任意の整数 n は，正の整数 m で割ったときの余り 0，1，2，…，$m-1$ によって，m 個に分類することができる。
- **連続する整数の積の性質**
  ① 連続する2つの整数の積は2の倍数である。
  ② 連続する3つの整数の積は6の倍数である。
- **合同式**…m を正の整数とする。このとき，2つの整数 a，b について，$a-b$ が m の倍数であるとき，a と b は m を**法として合同**であるといい，$\boldsymbol{a \equiv b \pmod{m}}$ と表す。次のことが成り立つ。
  ① $\boldsymbol{a \equiv a \pmod{m}}$
  ② $\boldsymbol{a \equiv b \pmod{m}}$ ならば，$\boldsymbol{b \equiv a \pmod{m}}$
  ③ $\boldsymbol{a \equiv b \pmod{m}}$，$\boldsymbol{b \equiv c \pmod{m}}$ ならば，$\boldsymbol{a \equiv c \pmod{m}}$
- **合同式の性質**…$a \equiv b \pmod{m}$，$c \equiv d \pmod{m}$ のとき，次のことが成り立つ。
  ① $\boldsymbol{a+c \equiv b+d \pmod{m}}$
  ② $\boldsymbol{a-c \equiv b-d \pmod{m}}$
  ③ $\boldsymbol{ac \equiv bd \pmod{m}}$
  ④ **自然数 $\boldsymbol{n}$ に対して，**$\boldsymbol{a^n \equiv b^n \pmod{m}}$

基本問題

解答 ➡ 別冊 p. 90

できたらチェック。

449 次の a，b について，a を b で割ったときの商と余りを求めよ。

□ (1) $a=23$，$b=4$　　□ (2) $a=93$，$b=7$

□ (3) $a=-65$，$b=6$　　□ (4) $a=-87$，$b=5$

450 整数 a, b について，a を 7 で割ると 3 余り，b を 7 で割ると 5 余る。次の数を 7 で割ったときの余りを求めよ。テスト必出

□ (1) $a-b$　□ (2) $2a+b$

□ (3) $2a-3b$　□ (4) a^2+b^2

451 次のことを証明せよ。テスト必出

□ (1) 奇数の 2 乗を 4 で割ると 1 余る。

□ (2) 連続する 2 つの偶数の 3 乗の差は 8 の倍数であるが，16 の倍数ではない。

□ **452** n を整数とする。次のことを証明せよ。
n が 3 の倍数でないならば，n^2+2 は 3 の倍数である。

453 n を整数とする。次のことを証明せよ。

□ (1) n^2+7n+2 は偶数である。

□ (2) n^3-7n は 6 の倍数である。

応用問題

解答 → 別冊 p. 91

454 n を整数とする。次のことを証明せよ。差がつく

□ (1) n が奇数のとき，n^2-1 は 8 の倍数である。

□ (2) n^2+2 は 4 の倍数でない。

□ **455** n を自然数とするとき，$28n+5$ と $21n+4$ は互いに素であることを証明せよ。

□ **456** 正の整数 a, b, c, d が等式 $a^2+b^2+c^2=d^2$ を満たすとき，d が 3 の倍数でないならば，a, b, c の中に，3 の倍数がちょうど 2 つあることを，合同式を用いて証明せよ。

457 合同式を用いて，次のものを求めよ。

□ (1) 22^{100} を 7 で割ったときの余り

□ (2) 2^{2011} を 5 で割ったときの余り

□ (3) 3^{100} を 13 で割ったときの余り

□ (4) 37^{100} の一の位の数

□ (5) 7^{200} の下 2 桁の数

□ **458** n を自然数とするとき，$2^{4n}-1$ は 15 の倍数であることを証明せよ。

459 次の数を 8 で割ったときの余りを求めよ。ただし，n は自然数とする。

□ (1) 3^{2n}　□ (2) $3^{2n-1}+1$　□ (3) 3^n

460 次の問いに答えよ。

□ (1) n を整数とする。n を 5 で割ったときの余りが 3 であるとき，n^2 を 5 で割ったときの余りを求めよ。

□ (2) p を整数とするとき，2 次方程式 $x^2+4x-5p+2=0$ を満たす整数 x は存在しないことを証明せよ。

461 次の問いに答えよ。

□ (1) n を自然数とするとき，n^2 を 4 で割ったときの余りは 0 または 1 であることを証明せよ。

□ (2) 3 つの自然数 a，b，c が等式 $a^2+b^2=c^2$ を満たしている。このとき，a，b の少なくとも一方は偶数であることを証明せよ。

462 a，b，c は $a^2-3b^2=c^2$ を満たす整数とするとき，次のことを証明せよ。

□ (1) a，b の少なくとも一方は偶数である。

□ (2) a，b がともに偶数ならば，少なくとも一方は 4 の倍数である。

□ (3) a が奇数ならば，b は 4 の倍数である。

51 ユークリッドの互除法

✪ テストに出る重要ポイント

- **ユークリッドの互除法の原理**…2つの自然数a，bについて，aをbで割ったときの商をq，余りをrとすると，$a=bq+r\ (0\leqq r<b)$であり，
  $r\neq 0$のとき，**aとbの最大公約数は，bとrの最大公約数に等しい。**
  $r=0$のとき，**aとbの最大公約数はb**である。
- **最大公約数と不定方程式**…整数a，bの最大公約数をdとするとき，$ax+by=c$を満たす整数x，yが存在するための必要十分条件は，cがdの倍数であることである。

基本問題

解答 → 別冊 p. 93

できたらチェック。

463 次の2つの整数の最大公約数を，ユークリッドの互除法を用いて求めよ。 テスト必出

□ (1) 187，143　　□ (2) 238，182

□ (3) 1374，288　　□ (4) 1734，612

464 次の等式を満たす整数x，yの組を1つ求めよ。

□ (1) $112x+51y=1$　　□ (2) $231x+39y=3$

□ (3) $429x+207y=3$　　□ (4) $1001x+522y=1$

465 次の方程式の整数解をすべて求めよ。 テスト必出

□ (1) $5x+7y=1$　　□ (2) $7x-3y=1$

□ (3) $11x+13y=1$　　□ (4) $6x-7y=3$

□ **466** $3n+14$と$4n+17$の最大公約数が5となるような20以下の自然数nをすべて求めよ。 テスト必出

応用問題

解答 → 別冊 *p.* 94

467 次の問いに答えよ。

□ (1) $7n+18$ と $8n+20$ が互いに素であるような 100 以下の自然数 n は全部で何個あるか。

□ (2) $6n+18$ と $5n+16$ が互いに素であるような 100 以下の自然数 n は全部で何個あるか。

□ (3) $5n+19$ と $4n+18$ の最大公約数が 7 となる 100 以下の自然数 n は全部で何個あるか。

□ **468** n を自然数とするとき，n^2+4n+9 と $n+3$ の最大公約数として考えられる数をすべて求めよ。

469 次の方程式の自然数の解をすべて求めよ。 差がつく

□ (1) $3x+2y=15$

□ (2) $3x+4y=36$

□ (3) $4x+5y=50$

□ (4) $3x+2y+5z=20$

470 次の問いに答えよ。 差がつく

□ (1) 5 で割ると 4 余り，7 で割ると 2 余る自然数のうち，2 桁で最大のものを求めよ。

□ (2) 3 で割ると 2 余り，5 で割ると 1 余り，7 で割ると 6 余る自然数のうち，3 桁で最小のものを求めよ。

□ **471** x，y についての不定方程式 $9x+11y=n$ が，ちょうど 10 個の負でない整数解をもつような自然数 n のうち，最小のものを求めよ。

52 整数の性質の応用

テストに出る重要ポイント

- ***n* 進法**…2 以上の自然数 n を位取りの基礎として数を表す方法を ***n* 進法**といい，n 進法で表された数を ***n* 進数**という。n 進数の各位の数は 0 以上 $n-1$ 以下の整数である。n 進数では，その数の右下に $_{(n)}$ と書く。

  例　$212_{(3)}=2\cdot3^2+1\cdot3^1+2\cdot3^0=23$

- ***n* 進法の小数**…n 進法では，小数点以下の位は $\dfrac{1}{n^1}$ の位，$\dfrac{1}{n^2}$ の位，$\dfrac{1}{n^3}$ の位，…となる。

  例　$0.342_{(5)}=3\cdot\dfrac{1}{5}+4\cdot\dfrac{1}{5^2}+2\cdot\dfrac{1}{5^3}=\dfrac{97}{125}=0.776$

- **2 進数の四則計算**…2 進数の四則計算では次の計算を基本に行う。

  足し算　$\mathbf{0+0=0,\ 0+1=1,\ 1+0=1,\ 1+1=10}$

  掛け算　$\mathbf{0\times0=0,\ 0\times1=0,\ 1\times0=0,\ 1\times1=1}$

基本問題

解答 → 別冊 p. 97

できたらチェック。

472 次の数を 10 進法で表せ。 テスト必出

□ (1) $10111_{(2)}$　　□ (2) $3401_{(5)}$　　□ (3) $265_{(8)}$

473 次の 10 進数を［　］内の表し方で表せ。 テスト必出

□ (1) 54 ［2 進法］　　□ (2) 563 ［3 進法］

474 次の数を 10 進法の小数で表せ。

□ (1) $0.101_{(2)}$　　□ (2) $0.12_{(4)}$　　□ (3) $0.321_{(5)}$

□ **475** k 進数 $231_{(k)}$ を 10 進法で表すと，120 となる。このとき，k の値を求めよ。ただし，k は 4 以上の自然数である。

応用問題

解答 → 別冊 *p.* 97

476 次の問いに答えよ。

(1) 次の(ア), (イ)で示した数を10進法の小数で表せ。

□ (ア) $0.1011_{(2)}$　　□ (イ) $0.3401_{(5)}$

(2) 次の10進数の小数を[　]内の表し方で表せ。

□ (ア) 0.632 [5進法]　　□ (イ) 0.8125 [2進法]

477 次の計算の結果を，2進法で表せ。

□ (1) $10101_{(2)}+11011_{(2)}$　　□ (2) $10111_{(2)}-1010_{(2)}$

□ (3) $1101_{(2)}\times1011_{(2)}$　　□ (4) $1011011_{(2)}\div1101_{(2)}$

478 次の計算をせよ。

□ (1) $2012_{(3)}+1022_{(3)}$　　□ (2) $4431_{(5)}-2403_{(5)}$

□ (3) $3213_{(5)}\times1323_{(5)}$　　□ (4) $112111_{(3)}\div122_{(3)}$

□ **479** 10進法で表すと2桁である自然数 n を7進法で表したところ，各位の数の並びが逆になった。n を10進法で表せ。

□ **480** k 進数 $113_{(k)}$ と l 進数 $201_{(l)}$ が等しく，また k 進数 $32_{(k)}$ と l 進数 $101_{(l)}$ が等しいという。このとき，k, l の値を求めよ。ただし，k, l はともに4以上の自然数である。

53 整数のいろいろな問題

✪ テストに出る重要ポイント

- **いろいろな不定方程式**…1 次不定方程式以外について，いくつかのパターンを見てみよう。
  ① $xy+ax+by+c=0$
  $(x+b)(y+a)=d$ の形を導く。
  ② $\dfrac{1}{x}+\dfrac{1}{y}+\dfrac{1}{z}=a$
  $x<y<z$ などの大小関係をつけて値の範囲を絞り込む。
  ③ $ax^2+bxy+cy^2+dx+ey+f=0$
  たとえば，x の 2 次方程式とみて，
  実数解をもつ ⟺ 判別式 $D \geqq 0$ を利用して値の範囲を絞り込む。

基本問題

解答 ➡ 別冊 p. 99

できたらチェック。

481 次の等式を満たす自然数 x，y の組をすべて求めよ。 テスト必出

□ (1) $xy+2x-3y=12$　□ (2) $xy+3x-4y=18$

□ (3) $2xy-3x-y=16$　□ (4) $2xy+x-3y=3$

482 次の等式を満たす自然数 x，y の組をすべて求めよ。

□ (1) $\dfrac{1}{x}+\dfrac{1}{y}=\dfrac{1}{6}$　□ (2) $\dfrac{1}{x}+\dfrac{2}{y}=1$

□ (3) $\dfrac{4}{x}-\dfrac{1}{y}=1$　□ (4) $\dfrac{x-y}{xy}+\dfrac{1}{6}-0$

□ **483** n を自然数とする。$\sqrt{n^2+15}$ が自然数となるような n をすべて求めよ。

484 次の等式を満たす整数 x，y の組をすべて求めよ。

□ (1) $x^2=y^2+7$ (x，y は正の整数)　□ (2) $x^2-y^2+2x-2y-5=0$

応用問題

解答 ➡ 別冊 p. 100

例題研究》 等式 $x^2+2x+(y-10)^2=0$ を満たす整数 x, y の組をすべて求めよ。

着眼　整数は実数なので，x の2次方程式とみて，実数解をもつ条件，判別式 $D \geqq 0$ から，y の値の範囲を絞り込む。

解き方　x についての2次方程式として判別式 D を考えると，x は実数だから

$\frac{D}{4}=1-(y-10)^2 \geqq 0$　　$(y-10)^2-1 \leqq 0$　　$(y-10+1)(y-10-1) \leqq 0$

$(y-9)(y-11) \leqq 0$　　$9 \leqq y \leqq 11$　　y は整数なので　$y=9,\ 10,\ 11$

このとき，$x=-1\pm\sqrt{\frac{D}{4}}=-1\pm\sqrt{1-(y-10)^2}$ より，x の値を求めると

$(x,\ y)=(-1,\ 9),\ (0,\ 10),\ (-2,\ 10),\ (-1,\ 11)$ ……答

485 次の等式を満たす整数 x, y の組をすべて求めよ。《差がつく》

□ (1)　$10x^2-4xy+y^2-13x+2y-5=0$　　□ (2)　$2x^2+xy+y^2-x+2y+1=0$

例題研究》 等式 $x^2+(y-5)x+y=0$ を満たす整数 x, y の組をすべて求めよ。

着眼　x が整数になるためには根号がはずれなくてはならないので，判別式 D が0または平方数になることが必要である。すなわち，0以上の整数 N を用いて，$D=N^2$ と表される。

解き方　x についての2次方程式とみたときの判別式 $D=(y-5)^2-4y$ は，x が整数であることより，0または平方数でなければならない。よって，

$D=(y-5)^2-4y=N^2$（N は整数で，$N \geqq 0$）とおくことができる。

$y^2-10y+25-4y-N^2=0$　　$y^2-14y+25-N^2=0$

$(y-7)^2-N^2=24$　　$(y-7+N)(y-7-N)=24$

ここで，$N \geqq 0$ より　$y-7+N \geqq y-7-N$

また，$(y-7+N)+(y-7-N)=2(y-7)$ より，2数の偶奇は一致するが，等式より，$y-7+N$，$y-7-N$ はともに偶数である。

よって

$y-7+N$	12	6	-2	-4
$y-7-N$	2	4	-12	-6

これらを解いて　$(y,\ N)=(14,\ 5),\ (12,\ 1),\ (0,\ 5),\ (2,\ 1)$

$$\begin{cases} y=14,\ N=5 \text{ のとき}\quad x^2+9x+14=0\quad (x+2)(x+7)=0\quad x=-2,\ -7 \\ y=12,\ N=1 \text{ のとき}\quad x^2+7x+12=0\quad (x+3)(x+4)=0\quad x=-3,\ -4 \\ y=0,\ N=5 \text{ のとき}\quad x^2-5x=0\quad x(x-5)=0\quad x=0,\ 5 \\ y=2,\ N=1 \text{ のとき}\quad x^2-3x+2=0\quad (x-1)(x-2)=0\quad x=1,\ 2 \end{cases}$$

したがって　**$(x,\ y)=(-2,\ 14),\ (-7,\ 14),\ (-3,\ 12),\ (-4,\ 12),\ (0,\ 0),\ (5,\ 0),$**
$(1,\ 2),\ (2,\ 2)$ ……答

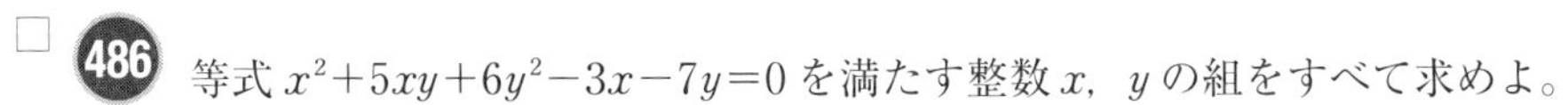

□ **486** 等式 $x^2+5xy+6y^2-3x-7y=0$ を満たす整数 x, y の組をすべて求めよ。

差がつく

□ **487** 等式 $x^2-xy-6y^2-2x+11y+5=0$ を満たす自然数 x, y の組をすべて求めよ。

□ **488** 次の 2 つの方程式を満たす自然数 x, y, z の組を求めよ。

$$\begin{cases} 4x+7y-z=16 \\ 3x+2y+z=14 \end{cases}$$

□ **489** 次の等式を満たす自然数 x, y, z の組をすべて求めよ。

$$\frac{1}{x}+\frac{1}{y}+\frac{1}{z}=\frac{1}{2} \quad (4 \leqq x \leqq y \leqq z)$$

□ **490** $\dfrac{m^2+17m-29}{m-5}$ の値が自然数となるような整数 m は□個ある。

491 次の問いに答えよ。

□ (1) 30! は一の位から続けて 0 が何個並ぶか。

□ (2) 30! を一の位から順にみたとき，最初に現れる 0 でない数字は何であるか。

ガイド (2) 合同式を用いて求める。

□ **492** 自然数 a, b, c, d について，$\dfrac{b}{a}=\dfrac{c}{a}+d$ という関係があるとき，a と c が互いに素であるならば，a と b も互いに素であることを証明せよ。

□ **493** 2 以上の自然数 n について，n と n^2+2 がともに素数になるのは $n=3$ の場合に限ることを示せ。

□ **494** 直角三角形の 3 辺の長さがすべて整数のとき，面積は 2 の整数倍であることを示せ。

②

□ 執筆協力　植田隆巳　㈱アポロ企画

□ 編集協力　㈱アポロ企画　細川啓太郎　踊堂憲道

□ 図版作成　㈲デザインスタジオエキス.

シグマベスト

シグマ基本問題集
数学Ⅰ＋A

編　者　文英堂編集部

発行者　益井英郎

印刷所　中村印刷株式会社

発行所　株式会社文英堂

〒601-8121　京都市南区上鳥羽大物町28
〒162-0832　東京都新宿区岩戸町17
(代表)03-3269-4231

●落丁・乱丁はおとりかえします。

ΣBEST シグマベスト

シグマ基本問題集

数学I+A

正解答集

◎『検討』で問題の解き方が完璧にわかる

◎『テスト対策』で定期テスト対策も万全

文英堂

1 整式の計算

基本問題 本冊 p. 4

❶

答 (1) **5 次式** (2) **5 次式** (3) **2 次式**
(4) **3 次式** (5) **5 次式** (6) **4 次式**

検討 (1) 5 個の文字からできているから 5 次式
(2) 5 個の文字からできているから 5 次式
(3) $4x^2$ の次数が最高の次数だから，2 次式
(4) x^3 の次数が最高の次数だから，3 次式
(5) $3ax^4$ の次数が最高の次数だから，5 次式
(6) x^4 の次数が最高の次数だから，4 次式

❷

答 (1) **4 次式，y については 3 次式**
(2) **5 次式，b については 1 次式**
(3) **3 次式，x についても 3 次式**
(4) **4 次式，a については 3 次式**
(5) **2 次式，a については 1 次式**
(6) **3 次式，y についても 3 次式**

検討 (1) y に着目すると $3x$ は係数となるから 3 次式
(2) $-a^4b+(a^2+1)$ より b については 1 次式
(5) $(y-b)a+(y^2-by)$ より a については 1 次式

❸

答 (1) $-5x$ (2) y (3) $-2x^2+x+7$
(4) $-a^2b+2ab^2$

検討 (1) 与式$=(-3+4-6)x=-5x$
(2) 与式$=(1-6+8-2)y=y$
(3) 与式$=x^2-3x^2-7x+8x+8-1$
$=-2x^2+x+7$
(4) 与式$=4a^2b-5a^2b-ab^3+3ab^2$
$=-a^2b+2ab^2$

テスト対策
同類項をまとめるには，次の**分配法則**を用いる。
$ma+na=(m+n)a$，$ma-na=(m-n)a$

❹

答 (1) $-x^3+2x^2+4x-6$，**3 次の項** -1，**2 次の項** 2，**1 次の項** 4，**定数項** -6
(2) $(a+c-e)x-b+d-f$
1 次の項 $a+c-e$，**定数項** $-b+d-f$
(3) $x^2-4yx-2$，**2 次の項** 1，
1 次の項 $-4y$，**定数項** -2
(4) $-x^3-14ax+2a^2$，**3 次の項** -1，
1 次の項 $-14a$，**定数項** $2a^2$
(5) x^3-5x^2-5x-6，**3 次の項** 1，
2 次の項 -5，**1 次の項** -5，**定数項** -6

検討 (2) x について整理すると
$(a+c-e)x-b+d-f$
これは x についての 1 次式
(3) 与式$=2x^2-x^2-xy-3xy+5-7$
$=x^2-4xy-2=x^2-4yx-2$
(4) 与式$=2x^3-3x^3-8ax-6ax-3a^2+5a^2$
$=-x^3-14ax+2a^2$
(5) 与式$=x^3+3x^3-3x^3-4x^2-x^2+3x$
$-6x-2x-6+1-1$
$=x^3-5x^2-5x-6$

❺

答 (1) 和 $5x-9y-4z$，
差 $3x-3y+10z$
(2) 和 $-5x+13y+3z$，
差 $-x+7y+11z$
(3) 和 $7x^2-11x-12$，
差 $-3x^2+9x+18$
(4) 和 $-x^2+xy+6y^2$，
差 $3x^2+11xy+4y^2$
(5) 和 $-\frac{3}{4}x^2-\frac{2}{15}xy+\frac{6}{5}y^2$，
差 $\frac{1}{4}x^2+\frac{8}{15}xy+\frac{4}{5}y^2$

検討 (1) 和 $(4x-6y+3z)+(x-3y-7z)$
$=4x-6y+3z+x-3y-7z=5x-9y-4z$
差 $(4x-6y+3z)-(x-3y-7z)$
$=4x-6y+3z-x+3y+7z=3x-3y+10z$
(2) 和 $(-3x+10y+7z)+(-2x+3y-4z)$
$=-3x+10y+7z-2x+3y-4z$
$=-5x+13y+3z$

差 $(-3x+10y+7z)-(-2x+3y-4z)$
$=-3x+10y+7z+2x-3y+4z$
$=-x+7y+11z$

(3) 和 $(2x^2-x+3)+(5x^2-10x-15)$
$=2x^2-x+3+5x^2-10x-15=7x^2-11x-12$
差 $(2x^2-x+3)-(5x^2-10x-15)$
$=2x^2-x+3-5x^2+10x+15$
$=-3x^2+9x+18$

(4) 和 $(x^2+6xy+5y^2)+(-2x^2-5xy+y^2)$
$=x^2+6xy+5y^2-2x^2-5xy+y^2$
$=-x^2+xy+6y^2$
差 $(x^2+6xy+5y^2)-(-2x^2-5xy+y^2)$
$=x^2+6xy+5y^2+2x^2+5xy-y^2$
$=3x^2+11xy+4y^2$

(5) 和
$\left(-\frac{1}{4}x^2+\frac{1}{5}xy+y^2\right)+\left(-\frac{1}{2}x^2-\frac{1}{3}xy+\frac{1}{5}y^2\right)$
$=-\frac{1}{4}x^2+\frac{3}{15}xy+y^2-\frac{2}{4}x^2-\frac{5}{15}xy+\frac{1}{5}y^2$
$=-\frac{3}{4}x^2-\frac{2}{15}xy+\frac{6}{5}y^2$
差
$\left(-\frac{1}{4}x^2+\frac{1}{5}xy+y^2\right)-\left(-\frac{1}{2}x^2-\frac{1}{3}xy+\frac{1}{5}y^2\right)$
$=-\frac{1}{4}x^2+\frac{3}{15}xy+y^2+\frac{2}{4}x^2+\frac{5}{15}xy-\frac{1}{5}y^2$
$=\frac{1}{4}x^2+\frac{8}{15}xy+\frac{4}{5}y^2$

6

答 (1) $\boldsymbol{x^2-7xy+5y^2}$ (2) $\boldsymbol{x-9y}$ (3) $\boldsymbol{x^2}$

検討 (1) 与式
$=2x^2-4xy+3y^2-x^2-3xy+2y^2$
$=x^2-7xy+5y^2$

(2) 与式$=6x-2y-2x-4y-3x-3y$
$=6x-2x-3x-2y-4y-3y=x-9y$

(3) 与式
$=3x^2-x+1+2x^2-x+3-4x^2+2x-4$
$=3x^2+2x^2-4x^2-x-x+2x+1+3-4$
$=x^2$

7

答 (1) $\boldsymbol{a^4}$ (2) $\boldsymbol{x^6}$ (3) $\boldsymbol{a^6}$ (4) $\boldsymbol{-x^5}$
(5) $\boldsymbol{-a^6}$ (6) $\boldsymbol{x^4y^6}$ (7) $\boldsymbol{6x^5y^5}$ (8) $\boldsymbol{-8x^2y^4}$
(9) $\boldsymbol{x^9}$

検討 (1) 与式$=a^{1+3}=a^4$ (2) 与式$=x^{2+4}=x^6$
(3) 与式$=a^{3\times2}=a^6$
(4) 与式$=(-1)\times x^{2+3}=-x^5$
(5) 与式$=(-1)^3(a^2)^3=-a^{2\times3}=-a^6$
(6) 与式$=(x^2)^2(y^3)^2=x^{2\times2}y^{3\times2}=x^4y^6$
(7) 与式$=2\times3\times x^{2+3}y^{4+1}=6x^5y^5$
(8) 与式$=(-2)(-2)^2x^{1+1}y^{3+1}=-8x^2y^4$
(9) 与式$=(-1)(-1)^2(-1)x^2x^{3\times2}x$
$=(-1)^{1+2+1}x^{2+6+1}=(-1)^4x^9=x^9$

8

答 (1) $\boldsymbol{6x^2+x-12}$
(2) $\boldsymbol{acx^2+(ad+bc)x+bd}$
(3) $\boldsymbol{6a^3+20a^2+13a-4}$
(4) $\boldsymbol{3x^3+20x^2-8}$
(5) $\boldsymbol{a^3-3a^2b+3ab^2-b^3}$
(6) $\boldsymbol{a^3+b^3}$ (7) $\boldsymbol{a^3+3a^2b+3ab^2+b^3}$
(8) $\boldsymbol{-x^4+4x^3-x^2-7x+5}$

検討 (1) 与式$=(2x+3)(3x)+(2x+3)(-4)$
$=6x^2+9x-8x-12=6x^2+x-12$
(3) 与式$=(3a+4)(2a^2)+(3a+4)(4a)-(3a+4)$
$=6a^3+8a^2+12a^2+16a-3a-4$
$=6a^3+20a^2+13a-4$
(5) 与式$=a(a^2-2ab+b^2)-b(a^2-2ab+b^2)$
$=a^3-2a^2b+ab^2-a^2b+2ab^2-b^3$
$=a^3-3a^2b+3ab^2-b^3$
(7) 与式$=a(a^2+2ab+b^2)+b(a^2+2ab+b^2)$
$=a^3+2a^2b+ab^2+a^2b+2ab^2+b^3$
$=a^3+3a^2b+3ab^2+b^3$

9

答 (1) $\boldsymbol{x^2+4x+4}$ (2) $\boldsymbol{x^2+4xy+4y^2}$
(3) $\boldsymbol{4x^2-4xy+y^2}$ (4) $\boldsymbol{4x^2+12xy+9y^2}$
(5) $\boldsymbol{9x^2-12xy+4y^2}$
(6) $\boldsymbol{a^2x^2+2abxy+b^2y^2}$ (7) $\boldsymbol{x^2-4}$
(8) $\boldsymbol{9x^2-4}$ (9) $\boldsymbol{4x^2-9y^2}$

検討 (6) 与式$=(ax)^2+2\cdot ax\cdot by+(by)^2$
$=a^2x^2+2abxy+b^2y^2$
(8) 与式$=(3x)^2-2^2=9x^2-4$
(9) 与式$=(2x)^2-(3y)^2=4x^2-9y^2$

10

答 (1) $\boldsymbol{x^2+5x+6}$ (2) $\boldsymbol{x^2-x-6}$
(3) $\boldsymbol{x^2+5xy+6y^2}$ (4) $\boldsymbol{x^2-xy-6y^2}$
(5) $\boldsymbol{6x^2+17x+7}$ (6) $\boldsymbol{15x^2-29xy+12y^2}$

検討 展開公式を適用して展開すればよい。

11

答 (1) $\boldsymbol{x^2+y^2+z^2-2xy+2yz-2zx}$
(2) $\boldsymbol{x^2+4y^2+9z^2-4xy-12yz+6xz}$
(3) $\boldsymbol{x^4+x^2y^2+y^4}$
(4) $\boldsymbol{x^4-8x^2+16}$
(5) $\boldsymbol{4a^2-b^2+2bc-c^2}$
(6) $\boldsymbol{a^2+b^2-c^2-d^2-2ab+2cd}$

検討 (2) 与式$=x^2+(-2y)^2+(3z)^2$
$+2\cdot x(-2y)+2(-2y)(3z)+2(3z)x$
$=x^2+4y^2+9z^2-4xy-12yz+6xz$

(3) 与式$=\{(x^2+y^2)+xy\}\{(x^2+y^2)-xy\}$
$=(x^2+y^2)^2-(xy)^2$
$=x^4+2x^2y^2+y^4-x^2y^2$
$=x^4+x^2y^2+y^4$

(4) 与式$=\{(x-2)(x+2)\}^2$
$=(x^2-4)^2$
$=x^4-8x^2+16$

(5) 与式$=\{2a+(b-c)\}\{2a-(b-c)\}$
$=(2a)^2-(b-c)^2$
$=4a^2-b^2+2bc-c^2$

(6) 与式$=\{(a-b)-(c-d)\}\{(a-b)+(c-d)\}$
$=(a-b)^2-(c-d)^2$
$=a^2+b^2-c^2-d^2-2ab+2cd$

応用問題

本冊 p. 7

12

答 (1) **1** (2) $\boldsymbol{9x-7y+z}$ (3) $\boldsymbol{8a-3b}$

検討 (1) 与式$=2x-(3x+1-x-2)$
$=2x-(2x-1)$
$=2x-2x+1=1$

(2) 与式$=6x-(3y-4z-x+4y)-3z+2x$
$=6x-(-x+7y-4z)+2x-3z$
$=6x+x-7y+4z+2x-3z$
$=9x-7y+z$

(3) 与式$=7a-\{3a+c-(4a-3b+c)\}$
$=7a-(3a+c-4a+3b-c)$
$=7a-(-a+3b)=7a+a-3b$
$=8a-3b$

13

答 (1) $\boldsymbol{x^3+6x^2+12x+8}$
(2) $\boldsymbol{x^3-9x^2+27x-27}$
(3) $\boldsymbol{x^3-8}$ (4) $\boldsymbol{x^3+8}$

検討 (3)は $(a-b)(a^2+ab+b^2)=a^3-b^3$,
(4)は $(a+b)(a^2-ab+b^2)=a^3+b^3$ を用いる。

14

答 (1) $\boldsymbol{a^2-b^2-2c^2+ac+3bc}$
(2) $\boldsymbol{4a^2+12ab+9b^2+2a+3b-6}$
(3) $\boldsymbol{x^8-256}$
(4) $\boldsymbol{-2x^2+2ax+2bx-2ab}$

検討 (1) 与式$=\{a+(-b+2c)\}\{a+(b-c)\}$
$=a^2+ac-(b-2c)(b-c)$
$=a^2+ac-(b^2-3bc+2c^2)$
$=a^2-b^2-2c^2+ac+3bc$

(2) 与式$=\{(2a+3b)-2\}\{(2a+3b)+3\}$
$=(2a+3b)^2+(2a+3b)-6$
$=4a^2+12ab+9b^2+2a+3b-6$

(3) 与式$=(x^2-4)(x^2+4)(x^4+16)$
$=(x^4-16)(x^4+16)$
$=x^8-256$

(4) 与式$=(x-a)^2+(x-b)^2-\{(x-a)+(x-b)\}^2$
$=(x-a)^2+(x-b)^2-(x-a)^2$
$-2(x-a)(x-b)-(x-b)^2$
$=-2(x-a)(x-b)$
$=-2(x^2-ax-bx+ab)$
$=-2x^2+2ax+2bx-2ab$

15

答 (1) $\boldsymbol{x^4-5x^2+4}$
(2) $\boldsymbol{4x^4-28x^3+67x^2-63x+18}$
(3) $\boldsymbol{4ac}$
(4) $\boldsymbol{x^8+x^4y^4+y^8}$

検討 (1) 与式$=(x-1)(x+1)\times(x-2)(x+2)$
$=(x^2-1)(x^2-4)=x^4-5x^2+4$

(2) 与式$=(x-2)(2x-3)\times(x-3)(2x-1)$
$=(2x^2-7x+6)(2x^2-7x+3)$
$=(2x^2-7x)^2+9(2x^2-7x)+18$
$=4x^4-28x^3+49x^2+18x^2-63x+18$
$=4x^4-28x^3+67x^2-63x+18$

(3) 与式$=\{(a+c)+b\}\{(a+c)-b\}$
$-\{(a-c)+b\}\{(a-c)-b\}$
$=(a+c)^2-b^2-(a-c)^2+b^2$
$=(a^2+2ac+c^2)-(a^2-2ac+c^2)$
$=4ac$

(4) 与式$=\{(x^2+y^2)+xy\}\{(x^2+y^2)-xy\}$
$\times(x^4-x^2y^2+y^4)$
$=\{(x^2+y^2)^2-(xy)^2\}(x^4-x^2y^2+y^4)$
$=\{(x^4+y^4)+x^2y^2\}\{(x^4+y^4)-x^2y^2\}$
$=(x^4+y^4)^2-(x^2y^2)^2$
$=x^8+x^4y^4+y^8$

テスト対策

3項以上の多項式の展開は，**①式をおき換える**，**②くくる**，**③項の組み合わせを考える**，**④掛ける順序をかえる**などの工夫が必要である。

16

答 (1) $\boldsymbol{4a^2+4b^2+4c^2}$
(2) $\boldsymbol{12xy-4x}$

検討 (1) 与式$=(a+b)^2+2(a+b)c+c^2$
$+(a+b)^2-2(a+b)c+c^2$
$+(a-b)^2+2(a-b)c+c^2$
$+(a-b)^2-2(a-b)c+c^2$
$=2\{(a+b)^2+(a-b)^2\}+4c^2$
$=4a^2+4b^2+4c^2$

(2) 与式$=x^2+2x(2y+1)+(2y+1)^2$
$-\{x^2-2x(2y+1)+(2y+1)^2\}$
$-\{x^2-2x(y-2)+(y-2)^2\}$
$+x^2+2x(y-2)+(y-2)^2$
$=4x(2y+1)+4x(y-2)$
$=8xy+4x+4xy-8x$
$=12xy-4x$

2 因数分解

基本問題 ……………… 本冊 *p. 9*

17

答 (1) $\boldsymbol{3b(a-1)}$　(2) $\boldsymbol{xy(x^2-z)}$
(3) $\boldsymbol{xy(x^2-x+1)}$　(4) $\boldsymbol{(x+3)^2}$
(5) $\boldsymbol{\left(x+\frac{1}{2}\right)^2}$　(6) $\boldsymbol{\left(x-\frac{1}{3}\right)^2}$　(7) $\boldsymbol{(3x-2)^2}$
(8) $\boldsymbol{(x+3)(x-3)}$　(9) $\boldsymbol{(3a+2b)(3a-2b)}$

18

答 (1) $\boldsymbol{(a-b)(x+y)}$
(2) $\boldsymbol{3(x+y)^2(x+y+9)}$
(3) $\boldsymbol{(a+2b)(a-4b)}$
(4) $\boldsymbol{(a-1)(x+2y)(x-2y)}$
(5) $\boldsymbol{-(a-3b)(7a+b)}$
(6) $\boldsymbol{(a+b)^2(a-b)^2}$

検討 (1) 与式$=(a-b)x+(a-b)y$
$=(a-b)(x+y)$

(2) 与式$=3(x+y)^2(x+y+9)$

(3) 与式$=(a-b)^2-(3b)^2$
$=(a-b+3b)(a-b-3b)$
$=(a+2b)(a-4b)$

(4) 与式$=(a-1)x^2-(a-1)(2y)^2$
$=(a-1)\{x^2-(2y)^2\}$
$=(a-1)(x+2y)(x-2y)$

(5) 与式$=\{(3a+2b)+(-4a+b)\}$
$\times\{(3a+2b)-(-4a+b)\}$
$=(-a+3b)(7a+b)$
$=-(a-3b)(7a+b)$

(6) 与式$=(a^2+b^2)^2-(2ab)^2$
$=(a^2+b^2+2ab)(a^2+b^2-2ab)$
$=(a+b)^2(a-b)^2$

19

答 (1) $\boldsymbol{(x+2)(x-1)}$　(2) $\boldsymbol{(x-2)(x-3)}$
(3) $\boldsymbol{(x+2)(x+3)}$　(4) $\boldsymbol{(2x+1)(x+2)}$
(5) $\boldsymbol{(2x-1)(3x-1)}$　(6) $\boldsymbol{(2x-1)(3x+1)}$
(7) $\boldsymbol{(x-3a)(x-5a)}$　(8) $\boldsymbol{(3x+2y)(2x+y)}$
(9) $\boldsymbol{(2x+3y)(7x-y)}$　(10) $\boldsymbol{(2x-5y)(4x-3y)}$
(11) $\boldsymbol{(x-a)(x-1)}$　(12) $\boldsymbol{(ax+1)(bx+1)}$

テスト対策

〔px^2+qx+r の因数分解〕

$px^2+qx+r=(ax+b)(cx+d)$

$$\begin{array}{ccc} a & b & \cdots\cdots\ bc \\ c & d & \cdots\cdots\ ad \\ \hline ac & bd & ad+bc \end{array}$$

x^2 の係数　定数項　x の係数

まず，p，r の因数を調べ，$p=ac$，$r=bd$ となる a，c と b，d の組を見つけ，その中から $ad+bc=q$ となるものを探す。

20

答 (1) $\boldsymbol{(x+y+2)(x+y-1)}$
(2) $\boldsymbol{(a-b-5)(a-b+2)}$
(3) $\boldsymbol{-(x-3y)(3x-y)}$
(4) $\boldsymbol{(x+2)(x-1)(x^2+x+5)}$
(5) $\boldsymbol{(x+3)(x-2)}$
(6) $\boldsymbol{(a+b)(a-b)(x^2-a^2-b^2)}$

検討 (1) $x+y=X$ とおくと
与式$=X^2+X-2=(X+2)(X-1)$
$=(x+y+2)(x+y-1)$
(2) $a-b=X$ とおくと，与式$=X^2-3X-10$
$=(X-5)(X+2)=(a-b-5)(a-b+2)$
(3) $x+y=X$，$x-y=Y$ とおくと
与式$=X^2-4Y^2=(X+2Y)(X-2Y)$
$=(x+y+2x-2y)(x+y-2x+2y)$
$=(3x-y)(-x+3y)$
$=-(x-3y)(3x-y)$
(4) $x^2+x=X$ とおくと，与式$=X^2+3X-10$
$=(X-2)(X+5)=(x^2+x-2)(x^2+x+5)$
$=(x+2)(x-1)(x^2+x+5)$
(5) $x-1=X$ とおくと，与式$=X^2+3X-4$
$=(X+4)(X-1)=(x-1+4)(x-1-1)$
$=(x+3)(x-2)$
(6) 展開して x について整理すると
与式$=(a^2-b^2)x^2-(a^4-b^4)$
$=(a^2-b^2)x^2-(a^2-b^2)(a^2+b^2)$
$=(a^2-b^2)(x^2-a^2-b^2)$
$=(a+b)(a-b)(x^2-a^2-b^2)$

21

答 (1) $\boldsymbol{(x+y+1)(x+y-1)}$
(2) $\boldsymbol{(x+y-3)(x-y+3)}$
(3) $\boldsymbol{(a+1)(a-1)(b+1)}$　(4) $\boldsymbol{(a+b)(a+b+2c)}$

検討 (1) 与式$=(x+y)^2-1$
$=(x+y+1)(x+y-1)$
(2) 与式$=x^2-(y^2-6y+9)=x^2-(y-3)^2$
$=(x+y-3)(x-y+3)$
(3) 与式$=(a^2-1)b+a^2-1=(a^2-1)(b+1)$
$=(a+1)(a-1)(b+1)$
(4) 与式$=(a^2+2ab+b^2)+2(a+b)c$
$=(a+b)^2+2(a+b)c=(a+b)(a+b+2c)$

応用問題

本冊 p. 11

22

答 (1) $\boldsymbol{(x+1)(y+1)}$
(2) $\boldsymbol{(x+y-z)(x-y+z)}$
(3) $\boldsymbol{-(x-y-2)(x-y+1)}$
(4) $\boldsymbol{(x+1)(x-1)(x+3y)}$
(5) $\boldsymbol{(a-b)(b-c)(c+a)}$

検討 (1) 与式$=x(y+1)+y+1=(x+1)(y+1)$
(2) 与式$=x^2-(y^2-2yz+z^2)=x^2-(y-z)^2$
$=(x+y-z)(x-y+z)$
(3) 与式$=-x^2+(2y+1)x-y^2-y+2$
$=-\{x^2-(2y+1)x+(y+2)(y-1)\}$
$=-\{x-(y+2)\}\{x-(y-1)\}$
$=-(x-y-2)(x-y+1)$
(4) 与式$=3(x^2-1)y+x(x^2-1)$
$=(x^2-1)(3y+x)$
$=(x+1)(x-1)(x+3y)$
(5) 与式$=(b-c)a^2-(b^2-2bc+c^2)a-bc(b-c)$
$=(b-c)\{a^2\ \ (b-c)a-bc\}$
$=(b-c)(a-b)(a+c)$
$=(a-b)(b-c)(c+a)$

23

答 (1) $\boldsymbol{(x^2+x+1)(x^2-x+1)}$
(2) $\boldsymbol{(x^2+4x-1)(x^2-4x-1)}$
(3) $\boldsymbol{(x^2+2x+2)(x^2-2x+2)}$
(4) $\boldsymbol{(x^2+4)(x^2+1)}$　(5) $\boldsymbol{(x+1)(x-1)(x^2+4)}$
(6) $\boldsymbol{(x^2+5xy-y^2)(x^2-5xy-y^2)}$

検討 (1) 与式$=x^4+2x^2+1-x^2=(x^2+1)^2-x^2$
$=\{(x^2+1)+x\}\{(x^2+1)-x\}$
$=(x^2+x+1)(x^2-x+1)$

(2) 与式$=x^4-2x^2+1-16x^2=(x^2-1)^2-(4x)^2$
$=(x^2-1+4x)(x^2-1-4x)$
$=(x^2+4x-1)(x^2-4x-1)$

(3) 与式$=x^4+4x^2+4-4x^2=(x^2+2)^2-(2x)^2$
$=(x^2+2+2x)(x^2+2-2x)$
$=(x^2+2x+2)(x^2-2x+2)$

(4) 与式$=(x^2)^2+5x^2+4=(x^2+4)(x^2+1)$

(5) 与式$=(x^2)^2+3x^2-4=(x^2-1)(x^2+4)$
$=(x+1)(x-1)(x^2+4)$

(6) 与式$=x^4-2x^2y^2+y^4-25x^2y^2$
$=(x^2-y^2)^2-(5xy)^2$
$=(x^2-y^2+5xy)(x^2-y^2-5xy)$
$=(x^2+5xy-y^2)(x^2-5xy-y^2)$

テスト対策

複2次式ax^4+bx^2+cの形の式の因数分解は，**$x^2=X$とおいて2次3項式にする**か，適当な2次の項を加減してX^2-Y^2の形，すなわち平方の差の形になおす。

24

答 (1) $(x+y+z)(xy+yz+zx)$
(2) $(xy+x+1)(xy+y+1)$
(3) $-(x-y)(y-z)(z-x)$
(4) $(a+b)(b+c)(c+a)$

検討 (1) 与式$=(x+y)\{xy+(x+y)z+z^2\}+xyz$
$=(x+y)z^2+\{(x+y)^2+xy\}z+xy(x+y)$
$=\{(x+y)z+xy\}\{z+(x+y)\}$
$=(x+y+z)(xy+yz+zx)$

(2) 与式$=\{yx^2+(y+1)x+1\}(y+1)+xy$
$=y(y+1)x^2+\{(y+1)^2+y\}x+y+1$
$=\{(y+1)x+1\}\{yx+(y+1)\}$
$=(xy+x+1)(xy+y+1)$

(3) 展開してxについて整理すると
与式$=(y-z)x^2-(y^2-z^2)x+yz(y-z)$
$=(y-z)\{x^2-(y+z)x+yz\}$
$=(y-z)(x-y)(x-z)$
$=-(x-y)(y-z)(z-x)$

(4) 与式$=\{a+(b+c)\}\{(b+c)a+bc\}-abc$
$=(b+c)a^2+\{(b+c)^2+bc\}a+(b+c)bc-abc$
$=(b+c)a^2+(b+c)^2a+(b+c)bc$
$=(b+c)\{a^2+(b+c)a+bc\}$
$=(b+c)(a+b)(a+c)$
$=(a+b)(b+c)(c+a)$

25

答 (1) $(x-1)(x^2+x+1)$
(2) $(x+2y)(x^2-2xy+4y^2)$
(3) $(x+2y)^3$　(4) $(2x-3)^3$
(5) $(a+b+c)(a^2+b^2+c^2-ab-bc-ca)$
(6) $(2x-3y-1)(4x^2+9y^2+6xy+2x-3y+1)$

検討 (1) 与式$=x^3-1^3=(x-1)(x^2+x+1)$

(2) 与式$=x^3+(2y)^3=(x+2y)(x^2-2xy+4y^2)$

(3) 与式$=x^3+3\cdot x^2\cdot 2y+3\cdot x\cdot(2y)^2+(2y)^3$
$=(x+2y)^3$

(4) 与式$=(2x)^3-3\cdot(2x)^2\cdot 3+3\cdot 2x\cdot 3^2-3^3$
$=(2x-3)^3$

(5) 与式$=(a+b)^3-3ab(a+b)+c^3-3abc$
$=(a+b)^3+c^3-3ab(a+b+c)$
$=(a+b+c)\times\{(a+b)^2-(a+b)c+c^2\}$
$-3ab(a+b+c)$
$=(a+b+c)(a^2+2ab+b^2-ac-bc+c^2-3ab)$
$=(a+b+c)(a^2+b^2+c^2-ab-bc-ca)$

(6) (5)の結果を用いると
与式
$=(2x)^3+(-3y)^3+(-1)^3-3\cdot 2x\cdot(-3y)\cdot(-1)$
$=(2x-3y-1)(4x^2+9y^2+1+6xy-3y+2x)$
$=(2x-3y-1)(4x^2+9y^2+6xy+2x-3y+1)$

3 実数

基本問題

本冊 p. 12

26

答 (1) $2-\sqrt{2}<1$　(2) $-\dfrac{1}{\sqrt{5}}<-\dfrac{1}{3}$

(3) $1+\dfrac{1}{\sqrt{2}}>2-\dfrac{1}{\sqrt{2}}$

検討 数直線上で考えるとわかりやすい。

27

答 (1) $\mathbf{\frac{7}{11}}$ (2) $\mathbf{\frac{11}{37}}$ (3) $\mathbf{0.\dot{0}\dot{4}}$

検討 (1) $x=0.\dot{6}\dot{3}$ とおくと

$$\begin{aligned} 100x &= 63.6363\cdots \\ -)\quad x &= 0.6363\cdots \\ \hline 99x &= 63 \\ x &= \frac{63}{99}=\frac{7}{11} \end{aligned}$$

(2) $x=0.\dot{2}9\dot{7}$ とおくと

$$\begin{aligned} 1000x &= 297.297297\cdots \\ -)\quad x &= 0.297297\cdots \\ \hline 999x &= 297 \\ x &= \frac{297}{999}=\frac{11}{37} \end{aligned}$$

(3) $x=0.\dot{1}\dot{8}$, $y=0.\dot{2}$ とおく。

$$\begin{aligned} 100x &= 18.1818\cdots \\ -)\quad x &= 0.1818\cdots \\ \hline 99x &= 18 \\ x &= \frac{18}{99}=\frac{2}{11} \end{aligned}$$

$$\begin{aligned} 10y &= 2.2222\cdots \\ -)\quad y &= 0.2222\cdots \\ \hline 9y &= 2 \\ y &= \frac{2}{9} \end{aligned}$$

$$0.\dot{1}\dot{8}\times0.\dot{2}=\frac{2}{11}\times\frac{2}{9}=\frac{4}{99}=0.040404\cdots=0.\dot{0}\dot{4}$$

28

答 自然数：$\mathbf{8}$, $(\sqrt{3})^2$

整数：$\mathbf{-2}$, $\mathbf{0}$, $\mathbf{8}$, $(\sqrt{3})^2$

有理数：$\mathbf{-2}$, $\mathbf{0}$, $\mathbf{8}$, $\mathbf{\frac{2}{3}}$, $\mathbf{-\frac{4}{5}}$, $(\sqrt{3})^2$, $\sqrt{\mathbf{0.25}}$

無理数：$\sqrt{3}$, π, $\sqrt{5}-1$, $\sqrt{\frac{1}{2}}$

29

答 (1) $\boldsymbol{a+1}$ (2) $\boldsymbol{-a+2}$ (3) $\boldsymbol{3a}$

検討 (1) $-1<a$ より $a+1>0$ だから,

与式 $=a+1$

(2) $a<2$ より $a-2<0$ だから,

与式 $=-(a-2)=-a+2$

(3) (1)(2) の結果より

与式$=2(a+1)-(-a+2)=3a$

4 根号を含む式の計算

基本問題 本冊 p. 13

30

答 (1) ×, $\boldsymbol{x=\pm\sqrt{3}}$

(2) ×, $\sqrt{(-3)^2}=\mathbf{3}$

(3) ×, $\sqrt{\mathbf{25}}=\mathbf{5}$

(4) ×, **49の平方根は±7** (5) ○

(6) ×, $\sqrt{\mathbf{5+4}}=\mathbf{3}$

31

答 (1) **10** (2) **6** (3) $\mathbf{\frac{5\sqrt{6}}{8}}$

(4) $\mathbf{-\sqrt{3}}$ (5) $\mathbf{4\sqrt{5}}$ (6) $\mathbf{3\sqrt{2}+2\sqrt{3}}$

検討 (1) 与式$=\sqrt{5\times20}=\sqrt{100}=\sqrt{10^2}=10$

(2) 与式$=\sqrt{180\div5}=\sqrt{36}=\sqrt{6^2}=6$

(3) 与式$=\dfrac{5\sqrt{27}}{2\sqrt{72}}=\dfrac{5\sqrt{3^2\cdot3}}{2\sqrt{6^2\cdot2}}=\dfrac{5\cdot3\sqrt{3}}{2\cdot6\sqrt{2}}$

$=\dfrac{5\sqrt{3}}{4\sqrt{2}}=\dfrac{5\sqrt{6}}{8}$

(4) 与式$=2\sqrt{3}-3\sqrt{3}=-\sqrt{3}$

(5) 与式$=\sqrt{5}+3\sqrt{5}=4\sqrt{5}$

(6) 与式$=\sqrt{18}+\sqrt{12}=3\sqrt{2}+2\sqrt{3}$

32

答 (1) $\mathbf{\frac{\sqrt{2}}{5}}$ (2) $\mathbf{4+2\sqrt{3}}$ (3) $\mathbf{5-2\sqrt{6}}$

検討 (1) 与式$=\dfrac{2\sqrt{2}}{5\sqrt{2}\sqrt{2}}=\dfrac{2\sqrt{2}}{5\cdot2}=\dfrac{\sqrt{2}}{5}$

(2) 与式$=\dfrac{2(2+\sqrt{3})}{(2-\sqrt{3})(2+\sqrt{3})}=\dfrac{4+2\sqrt{3}}{4-3}$

$=4+2\sqrt{3}$

(3) 与式$=\dfrac{(\sqrt{3}-\sqrt{2})^2}{(\sqrt{3}+\sqrt{2})(\sqrt{3}-\sqrt{2})}=\dfrac{3-2\sqrt{6}+2}{3-2}$
$=5-2\sqrt{6}$

テスト対策

〔分母の有理化〕

$\dfrac{1}{\sqrt{a}}=\dfrac{\sqrt{a}}{\sqrt{a}\times\sqrt{a}}=\dfrac{\sqrt{\boldsymbol{a}}}{\boldsymbol{a}}$

$\dfrac{1}{\sqrt{a}+\sqrt{b}}=\dfrac{\sqrt{a}-\sqrt{b}}{(\sqrt{a}+\sqrt{b})(\sqrt{a}-\sqrt{b})}$
$=\dfrac{\sqrt{\boldsymbol{a}}-\sqrt{\boldsymbol{b}}}{\boldsymbol{a}-\boldsymbol{b}}$

33

答　(1) $\dfrac{1}{2}$　(2) $-2\sqrt{15}$　(3) $\dfrac{\sqrt{21}}{2}$　(4) $\dfrac{\sqrt{3}}{18}$

検討　(1) 与式$=\dfrac{\sqrt{5}+1-(\sqrt{5}-1)}{(\sqrt{5}-1)(\sqrt{5}+1)}=\dfrac{2}{5-1}=\dfrac{1}{2}$

(2) 与式$=\dfrac{(\sqrt{5}-\sqrt{3})^2-(\sqrt{5}+\sqrt{3})^2}{(\sqrt{5}+\sqrt{3})(\sqrt{5}-\sqrt{3})}=\dfrac{-4\sqrt{15}}{5-3}$
$=-2\sqrt{15}$

(3) 与式$=\dfrac{\sqrt{3}(\sqrt{7}-\sqrt{3})+\sqrt{3}(\sqrt{7}+\sqrt{3})}{(\sqrt{7}+\sqrt{3})(\sqrt{7}-\sqrt{3})}$
$=\dfrac{2\sqrt{21}}{7-3}=\dfrac{\sqrt{21}}{2}$

(4) 与式$=\dfrac{\sqrt{3}}{3}-\dfrac{2\sqrt{3}}{12}-\dfrac{3\sqrt{3}}{27}=\dfrac{\sqrt{3}}{3}-\dfrac{\sqrt{3}}{6}-\dfrac{\sqrt{3}}{9}$
$=\dfrac{6\sqrt{3}-3\sqrt{3}-2\sqrt{3}}{18}=\dfrac{\sqrt{3}}{18}$

34

答　(1) $2+\sqrt{6}$　(2) $\dfrac{1}{2}$

検討　有理化と通分が同時にできないときは，有理化してから通分する。

(1) 与式$=\dfrac{(1+\sqrt{2}+\sqrt{3})^2}{\{(1+\sqrt{2})-\sqrt{3}\}\{(1+\sqrt{2})+\sqrt{3}\}}$
$+\dfrac{(1-\sqrt{2}-\sqrt{3})^2}{\{(1-\sqrt{2})+\sqrt{3}\}\{(1-\sqrt{2})-\sqrt{3}\}}$
$=\dfrac{1+2+3+2\sqrt{2}+2\sqrt{6}+2\sqrt{3}}{2\sqrt{2}}$
$-\dfrac{1+2+3-2\sqrt{2}+2\sqrt{6}-2\sqrt{3}}{2\sqrt{2}}$
$=\dfrac{4\sqrt{2}+4\sqrt{3}}{2\sqrt{2}}=\dfrac{8+4\sqrt{6}}{4}=2+\sqrt{6}$

(2) 与式$=\dfrac{1+\sqrt{2}-\sqrt{3}}{\{(1+\sqrt{2})+\sqrt{3}\}\{(1+\sqrt{2})-\sqrt{3}\}}$
$+\dfrac{\sqrt{6}-\sqrt{2}}{4}$
$=\dfrac{1+\sqrt{2}-\sqrt{3}}{2\sqrt{2}}+\dfrac{\sqrt{6}-\sqrt{2}}{4}$
$=\dfrac{\sqrt{2}+2-\sqrt{6}}{4}+\dfrac{\sqrt{6}-\sqrt{2}}{4}=\dfrac{1}{2}$

35

答　**10**

検討　$x+y=2\sqrt{3}$，
$xy=(\sqrt{3}+\sqrt{2})(\sqrt{3}-\sqrt{2})=3-2=1$ より
与式$=(x+y)^2-2xy=(2\sqrt{3})^2-2\times1$
$=12-2=10$

テスト対策

対称式の値を求めるときは，

$\boldsymbol{x^2+y^2=(x+y)^2-2xy}$

$\boldsymbol{x^3+y^3=(x+y)^3-3xy(x+y)}$

を利用する。

応用問題

本冊 p. 14

36

答　(1) $|\boldsymbol{a}|$　(2) $|\boldsymbol{a}+2|$　(3) $|\boldsymbol{x}-2|$

検討　(1) 与式$=|-a|=|a|$

(2) 与式$=|-a-2|=|a+2|$

(3) 与式$=\sqrt{(x-2)^2}=|x-2|$

37

答　**289**

検討　x，y の分母を有理化すると

$x=\dfrac{(\sqrt{3}-\sqrt{2})^2}{(\sqrt{3}+\sqrt{2})(\sqrt{3}-\sqrt{2})}=5-2\sqrt{6}$

$y=\dfrac{(\sqrt{3}+\sqrt{2})^2}{(\sqrt{3}-\sqrt{2})(\sqrt{3}+\sqrt{2})}=5+2\sqrt{6}$

$x+y=10$　$xy=5^2-(2\sqrt{6})^2=1$

$3x^2-5xy+3y^2=3(x+y)^2-11xy$ に代入すると　$3\cdot10^2-11\cdot1=289$

38

答　(1) $\sqrt{3}+\sqrt{2}$　(2) $2-\sqrt{3}$　(3) $\dfrac{\sqrt{10}-\sqrt{6}}{2}$

検討　(1) 与式$=\sqrt{(\sqrt{3}+\sqrt{2})^2}=\sqrt{3}+\sqrt{2}$

(2) 与式$=\sqrt{7-2\sqrt{12}}=\sqrt{(\sqrt{4}-\sqrt{3})^2}=2-\sqrt{3}$

(3) 与式$=\sqrt{\dfrac{8-2\sqrt{15}}{2}}=\sqrt{\dfrac{(\sqrt{5}-\sqrt{3})^2}{2}}$

$=\dfrac{\sqrt{5}-\sqrt{3}}{\sqrt{2}}=\dfrac{\sqrt{10}-\sqrt{6}}{2}$

39

答　$\dfrac{1}{a}$

検討　$x=\dfrac{1+a^2}{a}$ を代入して整理すると

$\sqrt{x+2}=\sqrt{\dfrac{(a+1)^2}{a}}=\dfrac{|a+1|}{\sqrt{a}}=\dfrac{a+1}{\sqrt{a}}$

($a>0$ より)

$\sqrt{x-2}=\sqrt{\dfrac{(a-1)^2}{a}}=\dfrac{|a-1|}{\sqrt{a}}=\dfrac{1-a}{\sqrt{a}}$

($a<1$ より)

$$\text{与式}=\dfrac{\dfrac{a+1}{\sqrt{a}}+\dfrac{1-a}{\sqrt{a}}}{\dfrac{a+1}{\sqrt{a}}-\dfrac{1-a}{\sqrt{a}}}=\dfrac{\dfrac{2}{\sqrt{a}}}{\dfrac{2a}{\sqrt{a}}}=\dfrac{1}{a}$$

40

答　5

検討　$\dfrac{1}{2-\sqrt{3}}=2+\sqrt{3}$，$3<2+\sqrt{3}<4$ より

$a=3$，$b=(2+\sqrt{3})-a=\sqrt{3}-1$

$a+2b+b^2=a+(b+1)^2-1=3+3-1=5$

5　不等式とその性質

基本問題　本冊 p. 16

41

答　(1) ＞　(2) ＞　(3) ＞
(4) ＞　(5) ＞　(6) ＜　(7) ＜

検討　不等式の変形では，負の数の乗除のときだけ不等号の向きが変わることに注意する。

42

答　(1) $x>y$　(2) $x<y$　(3) $x<y$
(4) $x\leqq y$　(5) $x\geqq y$　(6) $x<y$

検討　それぞれの式の両辺を x と y だけにするにはどうすればよいかを考える。もちろん，不等式の性質を使う。

応用問題　本冊 p. 16

43

答　(1) $2<x+3\leqq 6$　(2) $-3<x-2\leqq 1$
(3) $-4<4x\leqq 12$　(4) $3>-3x\geqq -9$
(5) $3>-2x+1\geqq -5$

検討　与えられた不等式 $-1<x\leqq 3$ は $-1<x$ と $x\leqq 3$ とに分けて考えてよいので，$-1<x$ と $x\leqq 3$ のそれぞれについて，不等式の性質を使って考えればよい。

(1)では，$-1<x$ から　$-1+3<x+3$

$x\leqq 3$ から　$x+3\leqq 3+3$

よって　$2<x+3\leqq 6$

6　1次不等式

基本問題　本冊 p. 17

44

答　(1) $x>-23$　(2) $x\geqq \dfrac{11}{7}$　(3) $x\geqq -\dfrac{2}{5}$

(4) $x<\dfrac{3}{2}$　(5) $x<\dfrac{19}{9}$　(6) $x>\dfrac{1}{5}$

(7) $x\leqq \dfrac{15}{2}$　(8) $x<\dfrac{2}{3}$

検討　(1)～(4)は，かっこをはずしてから解く。かっこをはずすときは，符号に注意する。

(5)～(8)の小数，分数を含む不等式では，両辺に適当な数を掛けて，整数にしてから解く。

テスト対策

1 次不等式　$ax>b$ ($a\neq 0$) の解は，

$a>0$ のとき，$x>\dfrac{b}{a}$

$a<0$ のとき，$x<\dfrac{b}{a}$

45

答　**1350m 以上 1800m 以下**

検討　走った道のりを xm とすると

$\frac{1800-x}{75}+\frac{x}{150}\leqq 15$ から両辺を 150 倍すると

$3600-2x+x\leqq 150\times 15$　$x\geqq 1350$

ただし，1800m 以下であることを忘れないように。

46

答　**10 と 26**

検討　小さい方を x とすると，大きい方は $36-x$ で，題意より，$(36-x)-x>14$

$x<11$

x は 2 桁の整数なので $x=10$

よって，小さい方は 10，大きい方は

$36-10=26$

応用問題

本冊 p. 18

47

答　できない。

検討　十の位の数を x とすると，①の条件から一の位の数は $13-x$ となる。

もとの整数は $10x+(13-x)$

十の位の数と一の位の数を入れかえた整数は

$10(13-x)+x$

よって，②の条件から次の不等式ができる。

$10(13-x)+x>2\{10x+(13-x)\}$

$130-10x+x>20x+26-2x$

$-10x+x-20x+2x>26-130$

$-27x>-104$

$x<\frac{104}{27}=3.8\cdots\cdots$

x は 1 以上 9 以下の整数だから，上の不等式から $x=1,\ 2,\ 3$ となる。ところが，これらの場合，一の位の数はそれぞれ 12，11，10 となるので，一の位の数としては適さない。すなわち，このような整数をつくることはできない。

48

答　**9 か月後**

検討　今から x か月後の貯金額の差が 3000 円以上になるものとする。x か月後の兄の貯金額は $2500+500x$(円)，弟の貯金額は

$1200+300x$(円)となり，題意より

$(2500+500x)-(1200+300x)\geqq 3000$

$200x\geqq 1700$　$x\geqq\frac{1700}{200}=8.5$

よって，x は整数であるから上の式を満たす最小のものは　$x=9$

49

答　(1) $\boldsymbol{x<-\frac{1}{3},\ 1<x}$　(2) $\boldsymbol{x<\frac{2}{3}}$

検討　(1) $x<\frac{1}{3}$ のとき

$-(3x-1)>2$　$-3x>1$　$x<-\frac{1}{3}$

これは条件 $x<\frac{1}{3}$ に適する。

$x\geqq\frac{1}{3}$ のとき $3x-1>2$　$x>1$

これは条件 $x\geqq\frac{1}{3}$ に適する。

よって，$x<-\frac{1}{3}$，$1<x$

(2) $x<-1$ のとき

$-(x+1)+(x-2)<-x+1$　よって　$x<4$

これと条件 $x<-1$ より　$x<-1\cdots\cdots$①

$-1\leqq x<2$ のとき

$(x+1)+(x-2)<-x+1$　よって　$x<\frac{2}{3}$

これと条件 $-1\leqq x<2$ より

$-1\leqq x<\frac{2}{3}\cdots\cdots$②

$x\geqq 2$ のとき

$(x+1)-(x-2)<-x+1$　よって　$x<-2$

これは条件 $x\geqq 2$ に適さない。

よって，①，②より　$x<\frac{2}{3}$

50

答　$\boldsymbol{1\leqq x<\frac{5}{2}}$

検討　①より $-x+2\leqq 2x-1$

$-3x\leqq -3$　よって　$x\geqq 1\cdots\cdots$③

②の分母を払い，$4x-4+3<2x+4$

$2x<5$　よって　$x<\dfrac{5}{2}$……④

③，④より共通部分をとって $1\leqq x<\dfrac{5}{2}$

7 集合

基本問題　本冊 p. 20

51

答　(1) $\{x\,|\,x<7,\ x$ は自然数$\}$

　$\{1,\ 2,\ 3,\ 4,\ 5,\ 6\}$

(2) $\{x\,|\,0<x\leqq 10,\ x$ は偶数$\}$

　$\{2,\ 4,\ 6,\ 8,\ 10\}$

(3) $\{x\,|\,-4\leqq x\leqq 2,\ x$ は整数$\}$

　$\{-4,\ -3,\ -2,\ -1,\ 0,\ 1,\ 2\}$

52

答　(1) $\in$，$\notin$，$\notin$　(2) $\in$，$\notin$，$\in$

53

答　(1) $B\subset A$　(2) $B\subset A$　(3) $A\subset B$

検討　各集合の要素を調べればよい。

54

答　(1) $A\cap B=\{3,\ 5\}$

　$A\cup B=\{1,\ 2,\ 3,\ 4,\ 5,\ 6,\ 7,\ 9\}$

(2) $A\cap B=\{1,\ 2\}$

　$A\cup B=\{1,\ 2,\ 3,\ 4,\ 6,\ 8\}$

(3) $A\cap B=\{2,\ 4\}$

　$A\cup B=\{1,\ 2,\ 3,\ 4,\ 6,\ 8\}$

検討　(2) $A=\{1,\ 2,\ 4,\ 8\}$，$B=\{1,\ 2,\ 3,\ 6\}$

(3) $A=\{1,\ 2,\ 3,\ 4\}$，$B=\{2,\ 4,\ 6,\ 8\}$

55

答　(1) $\{2,\ 3,\ 4,\ 6\}$　(2) $\{2,\ 4,\ 6\}$

(3) $\{1,\ 2,\ 3,\ 4,\ 5,\ 6\}$

56

答　•は含み，◦は含まない。

(1) $A\cap B$

-2　0　2

$A\cup B$

-3　0　5　7

(2) $A\cap B$

-1　0

$A\cup B$

-5　0　2　4

57

答　(1) $\{1,\ 2,\ 3,\ 4,\ 5,\ 7,\ 8\}$

(2) $\{4,\ 5\}$　(3) $\{1,\ 3,\ 8\}$

(4) $\{1,\ 2,\ 5,\ 6,\ 7,\ 8,\ 9,\ 10\}$

(5) $\{5\}$　(6) $\{2,\ 3,\ 4,\ 7\}$

検討　(3) $\overline{B}=\{1,\ 3,\ 6,\ 8,\ 9,\ 10\}$ より，A と $\overline{B}$ の共通部分は，$A\cap\overline{B}=\{1,\ 3,\ 8\}$

応用問題　本冊 p. 21

58

答　m，n は整数だから，$7m+5n$ も整数である。よって　$7m+5n\in Z$

より　$P\subset Z$　……①

一方 $x\in Z$ とすると，$1=7\cdot(-2)+5\cdot 3$ に着目して，$x=7\cdot(-2x)+5\cdot 3x$

$-2x=m$，$3x=n$ とおくと，m，n は整数で，$x=7m+5n$ となるので，$x\in P$

よって　$Z\subset P$　……②

①，②より　$P=Z$

59

答　$A\cup B=\{2,\ 3,\ 4,\ 5,\ 6,\ 7,\ 8,\ 9\}$，

$B=\{2,\ 4,\ 6,\ 8\}$，

$\overline{A}=\{2,\ 3,\ 5,\ 7,\ 9\}$

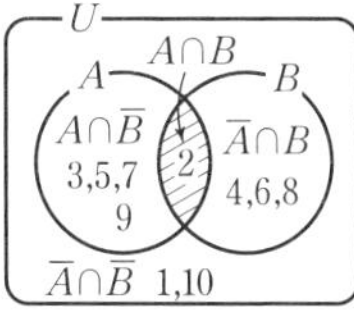

検討　要素を記入すると，右の図のようになる。

8 条件と集合

基本問題 本冊 p. 22

60

答 (1) $-3<x\leqq 0$
(2) x と y はともに 0 でない（$x\neq 0$ かつ $y\neq 0$）

61

答 (1) 真 (2) 真 (3) 偽 (4) 真

検討 「$p(x)$ ならば $q(x)$」が真 $\Longleftrightarrow P\subset Q$
(4) $|x+2|<1$ ならば $-1<x+2<1$
$-3<x<-1<3$ よって $|x|<3$

62

答 (1) ある実数 x について，$x^2-6x+9\leqq 0$
(2) すべての実数 x について，$x^2\neq -1$

63

答 (1) 十分条件 (2) 必要十分条件
(3) いずれでもない (4) 必要条件

検討 $p\Longrightarrow q$ が成り立つとき，q は p であるための必要条件，p は q であるための十分条件である。

応用問題 本冊 p. 23

64

答 (1) ② (2) ②

検討 (1) $ab=0\Longrightarrow a^2+b^2=0$ は $a=0$，$b=1$ を考えると偽である。
$a^2+b^2=0\Longleftrightarrow a=0$ かつ $b=0$
よって，$a^2+b^2=0\Longrightarrow ab=0$ は真である。
したがって，必要条件である。
(2) $a+b+c=0$ ならば $a^2+b^2+c^2=0$ …Ⓐ
$a^2+b^2+c^2=0$ ならば $a+b+c=0$ …Ⓑ
とおく。
Ⓐは $a=1$，$b=-1$，$c=0$ を考えると偽である。
Ⓑは a, b, c が実数より $a^2\geqq 0$，$b^2\geqq 0$，$c^2\geqq 0$
$a^2+b^2+c^2=0$ より $a^2=0$，$b^2=0$，$c^2=0$
すなわち $a=0$，$b=0$，$c=0$
これより $a+b+c=0$ よって，真である。
したがって，必要条件である。

テスト対策
$p\Longrightarrow q$ が真のとき，
q は p であるための必要条件
p は q であるための十分条件

9 命題と証明

基本問題 本冊 p. 24

65

答 逆：$|a|>1$ または $|b|>1\Longrightarrow a^2+b^2>2$
裏：$a^2+b^2\leqq 2\Longrightarrow |a|\leqq 1$ かつ $|b|\leqq 1$
対偶：$|a|\leqq 1$ かつ $|b|\leqq 1\Longrightarrow a^2+b^2\leqq 2$

66

答 (1) 逆：$x\leqq 0$ または $y\leqq 0$ ならば，$xy\leqq 0$ である。（偽）
裏：$xy>0$ ならば，$x>0$ かつ $y>0$ である。（偽）
対偶：$x>0$ かつ $y>0$ ならば，$xy>0$ である。（真）
(2) 逆：$x+y=0$ ならば，$x=0$ かつ $y=0$ である。（偽）
裏：$x\neq 0$ または $y\neq 0$ ならば，$x+y\neq 0$ である。（偽）
対偶：$x+y\neq 0$ ならば，$x\neq 0$ または $y\neq 0$ である。（真）
(3) 逆：面積が等しい 2 つの三角形は合同である。（偽）
裏：2 つの三角形が合同でないならば，その面積は等しくない。（偽）
対偶：面積が等しくない 2 つの三角形は合同でない。（真）
(4) 逆：$x^2-3x+2=0$ ならば，$x=2$ である。（偽）
裏：$x\neq 2$ ならば，$x^2-3x+2\neq 0$ である。（偽）
対偶：$x^2-3x+2\neq 0$ ならば，$x\neq 2$ である。（真）

(5) 逆：$-2<x<2$ ならば，$x^2<4$ である。(真)
裏：$x^2 \geqq 4$ ならば，$x \leqq -2$ または $x \geqq 2$ である。(真)
対偶：$x \leqq -2$ または $x \geqq 2$ ならば，$x^2 \geqq 4$ である。(真)

(6) 逆：$zx=zy$ ならば，$x=y$ である。(偽)
裏：$x \neq y$ ならば，$zx \neq zy$ である。(偽)
対偶：$zx \neq zy$ ならば，$x \neq y$ である。(真)

(7) 逆：$x=0$ または $y=0$ または $z=0$ ならば，$xyz=0$ である。(真)
裏：$xyz \neq 0$ ならば，$x \neq 0$ かつ $y \neq 0$ かつ $z \neq 0$ である。(真)
対偶：$x \neq 0$ かつ $y \neq 0$ かつ $z \neq 0$ ならば，$xyz \neq 0$ である。(真)

応用問題　本冊 p. 25

67

答　$\sqrt{3}+\sqrt{2}$ が有理数 r であると仮定して，$\sqrt{3}+\sqrt{2}=r$ とおく。
両辺を2乗して

$3+2\sqrt{6}+2=r^2$

$5+2\sqrt{6}=r^2$

$\sqrt{6}=\dfrac{r^2-5}{2}$

ここで $\dfrac{r^2-5}{2}$ は有理数となり $\sqrt{6}$ が無理数であることに矛盾する。
よって，$\sqrt{3}+\sqrt{2}$ は有理数ではない。つまり，無理数である。

68

答　n が奇数であると仮定すると，k を整数として $n=2k+1$ と書ける。

$n^3=(2k+1)^3$
$=8k^3+12k^2+6k+1$
$=2(4k^3+6k^2+3k)+1$

よって，n^3 も奇数となり，n^3 が偶数であることに矛盾する。
したがって，n は奇数ではない。つまり，偶数である。

10 関数

基本問題　本冊 p. 26

69

答　(1) $f(0)=3$，$f(-1)=4$，$f(2)=1$
(2) $f(0)=4$，$f(-1)=7$，$f(2)=4$

検討　$f(0)$ は，$x=0$ のときの $f(x)$ の値である。

70

答　$6a$

検討　$f(a-1)=(a-1)^3-2(a-1)+3$
$=a^3-3a^2+a+4$

$2f(a)=2a^3-4a+6$

$f(a+1)=(a+1)^3-2(a+1)+3$
$=a^3+3a^2+a+2$

よって
与式$=a^3-3a^2+a+4-(2a^3-4a+6)$
$+a^3+3a^2+a+2$
$=6a$

71

答　(1) $-1 \leqq y \leqq 5$
(2) $-1 \leqq y \leqq 4$

応用問題　本冊 p. 26

72

答　$a=1$，$b=6$ または $a=-1$，$b=8$

検討　題意より $a \neq 0$
$x=0$ のとき　$y=b$
$x=2$ のとき　$y=2a+b$
$a>0$ のとき，グラフは右上がりであるから
$b \leqq y \leqq 2a+b$
よって，$b=6$，$2a+b=8$ より　$a=1$，$b=6$
これは $a>0$ を満たす。
$a<0$ のとき，グラフは右下がりであるから
$2a+b \leqq y \leqq b$
よって，$b=8$，$2a+b=6$ より　$a=-1$，$b=8$
これは $a<0$ を満たす。
以上より　$a=1$，$b=6$ または $a=-1$，$b=8$

テスト対策

1 次関数 $y=ax+b$ $(a \neq 0)$ のグラフは直線で,
$a>0$ のとき, 右上がり
$a<0$ のとき, 右下がり

73

答 下の図

(1)
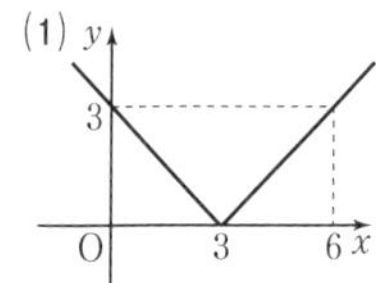

(2)
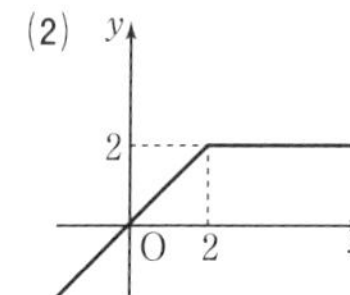

11 2次関数のグラフ

基本問題

本冊 p. 27

74

答 (1) **y 軸方向に -3 だけ平行移動したもの**
(2) **x 軸方向に 1 だけ平行移動したもの**
(3) **x 軸方向に -1, y 軸方向に -1 だけ平行移動したもの**
(4) **x 軸方向に 1, y 軸方向に -1 だけ平行移動したもの**

検討 (4)は $y=-2(x-1)^2-1$ と変形できる。

75

答 (1) $\boldsymbol{y=3(x-2)^2}$
(2) $\boldsymbol{y=3x^2-1}$
(3) $\boldsymbol{y=3(x+1)^2+2}$

76

答 (1) 頂点 $(1,\ 1)$, 軸 $x=1$
(2) 頂点 $\left(-\dfrac{1}{2},\ -\dfrac{9}{2}\right)$, 軸 $x=-\dfrac{1}{2}$
(3) 頂点 $\left(-\dfrac{3}{2},\ \dfrac{17}{4}\right)$, 軸 $x=-\dfrac{3}{2}$
(4) 頂点 $\left(\dfrac{5}{4},\ \dfrac{9}{8}\right)$, 軸 $x=\dfrac{5}{4}$
(5) 頂点 $\left(3,\ \dfrac{11}{2}\right)$, 軸 $x=3$
(6) 頂点 $(3,\ -2)$, 軸 $x=3$

検討 平方完成は重要である。この変形ができないと, あとあとまで困ることになる。

(1) $y=(x-1)^2+1$ (2) $y=2\left(x+\dfrac{1}{2}\right)^2-\dfrac{9}{2}$

(3) $y=-\left(x+\dfrac{3}{2}\right)^2+\dfrac{17}{4}$

(4) $y=-2\left(x-\dfrac{5}{4}\right)^2+\dfrac{9}{8}$

(5) $y=-\dfrac{1}{2}(x-3)^2+\dfrac{11}{2}$ (6) $y=\dfrac{1}{3}(x-3)^2-2$

77

答 下の図

(1)
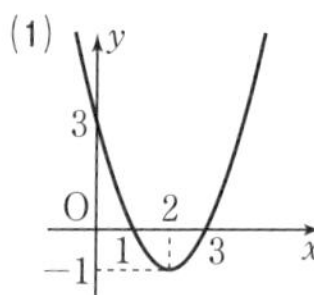

(2)
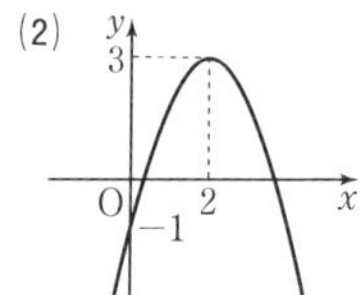

(3)
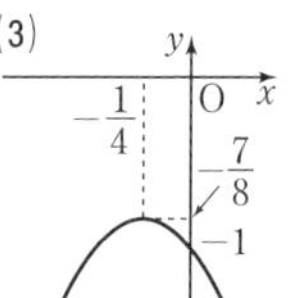

検討 (1) $y=x^2-4x+3=(x-2)^2-1$

(2) $y=-x^2+4x-1=-(x^2-4x)-1$
$=-(x^2-4x+4)+4-1$
$=-(x-2)^2+3$

(3) $y=-2x^2-x-1=-2\left(x^2+\dfrac{1}{2}x\right)-1$
$=-2\left(x^2+\dfrac{1}{2}x+\dfrac{1}{16}\right)+\dfrac{1}{8}-1$
$=-2\left(x+\dfrac{1}{4}\right)^2-\dfrac{7}{8}$

テスト対策

2 次関数のグラフをかくときは, 平方完成して, **頂点の座標と軸の方程式**を調べる。

78

答 (1) **頂点 $(-1,\ -8)$, 軸 $x=-1$**
(2) **頂点 $(-3,\ 1)$, 軸 $x=-3$**
グラフは次のページの図

(1)

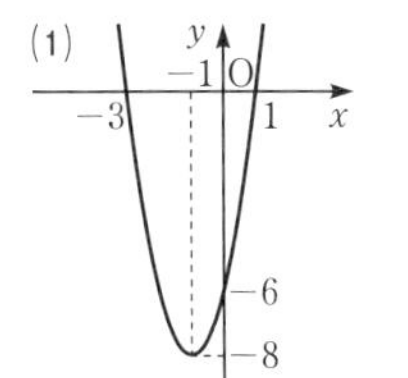

(2)

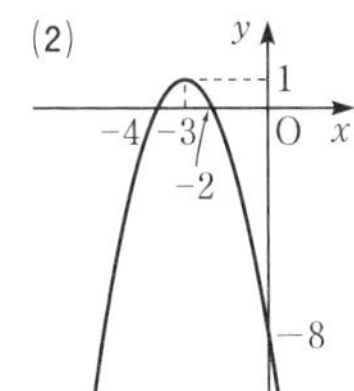

79

答 **x 軸方向に 4，y 軸方向に 12 だけ平行移動したもの。**

検討 それぞれ平方完成すれば

$y=(x-1)^2+2$，$y=(x+3)^2-10$

前者の頂点の座標は (1，2)，後者の頂点の座標は (−3，−10) であるから，後者のグラフを x 軸方向に $1-(-3)=4$，y 軸方向に $2-(-10)=12$ だけ平行移動すればよい。

80

答 **$a=-4$，$b=3$**

検討 $y=-(x-1)^2+1$，$y=2\left(x+\frac{a}{4}\right)^2-\frac{a^2}{8}+b$

頂点の座標が一致することから

$1=-\frac{a}{4}$ ……① $1=-\frac{a^2}{8}+b$ ……②

①，②を解くと $a=-4$，$b=3$

81

答 **$a=4$，$b=-7$**

検討 $y=\left(x-\frac{a}{2}\right)^2-\frac{a^2}{4}-b$ だから，題意より

$\frac{a}{2}=2$ ……① $-\frac{a^2}{4}-b=3$ ……②

①，②を解くと $a=4$，$b=-7$

82

答 **$a=7$，$b=-\frac{3}{2}$，$(-1,\ -7)$**

または，$a=-5$，$b=\frac{5}{2}$，$(1,\ -7)$

検討 $y=3x^2+(a-1)x-4$ の頂点の座標は

$y=3\left(x+\frac{a-1}{6}\right)^2-\frac{(a-1)^2}{12}-4$ より，

$\left(-\frac{a-1}{6},\ -\frac{(a-1)^2}{12}-4\right)$

また，$y=2x^2-(2b-1)x-5$ の頂点の座標は

$y=2\left(x-\frac{2b-1}{4}\right)^2-\frac{(2b-1)^2}{8}-5$ より，

$\left(\frac{2b-1}{4},\ -\frac{(2b-1)^2}{8}-5\right)$

であるから，2つの頂点が一致するとき

$-\frac{a-1}{6}=\frac{2b-1}{4}$ ……①

$-\frac{(a-1)^2}{12}-4=-\frac{(2b-1)^2}{8}-5$ ……②

①より $2b-1=-\frac{2}{3}(a-1)$ ……③

②より $\frac{(a-1)^2}{12}=\frac{(2b-1)^2}{8}+1$ ……④

③，④より $2b-1$ を消去すると

$\frac{(a-1)^2}{12}=\frac{(a-1)^2}{18}+1$

$3(a-1)^2=2(a-1)^2+36$

$(a-1)^2=36$ $a-1=\pm6$ $a=7,\ -5$

$a=7$ のとき $b=-\frac{3}{2}$，$a=-5$ のとき $b=\frac{5}{2}$

頂点の座標は，

$a=7$，$b=-\frac{3}{2}$ のとき (−1，−7)，

$a=-5$，$b=\frac{5}{2}$ のとき (1，−7)

83

答 (1) $\boldsymbol{y=-x^2-2x}$ (2) $\boldsymbol{y=x^2-2x}$
(3) $\boldsymbol{y=-x^2+2x}$ (4) $\boldsymbol{y=x^2-10x+24}$
(5) $\boldsymbol{y=-x^2-2x+2}$

検討 もとの放物線の方程式は，

$y=(x+1)^2-1$

よって，頂点の座標は (−1，−1)

移動した放物線の頂点と x^2 の係数がどうなるかで式を作る。

(4)は，頂点の座標が (5，−1) で，x^2 の係数は 1

(5)は，頂点の座標が (−1，3) で，x^2 の係数は −1

(1)，(2)，(3)に関しては，本冊 ***p.*27** の「テストに出る重要ポイント」の「対称移動」の①，②，③を使うと早い。

12 2次関数の最大・最小

基本問題 本冊 p. 29

84

答 (1) **最大値 24，最小値 $\frac{2}{3}$**

(2) **最大値 54，最小値 0**

検討 (1) $x=-1$ のとき y は最小となり，$x=-6$ のとき y は最大となる。

(2) 定義域に 0 が含まれるから，$x=0$ のとき y は最小となり，$x=-9$ のとき y は最大となる。

85

答 (1) **最小値 $-\frac{57}{8}$ $\left(x=-\frac{5}{4}\right)$**

(2) **最大値 $\frac{17}{4}$ $\left(x=-\frac{3}{2}\right)$**

(3) **最小値 $-\frac{25}{4}$ $\left(x=-\frac{1}{2}\right)$**

(4) **最小値 $-\frac{a^2}{8}$ $\left(x=-\frac{3}{4}a\right)$**

検討 (1) $y=2\left(x+\frac{5}{4}\right)^2-\frac{57}{8}$

(2) $y=-\left(x+\frac{3}{2}\right)^2+\frac{17}{4}$　(3) $y=\left(x+\frac{1}{2}\right)^2-\frac{25}{4}$

(4) $y=2\left(x+\frac{3}{4}a\right)^2-\frac{a^2}{8}$

86

答 (1) **最大値 4 ($x=5$)，**
最小値 $-\frac{9}{4}$ $\left(x=\frac{5}{2}\right)$

(2) **最大値 8 ($x=-2$)，最小値 -1 ($x=1$)**

(3) **最大値 4 ($x=1$)，最小値 3 ($x=0$，2)**

(4) **最大値 -4 ($x=1$)，最小値 -14 ($x=2$)**

検討 (1) $y=\left(x-\frac{5}{2}\right)^2-\frac{9}{4}$

(2) $y=-(x+2)^2+8$　(3) $y=-(x-1)^2+4$

(4) $y=-2(x+1)^2+4$

定義域の範囲でグラフをかき，最大・最小を求めればよい。

テスト対策

2次関数の最大値・最小値は，グラフをかき，**頂点と定義域の端点に注意**して求める。

87

答 **$c=3$，最大値 3 ($x=4$)**

検討 $y=\frac{1}{2}(x-2)^2-2+c$

よって，$x=2$ のとき最小値 1 をとるから，$-2+c=1$ より　$c=3$

$x=4$ のとき最大となるから，最大値は

$\frac{1}{2}(4-2)^2-2+3=3$

応用問題 本冊 p. 30

88

答 **$0<a\leqq1$ のとき $-a^2+2a+1$ ($x=a$)**
$1<a$ のとき 2　($x=1$)

検討 $y=-(x-1)^2+2$ のグラフをかき，どこで最大になるかを考える。場合分けの境目の $a=1$ はどちらに含めてもよい。

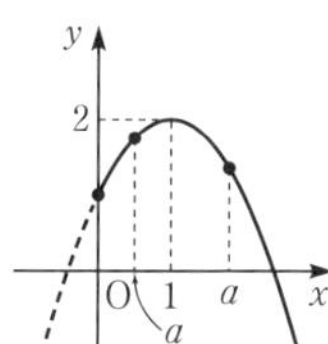

89

答 **$1<a<3$ のとき -4　($x=1$)**
$a=3$ のとき -4　($x=1$，3)
$3<a$ のとき a^2-4a-1 ($x=a$)

検討 $y=(x-2)^2-5$ のグラフの対称性から，$x=1$ のときの値と $x=3$ のときの値は等しい。

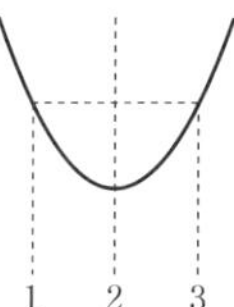

90

答 (1) **$a<1$ のとき $1-2a$ ($x=1$)**
$1\leqq a\leqq3$ のとき $-a^2$ ($x=a$)
$3<a$ のとき $9-6a$ ($x=3$)

(2) **$a<2$ のとき $9-6a$ ($x=3$)**
$a=2$ のとき -3　($x=1$，3)
$2<a$ のとき $1-2a$ ($x=1$)

検討　$y=(x-a)^2-a^2$

軸が $x=a$ だから，軸と区間の位置関係で場合分けする。

(1)　下に凸の放物線の最小値は，a と区間の端を比べる。

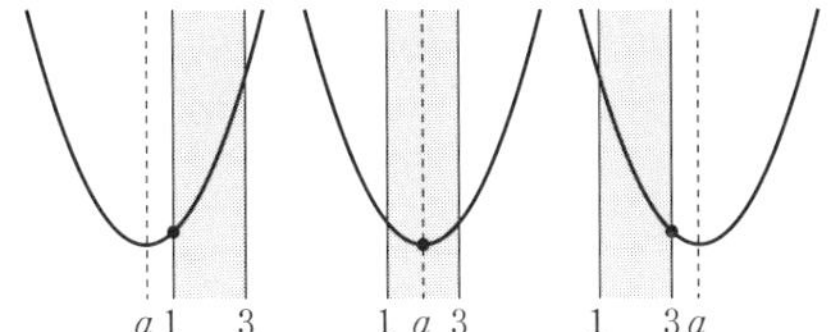

(2)　下に凸の放物線の最大値は，a と区間の中央の 2 を比べる。

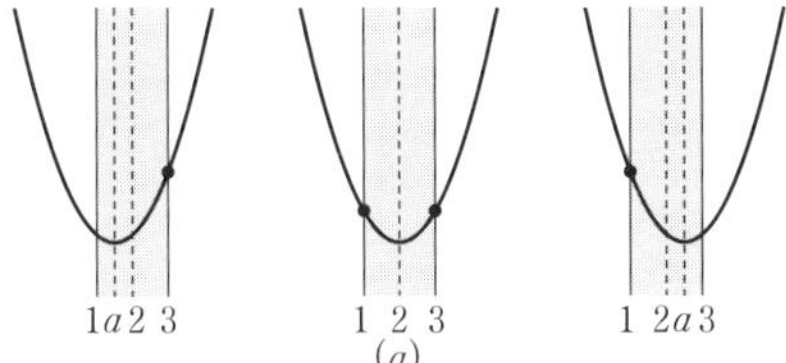

(a)

91

答

$\boldsymbol{a<0}$ **のとき** $\boldsymbol{a^2-2}$　$(\boldsymbol{x=a+2})$

$\boldsymbol{0 \leqq a \leqq 2}$ **のとき** $\boldsymbol{-2}$　$(\boldsymbol{x=2})$

$\boldsymbol{2<a}$ **のとき** $\boldsymbol{a^2-4a+2}$　$(\boldsymbol{x=a})$

検討　$y=(x-2)^2-2$

区間の右端，左端と 2 を比べる。

$a+2<2$ のとき，$x=a+2$ で最小となる。

$a \leqq 2 \leqq a+2$ のとき，$x=2$ で最小となる。

$2<a$ のとき，$x=a$ で最小となる。

92

答　(1) $\boldsymbol{a<2}$ **のとき** $\boldsymbol{-\frac{1}{2}a^2+3a}$　$(\boldsymbol{x=a})$

$\boldsymbol{a=2}$ **のとき** $\boldsymbol{4}$　$(\boldsymbol{x=2,4})$

$\boldsymbol{2<a}$ **のとき** $\boldsymbol{-\frac{1}{2}a^2+a+4}$　$(\boldsymbol{x=a+2})$

(2)　$\boldsymbol{a<1}$ **のとき** $\boldsymbol{-\frac{1}{2}a^2+a+4}$　$(\boldsymbol{x=a+2})$

$\boldsymbol{1 \leqq a \leqq 3}$ **のとき** $\boldsymbol{\frac{9}{2}}$　$(\boldsymbol{x=3})$

$\boldsymbol{3<a}$ **のとき** $\boldsymbol{-\frac{1}{2}a^2+3a}$　$(\boldsymbol{x=a})$

検討　$y=-\frac{1}{2}(x-3)^2+\frac{9}{2}$

(1) 区間の中央は $a+1$ だから，

$a+1<3$ のとき，$x=a$ で最小となる。

$a+1=3$ のとき，$x=a$，$a+2$ で最小となる。

$3<a+1$ のとき，$x=a+2$ で最小となる。

(2) $a+2<3$ のとき，$x=a+2$ で最大となる。

$a \leqq 3 \leqq a+2$ のとき，$x=3$ で最大となる。

$3<a$ のとき，$x=a$ で最大となる。

93

答

(1)　$\boldsymbol{a<0}$ **のとき** $\boldsymbol{m(a)=a^2+2a-9}$　$(\boldsymbol{x=a+3})$

$\boldsymbol{0 \leqq a \leqq 3}$ **のとき** $\boldsymbol{m(a)=2a-9}$　$(\boldsymbol{x=3})$

$\boldsymbol{3<a}$ **のとき** $\boldsymbol{m(a)=a^2-4a}$　$(\boldsymbol{x=a})$

(2) $\boldsymbol{a=-1}$

検討　(1) $f(x)=(x-3)^2+2a-9$

$a+3<3$ のとき，$x=a+3$ で最小となる。

$a \leqq 3 \leqq a+3$ のとき，$x=3$ で最小となる。

$3<a$ のとき，$x=a$ で最小となる。

(2) $m(a)$ の最小値は，$m(a)$ のグラフをかいて最小になるところをさがす。区間によって式が異なるので，3 つの関数のグラフをつなぎ合わせる。

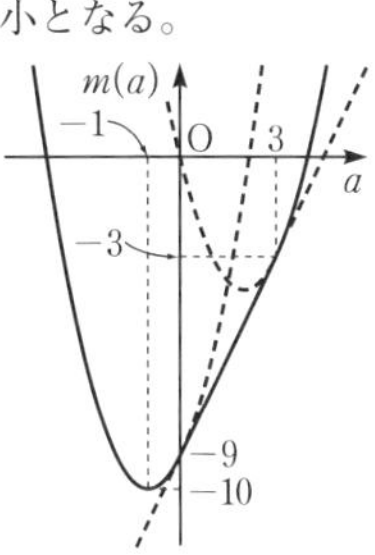

94

答　(1) 最小値 $\boldsymbol{\frac{16}{5}}$ $\left(\boldsymbol{x=\frac{8}{5},\ y=-\frac{4}{5}}\right)$

(2) 最大値 $\boldsymbol{\frac{1}{3}}$ $\left(\boldsymbol{x=-\frac{2}{3},\ y=-\frac{1}{3}}\right)$

検討　(1) $2x-y=4$ より　$y=2x-4$

これを x^2+y^2 に代入すると

$$x^2+y^2=x^2+(2x-4)^2=5x^2-16x+16$$
$$=5\left(x-\frac{8}{5}\right)^2+\frac{16}{5}$$

x^2+y^2 は $x=\frac{8}{5}$ のとき最小値 $\frac{16}{5}$ をとる。このとき，$y=2\cdot\frac{8}{5}-4=-\frac{4}{5}$

(2) $2x+y=1$ より　$y=-2x+1$

これを x^2-y^2 に代入すると

$x^2-y^2=x^2-(-2x+1)^2=-3x^2+4x-1$

$=-3\left(x-\dfrac{2}{3}\right)^2+\dfrac{1}{3}$

x^2-y^2 は $x=\dfrac{2}{3}$ のとき最大値 $\dfrac{1}{3}$ をとる。このとき，$y=-2\cdot\dfrac{2}{3}+1=-\dfrac{1}{3}$

95

答　**74**

検討　$y=12x-x^2$ のグラフは直線 $x=6$ について対称だから，$\mathrm{P}(6-X,\ 0)$ とすると

$\mathrm{PS}=12(6-X)-(6-X)^2$

$=36-X^2$

$\mathrm{PQ}=(6+X)-(6-X)=2X$

長方形 PQRS の周の長さを Y とすると

$Y=2\{2X+(36-X^2)\}=-2X^2+4X+72$

$=-2(X-1)^2+74\quad(0<x<6)$

よって，$X=1$，すなわち $\mathrm{P}(5,\ 0)$ のとき Y は最大となり，最大値は 74

13　2次関数の決定

基本問題　本冊 p. 31

96

答　(1) $\boldsymbol{y=x^2+2x+3}$　(2) $\boldsymbol{y=-x^2-2x-1}$

検討　(1) 頂点の座標が $(-1,\ 2)$ だから，$y=a(x+1)^2+2$ とおける。点 $(-2,\ 3)$ を通るので　$3=a(-2+1)^2+2$　$a=1$

よって　$y=(x+1)^2+2=x^2+2x+3$

(2) 軸の方程式が $x=-1$ だから，$y=a(x+1)^2+b$ とおける。2 点 $(0,\ -1)$，$(-3,\ -4)$ を通るので

$\begin{cases}-1=a+b & \cdots\cdots①\\ -4=4a+b & \cdots\cdots②\end{cases}$

①，②を解くと $a=-1$，$b=0$

よって　$y=-(x+1)^2=-x^2-2x-1$

97

答　(1) $\boldsymbol{y=\dfrac{4}{9}x^2-\dfrac{20}{9}x+\dfrac{25}{9}}$

(2) $\boldsymbol{y=-\dfrac{2}{9}x^2-\dfrac{4}{3}x-2}$，$\boldsymbol{y=-2x^2+4x-2}$

検討　(1) x 軸に接するので，$y=a(x-b)^2$ とおける。2 点 $(4,\ 1)$，$(1,\ 1)$ を通るので

$\begin{cases}1=a(4-b)^2 & \cdots\cdots①\\ 1=a(1-b)^2 & \cdots\cdots②\end{cases}$

①，②，$a\neq0$ より　$(4-b)^2=(1-b)^2$

$16-8b+b^2=1-2b+b^2\quad b=\dfrac{5}{2}$

これを①に代入して　$a\left(4-\dfrac{5}{2}\right)^2=1\quad a=\dfrac{4}{9}$

よって　$y=\dfrac{4}{9}\left(x-\dfrac{5}{2}\right)^2=\dfrac{4}{9}x^2-\dfrac{20}{9}x+\dfrac{25}{9}$

(2) x 軸に接するので，$y=a(x-b)^2$ とおける。2 点 $(0,\ -2)$，$(3,\ -8)$ を通るので

$\begin{cases}-2=ab^2 & \cdots\cdots①\\ -8=a(3-b)^2 & \cdots\cdots②\end{cases}$

①より $ab^2\neq0$　②÷①とすると

$4=\dfrac{(3-b)^2}{b^2}$

$4b^2=b^2-6b+9\qquad 3b^2+6b-9=0$

$b^2+2b-3=0\qquad (b+3)(b-1)=0$

よって　$b=-3,\ 1$

$b=-3$ のとき①より　$a=-\dfrac{2}{9}$

$b=1$ のとき①より　$a=-2$

よって　$y=-\dfrac{2}{9}(x+3)^2=-\dfrac{2}{9}x^2-\dfrac{4}{3}x-2$，

$y=-2(x-1)^2=-2x^2+4x-2$

98

答　(1) $\boldsymbol{y=-x^2+4x-3}$

(2) $\boldsymbol{y=\dfrac{1}{2}x^2-x-\dfrac{3}{2}}$

検討　(1) x 軸と 2 点 $(1,\ 0)$，$(3,\ 0)$ で交わるので，$y=a(x-1)(x-3)$ とおける。

点 $(0,\ -3)$ を通るので　$-3=a(-1)(-3)$

よって　$a=-1$

したがって

$y=-(x-1)(x-3)=-x^2+4x-3$

(2) x^2 の係数は $\frac{1}{2}$ であり，x 軸と 2 点

$(-1,\ 0)$，$(3,\ 0)$ で交わるので

$y=\frac{1}{2}(x+1)(x-3)=\frac{1}{2}x^2-x-\frac{3}{2}$

99

答　(1) $\boldsymbol{y=-2x^2+2x+1}$　(2) $\boldsymbol{y=3x^2-6x+1}$

(3) $\boldsymbol{y=-2x^2+4x+3}$

検討　(1) x^2 の係数が -2 なので，

$y=-2x^2+bx+c$ とおく。

2 点 $(1,\ 1)$，$(2,\ -3)$ を通るので

$$\begin{cases} 1=-2+b+c & \cdots\cdots① \\ -3=-8+2b+c & \cdots\cdots② \end{cases}$$

①，②を解くと　$b=2,\ c=1$

よって　$y=-2x^2+2x+1$

(2) $y=ax^2+bx+c$ とおく。

3 点 $(0,\ 1)$，$(1,\ -2)$，$(-1,\ 10)$ を通るので

$$\begin{cases} 1=c & \cdots\cdots① \\ -2=a+b+c & \cdots\cdots② \\ 10=a-b+c & \cdots\cdots③ \end{cases}$$

①を②，③に代入して

$$\begin{cases} -3=a+b \\ 9=a-b \end{cases}$$

これを解くと　$a=3,\ b=-6$

よって　$y=3x^2-6x+1$

(3) $y=ax^2+bx+c$ とおく。

3 点 $(-1,\ -3)$，$(1,\ 5)$，$(2,\ 3)$ を通るので

$$\begin{cases} -3=a-b+c & \cdots\cdots① \\ 5=a+b+c & \cdots\cdots② \\ 3=4a+2b+c & \cdots\cdots③ \end{cases}$$

①，②，③を解くと　$a=-2,\ b=4,\ c=3$

よって　$y=-2x^2+4x+3$

応用問題 ……………………… 本冊 *p. 32*

100

答　$\boldsymbol{y=x^2}$，$\boldsymbol{y=x^2-2x+4}$

検討　放物線 $y=x^2+x$ を平行移動したものだから，頂点の座標を $(a,\ 3a)$ とおくと，求める方程式は $y=(x-a)^2+3a$ とおける。点 $(2,\ 4)$ を通るから

$4=(2-a)^2+3a$　$a^2-a=0$　$a(a-1)=0$

よって　$a=0,\ 1$

したがって　$y=x^2$，

$y=(x-1)^2+3=x^2-2x+4$

101

答　(1) $\boldsymbol{f(x)=2x^2-4x-1}$

(2) $\boldsymbol{f(x)=-x^2-2x+1}$

検討　(1) $f(x)=a(x-1)^2-3$ $(a>0)$ とおける。

$f(2)=-1$ より　$a-3=-1$　$a=2$

よって　$f(x)=2(x-1)^2-3=2x^2-4x-1$

(2) $f(x)=a(x+1)^2+2$ $(a<0)$ とおける。

$f(1)=-2$ より　$4a+2=-2$　$a=-1$

よって　$f(x)=-(x+1)^2+2=-x^2-2x+1$

102

答　$\boldsymbol{a=2,\ b=-1}$

検討　$y=ax^2+2ax+b=a(x+1)^2-a+b$

よって，$-2\leqq x\leqq 1$ より，$x=-1$ で最小値 -3，$x=1$ で最大値 5 をとるから

$$\begin{cases} -3=-a+b \\ 5=3a+b \end{cases}$$

これを解いて　$a=2,\ b=-1$

103

答　$\boldsymbol{y=-16x^2-16x+1}$，

$\boldsymbol{y=-64x^2+32x+1}$

検討　$y=ax^2+bx+c$ とおく。このグラフが 2 点 $(0,\ 1)$，$(1,\ -31)$ を通るので

$c=1,\ a+b+c=-31$

$y=a\left(x+\frac{b}{2a}\right)^2-\frac{b^2-4ac}{4a}$

最大値が 5 より　$-\frac{b^2-4ac}{4a}=5$

この 3 式より c を消去すると

$a+b=-32$　$b^2-4a=-20a$

この 2 式より a を消去すると

$b^2-4(-b-32)=-20(-b-32)$

$b^2-16b-512=0$　$(b+16)(b-32)=0$

$b=-16,\ 32$

$a=-16,\ b=-16,\ c=1$

または　$a=-64,\ b=32,\ c=1$

よって　$y=-16x^2-16x+1$，

$y=-64x^2+32x+1$

答 $\boldsymbol{a=-\frac{1}{10}}$，$\boldsymbol{b=\frac{3}{5}}$，$\boldsymbol{m=-\frac{8}{5}}$

検討 $y=ax^2+bx+\frac{1}{4a}=a\left(x+\frac{b}{2a}\right)^2+\frac{1-b^2}{4a}$

が $x=3$ で最大値 m をとるためには

$a<0$ …①

$-\frac{b}{2a}=3$ …②

$\frac{1-b^2}{4a}=m$ …③

また，$x=1$ のとき $y=-2$ より

$a+b+\frac{1}{4a}=-2$ …④

②より　$b=-6a$ …⑤

これを④に代入して整理すると

$a-6a+\frac{1}{4a}=-2$

$-5a+\frac{1}{4a}=-2$　$-20a^2+1=-8a$

$20a^2-8a-1=0$　$(10a+1)(2a-1)=0$

①より　$a=-\frac{1}{10}$

⑤より　$b=-6\cdot\left(-\frac{1}{10}\right)=\frac{3}{5}$

③より　$m=\left(1-\frac{9}{25}\right)\div4\div\left(-\frac{1}{10}\right)$

$=-\frac{8}{5}$

14　2次方程式

基本問題 本冊 p. 33

答 (1) $\boldsymbol{x=0,\ 3}$　(2) $\boldsymbol{x=-6,\ 6}$

(3) $\boldsymbol{x=-4}$　(4) $\boldsymbol{x=5,\ -4}$　(5) $\boldsymbol{x=\frac{3}{2}}$

(6) $\boldsymbol{x=3,\ -2}$　(7) $\boldsymbol{x=7,\ -5}$

(8) $\boldsymbol{x=8,\ -2}$　(9) $\boldsymbol{x=6,\ -2}$

検討 (1) $x(x-3)=0$　(2) $(x+6)(x-6)=0$

(3) $(x+4)^2=0$　(4) $(x-5)(x+4)=0$

(5) $(2x-3)^2=0$

(6) $x^2-x-6=0$　$(x-3)(x+2)=0$

(7) $x^2-2x-35=0$　$(x-7)(x+5)=0$

(8) $x^2-6x-16=0$　$(x-8)(x+2)=0$

(9) $x^2-4x-12=0$　$(x-6)(x+2)=0$

106

答 (1) $\boldsymbol{x=6,\ -7}$　(2) $\boldsymbol{x=\frac{8}{3},\ \frac{2}{3}}$

(3) $\boldsymbol{x=\frac{7\pm\sqrt{29}}{10}}$　(4) $\boldsymbol{x=3\pm\sqrt{7}}$

(5) $\boldsymbol{x=-\frac{5}{2}}$　(6) **実数解をもたない**

(7) **実数解をもたない**　(8) **実数解をもたない**

検討 (1) $x=\frac{-1\pm\sqrt{1+4\cdot42}}{2}=\frac{-1\pm\sqrt{169}}{2}$

$=\frac{-1\pm13}{2}$ より　$x=6,\ -7$

(2) $x=\frac{15\pm\sqrt{225-9\cdot16}}{9}=\frac{15\pm\sqrt{81}}{9}=\frac{15\pm9}{9}$

より　$x=\frac{8}{3},\ \frac{2}{3}$

(3) $x=\frac{7\pm\sqrt{49-4\cdot5}}{10}=\frac{7\pm\sqrt{29}}{10}$

(4) $x=3\pm\sqrt{9-2}=3\pm\sqrt{7}$

(5) $x=\frac{-10\pm\sqrt{100-4\cdot25}}{4}=\frac{-10}{4}=-\frac{5}{2}$

(6) $D=0-4\cdot2=-8<0$ より実数解をもたない。

(7) $D=9-4\cdot4=-7<0$ より実数解をもたない。

(8) $\frac{D}{4}=4-6\cdot3=-14<0$ より実数解をもたない。

> **テスト対策**
>
> 2次方程式　$ax^2+bx+c=0$ $(a\neq0)$は，
>
> $\boldsymbol{D=b^2-4ac\geqq0}$ **のとき，** $\boldsymbol{x=\frac{-b\pm\sqrt{b^2-4ac}}{2a}}$
>
> $\boldsymbol{D=b^2-4ac<0}$ **のとき，実数解をもたない**

107

答 (1) $\boldsymbol{D=37}$，**異なる2つの実数解**

(2) $\boldsymbol{D=-4}$，**実数解をもたない**

(3) $\boldsymbol{D=36}$，**異なる2つの実数解**

(4) $\boldsymbol{D=-7}$，**実数解をもたない**

(5) $\boldsymbol{D=204}$，**異なる2つの実数解**

(6) $\boldsymbol{D=0}$，**重解**

108

答　(1) **$a=5$ のとき重解は　$x=\frac{1}{2}$**

$a=-3$ のとき重解は　$x=-\frac{1}{2}$

(2) **$a=1$，$x=1$**

検討　(1) $D=(a-1)^2-4\cdot4=0$ より，

$a^2-2a-15=0$　$(a-5)(a+3)=0$　$a=5,\ -3$

重解は，$a=5$ のとき

$x=\frac{(a-1)\pm\sqrt{D}}{8}=\frac{a-1}{8}=\frac{1}{2}$

$a=-3$ のとき

$x=\frac{(a-1)\pm\sqrt{D}}{8}=\frac{a-1}{8}=-\frac{1}{2}$

(2) $\frac{D}{4}=(a+1)^2-2(a^2+1)=0$ より，

$a^2-2a+1=0$　$(a-1)^2=0$　$a=1$

重解は，$x=\frac{(a+1)\pm\sqrt{\frac{D}{4}}}{a^2+1}=\frac{a+1}{a^2+1}=1$

答　**縦 6m，横 13m**

検討　縦を xm とすると　$x(x+7)=78$

$x^2+7x-78=0$　$(x-6)(x+13)=0$

$x=6,\ -13$

$x>0$ であるから $x=-13$ は適さない。

縦の長さは 6m，横の長さは $6+7=13$(m)

答　**4cm**

検討　もとの正方形の 1 辺の長さを $x$cm とすると　$(x+2)(x+4)=3x^2$　整理すると

$x^2-3x-4=0$　$(x-4)(x+1)=0$　$x=4,\ -1$

$x>0$ であるから $x=-1$ は適さない。

よって，1 辺の長さは 4cm

応用問題

本冊 p. 35

答　(1) **2 秒後と 6 秒後**　(2) **8 秒後**

検討　(1) $40t-5t^2=60$ を解くと

$t^2-8t+12=0$　$(t-2)(t-6)=0$　$t=2,\ 6$

(2) $40t-5t^2=0$ を解くと，$t(t-8)=0$　$t=0,\ 8$

$t=0$ は適さない。よって　$t=8$

答　**24 と 42**

検討　一の位の数字を x とすると，十の位の数字は $6-x$ となり，題意より

$\{10(6-x)+x\}\{10x+(6-x)\}=1008$

これを整理すると，

$(60-9x)(6+9x)=1008$

$(20-3x)(2+3x)=112$

$40+54x-9x^2=112$

$9x^2-54x+72=0$　$x^2-6x+8=0$

$(x-2)(x-4)=0$　$x=2,\ 4$

$x=2$ のとき 24，$x=4$ のとき 42

答　**2 つの解は $x=1$，5　$a=-3$**

検討　2 つの解を x_1，x_2($x_1>x_2$) とすると

$x_1-x_2=4$，$x_1=5x_2$

2 式から，$x_1=5$，$x_2=1$ となる。

与式に $x=5$ を代入して解くと

$25+10a+a^2-4=0$　$a^2+10a+21=0$

$(a+3)(a+7)=0$　$a=-3,\ -7$

また，$x=1$ を代入して解くと

$1+2a+a^2-4=0$　$a^2+2a-3=0$

$(a-1)(a+3)=0$　$a=1,\ -3$

したがって，$a=-3$

答　**$x^2+7x-6=0$，$x=\frac{-7\pm\sqrt{73}}{2}$**

検討　$x=p$，q を解とする 2 次方程式は

$(x-p)(x-q)=0$ であるから，

A は $(x-2)(x+3)=0$ より，$x^2+x-6=0$ の x の係数を書き間違えたので $n=-6$ である。

B は $(x-1)(x+8)=0$ より，$x^2+7x-8=0$ の定数項を書き間違えたので $m=7$ である。

よって，正しい方程式は　$x^2+7x-6=0$

その解は解の公式を用いて求めると

$x=\frac{-7\pm\sqrt{49+4\cdot6}}{2}=\frac{-7\pm\sqrt{73}}{2}$

115

答　(1) $\boldsymbol{a \neq 0}$ のとき異なる **2** つの実数解
$\boldsymbol{a=0}$ のとき重解
(2) $\boldsymbol{a \neq 0}$ のとき実数解をもたない
$\boldsymbol{a=0}$ のとき重解
(3) $\boldsymbol{a \neq 1}$ のとき実数解をもたない
$\boldsymbol{a=1}$ のとき重解
(4) $\boldsymbol{b \neq 0}$ のとき異なる **2** つの実数解
$\boldsymbol{b=0}$ のとき重解

検討　与式の判別式を D とする。
(1) $\dfrac{D}{4}=4a^2-3a^2=a^2$
$a \neq 0$ のとき，$D>0$ となるので異なる2つの実数解をもつ。
$a=0$ のとき，$D=0$ となるので重解をもつ。
(2) $D=a^2-4a^2=-3a^2$
$a \neq 0$ のとき，$D<0$ となるので実数解をもたない。
$a=0$ のとき，$D=0$ となるので重解をもつ。
(3) $\dfrac{D}{4}=(a+1)^2-2(a^2+1)=-a^2+2a-1$
$=-(a-1)^2$
$a \neq 1$ のとき，$D<0$ となるので実数解をもたない。
$a=1$ のとき，$D=0$ となるので重解をもつ。
(4) $\dfrac{D}{4}=a^2b^2+2a^2b^2=3a^2b^2$
与式は2次方程式であるから $a \neq 0$ より，
$b \neq 0$ のとき，$D>0$ となるので異なる2つの実数解をもつ。
$b=0$ のとき，$D=0$ となるので重解をもつ。

116

答　$\boldsymbol{a=4\pm\sqrt{7}}$

検討　2次式 x^2+bx+c が完全平方式であるとは，$x^2+bx+c=(x+\alpha)^2$ と2乗の形になることである。
よって，完全平方式になることと，
$x^2+bx+c=0$ が重解をもつことは同値である。
すなわち，判別式 $D=0$ となることが必要十分条件となる。
$\dfrac{D}{4}=9+a(a-8)=a^2-8a+9$
$\dfrac{D}{4}=0$ より　$a^2-8a+9=0$
$a=4\pm\sqrt{16-9}=4\pm\sqrt{7}$

117

答　$\boldsymbol{a}$ と $\boldsymbol{c}$ は同符号であるから $\boldsymbol{ac>0}$ となり，$\boldsymbol{D=b^2+4ac>0}$
よって，**2** 次方程式 $\boldsymbol{ax^2+bx-c=0}$ は異なる **2** つの実数解をもつ。

118

答　$\boldsymbol{a<-\dfrac{3}{2}}$ のとき **0** 個，
$\boldsymbol{a=-\dfrac{3}{2}}$，$\boldsymbol{-1}$ のとき **1** 個，
$\boldsymbol{-\dfrac{3}{2}<a<-1}$，$\boldsymbol{-1<a}$ のとき **2** 個

検討　$a+1=0$，すなわち $a=-1$ のときは2次方程式にならない。
このとき $2x=0$ となり，解は $x=0$ の1個
$a+1 \neq 0$ のとき
$\dfrac{D}{4}=(a+2)^2-(a+1)^2=2a+3$ より，$D>0$，$D=0$，$D<0$ で判別する。

15　グラフと2次方程式

基本問題 本冊 p. 37

119

答　(1) 共有点はない　(2) 接する　(3) 交わる　(4) 接する　(5) 接する　(6) 交わる

検討　(1) $x^2-2x+2=0$ の判別式を D とすると
$\dfrac{D}{4}=1-2=-1<0$　よって，共有点はない。
(2) $\dfrac{D}{4}=4-4=0$　よって，接する。
(3) $D=9+8=17>0$　よって，交わる。
(4) $\dfrac{D}{4}=1-1=0$　よって，接する。
(5) $\dfrac{D}{4}=9-9=0$　よって，接する。
(6) $D=9+20=29>0$　よって，交わる。

120

答 $\left(\dfrac{1\pm\sqrt{5}}{2},\ \dfrac{11\pm3\sqrt{5}}{2}\right)$ (複号同順)

検討 連立方程式 $y=x^2+2x+3$, $y=3x+4$ を解くと

$x^2+2x+3=3x+4$　$x^2-x-1=0$　$x=\dfrac{1\pm\sqrt{5}}{2}$

$y=3\cdot\dfrac{1\pm\sqrt{5}}{2}+4=\dfrac{11\pm3\sqrt{5}}{2}$　(複号同順)

121

答 $k>-\dfrac{13}{4}$

検討 x 軸と異なる 2 点で交わるのは判別式 $D>0$ のときである。

$D=(2k+1)^2-4(k^2-3)$

$=4k^2+4k+1-4k^2+12=4k+13>0$

よって　$k>-\dfrac{13}{4}$

122

答 $k<\dfrac{9}{8}$ **のとき異なる 2 点で交わる。**

$k=\dfrac{9}{8}$ **のとき 1 点で接する。**$k>\dfrac{9}{8}$ **のとき共有点はない。**

検討 問題の 2 次関数のグラフと x 軸の位置関係は，判別式 $D=9-8k$ より，$D>0$, $D=0$, $D<0$ の場合を調べる。

テスト対策

2 次関数のグラフと x 軸の共有点の個数は，判別式を D として，

$D>0$ のとき，**2 個**

$D=0$ のとき，**1 個**

$D<0$ のとき，**0 個**

123

答 $a=-2$ **のとき** $x=-1$, $a=3$ **のとき** $x=4$

検討 2 次関数が x 軸とただ 1 点を共有する条件は判別式 $D=0$ より

$\dfrac{D}{4}=(a+1)^2-(3a+7)=a^2-a-6=0$

$(a+2)(a-3)=0$　$a=-2,\ 3$

$a=-2$ のとき，$x^2-2(a+1)x+3a+7=0$ に代入して　$x^2+2x+1=0$

$(x+1)^2=0$　$x=-1$

$a=3$ のとき，同様にして

$x^2-8x+16=0$　$(x-4)^2=0$　$x=4$

応用問題

本冊 p. 39

124

答 $a<4$ **のとき 2 個**，$a=4$ **のとき 1 個**，$a>4$ **のとき 0 個**

検討 $x^2-x-3=x-a$　$x^2-2x+a-3=0$

$D=1-(a-3)=4-a$ より $D>0$, $D=0$, $D<0$ の場合を調べる。

125

答 $a=-\dfrac{5}{2}$, $b=\dfrac{25}{16}$

検討 放物線が x 軸に接することから，$x^2-ax+b=0$ の判別式が 0 になる。

よって　$a^2-4b=0$　……①

放物線が $y=x+1$ に接することから，

$x^2-ax+b=x+1$ すなわち，

$x^2-(a+1)x+b-1=0$ の判別式が 0 になる。

よって　$(a+1)^2-4(b-1)=0$　……②

①，②より，b を消去すると

$(a+1)^2-4\left(\dfrac{a^2}{4}-1\right)=0$　$2a+5=0$　$a=-\dfrac{5}{2}$

①より　$\dfrac{25}{4}-4b=0$　$b=\dfrac{25}{16}$

126

答 $y=2x^2-5x+3$

検討 平行移動した放物線の方程式は

$y-2a=2(x-a)^2-(x-a)-2$　……①

これが $y=-x+1$　……②に接するので，①，②より，y を消去した

$2x^2-4ax+2a^2+3a-3=0$ が重解をもつ。

よって　$4a^2-2(2a^2+3a-3)=0$　$a=1$

これを①に代入して整理すると

$y=2x^2-5x+3$

127

答　次の通り

	a	b	c	b^2-4ac	$a-b+c$
(1)	正	負	正	正	正
(2)	負	正	0	正	負
(3)	正	負	正	負	正
(4)	正	正	正	正	負
(5)	負	正	負	0	負

検討　$y=a\left(x+\dfrac{b}{2a}\right)^2-\dfrac{b^2-4ac}{4a}$

(1) グラフが下に凸の放物線だから　$a>0$

軸が x 軸の正の部分にあるから　$-\dfrac{b}{2a}>0$

$a>0$ だから　$b<0$

y 軸の正の部分と交わっているから　$c>0$

また，グラフは x 軸と異なる 2 点で交わっているから　$b^2-4ac>0$

$f(x)=ax^2+bx+c$ とおく。$x=-1$ のとき y の値は正だから $f(-1)=a-b+c>0$

(2) グラフが上に凸の放物線だから　$a<0$

(1)と同様にして　$-\dfrac{b}{2a}>0$

$a<0$ だから　$b>0$

原点と交わっているから　$c=0$

(1)と同様にして　$b^2-4ac>0$

$x=-1$ のときの y の値は負だから

$f(-1)=a-b+c<0$

(3) (1)と同様にして　$a>0$，$b<0$，$c>0$

グラフが x 軸と交わらないから　$b^2-4ac<0$

(1)と同様にして　$a-b+c>0$

(4) (1)と同様にして　$a>0$

グラフの軸が x 軸の負の部分にあるから

$-\dfrac{b}{2a}<0$

$a>0$ だから　$b>0$

(1)と同様にして　$c>0$，$b^2-4ac>0$

(2)と同様にして　$a-b+c<0$

(5) (2)と同様にして　$a<0$，$b>0$

グラフが y 軸の負の部分と交わっているから $c<0$

x 軸とただ 1 点で接しているから　$b^2-4ac=0$

(2)と同様にして　$a-b+c<0$

16 グラフと2次不等式

基本問題

本冊 p. 40

128

答　(1) $x<-1$，$2<x$　(2) $2\leqq x\leqq 3$

(3) $x\leqq -4$，$5\leqq x$　(4) $\dfrac{2}{3}<x<1$

(5) $x<-2-\sqrt{7}$，$-2+\sqrt{7}<x$

(6) $\dfrac{3-\sqrt{17}}{4}\leqq x\leqq\dfrac{3+\sqrt{17}}{4}$

検討　(2)～(4) 因数分解して，およその様子のわかるグラフをかいて解く。

(2) $(x-2)(x-3)\leqq 0$

よって　$2\leqq x\leqq 3$

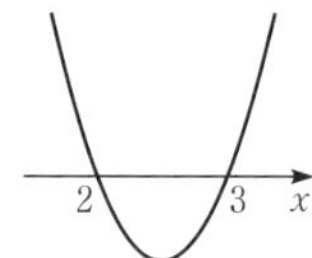

(3) $(x+4)(x-5)\geqq 0$

よって　$x\leqq -4$，$5\leqq x$

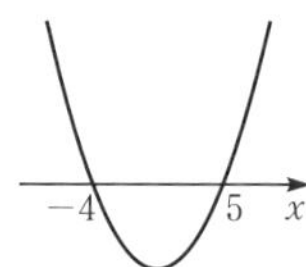

(4) $(3x-2)(x-1)<0$

よって　$\dfrac{2}{3}<x<1$

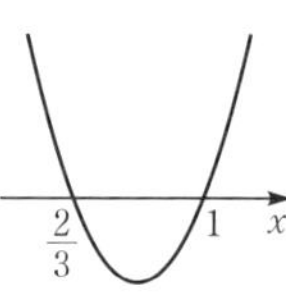

(5)，(6)は解の公式を用いる。

ただし，解の公式は 2 次方程式の解を求めるものだから，

(5)「$x=-2\pm\sqrt{7}$　よって　$x<-2-\sqrt{7}$，$-2+\sqrt{7}<x$」などと解答してはいけない。

「2 次方程式 $x^2+4x-3=0$ の解は

$x=-2\pm\sqrt{7}$

よって，2 次不等式の解は

$x<-2-\sqrt{7}$，$-2+\sqrt{7}<x$」

とちゃんと両者を区別して解答するようにしよう。

(6) 2 次方程式 $2x^2-3x-1=0$ を解くと

$x=\dfrac{3\pm\sqrt{17}}{4}$

よって，2 次不等式の解は

$\dfrac{3-\sqrt{17}}{4}\leqq x\leqq\dfrac{3+\sqrt{17}}{4}$

答　(1) 解はない　(2) すべての実数
(3) 4 以外のすべての実数
　($x<4$, $4<x$ でもよい)
(4) すべての実数　(5) 解はない　(6) $x=-3$

検討　グラフは省略する。
(1) $(x-2)^2+1>0$　よって　解はない
(2) $(x+1)^2+4>0$　よって　すべての実数
(3) $(x-4)^2>0$　よって　4 以外のすべての実数
(4) $(x-2)^2\geqq 0$　よって　すべての実数
(5) 判別式 $D=9-24=-15<0$
　よって　解はない
(6) $(x+3)^2\leqq 0$　よって　$x=-3$

答　(1) $-5<x\leqq -2$, $4\leqq x<7$
(2) $\dfrac{3}{2}<x<2$

検討　(1) $x^2-2x-8\geqq 0$
$(x+2)(x-4)\geqq 0$ より　$x\leqq -2$, $4\leqq x$
$(x+5)(x-7)<0$ より　$-5<x<7$

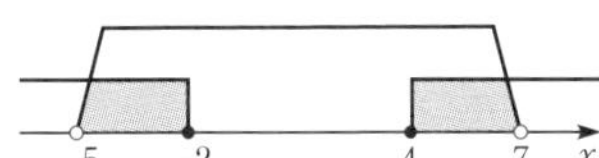

よって　$-5<x\leqq -2$, $4\leqq x<7$
(2) $3x^2-7x+2<0$
$(3x-1)(x-2)<0$ より　$\dfrac{1}{3}<x<2$
$6x^2-7x-3>0$
$(3x+1)(2x-3)>0$ より　$x<-\dfrac{1}{3}$, $\dfrac{3}{2}<x$

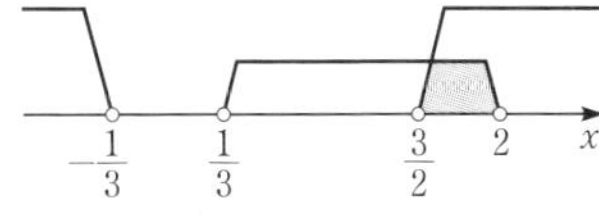

よって　$\dfrac{3}{2}<x<2$

131

答　$k<-4$, $4<k$ のとき共有点 2 個,
$k=\pm 4$ のとき共有点 1 個,
$-4<k<4$ のとき共有点 0 個

検討　$x^2+kx+4=0$ において
判別式 $D=k^2-16$
x 軸との共有点は $D=k^2-16>0$ のとき 2 個, $D=0$ のとき 1 個, $D<0$ のとき 0 個である。

答　$-8<a<4$

検討　$x^2-(4+a)x+a+12=0$ において
判別式 $D=(4+a)^2-4(a+12)$
$\qquad\qquad =a^2+4a-32<0$
$(a+8)(a-4)<0$ より　$-8<a<4$

答　$-5<a<3$

検討　$x^2-ax>x-4$, すなわち,
$x^2-(a+1)x+4>0$ がどんな実数値 x に対しても成り立つようにすればよい。
$x^2-(a+1)x+4=0$ において
判別式 $D=(a+1)^2-16=a^2+2a-15<0$
$(a+5)(a-3)<0$ より　$-5<a<3$

134

答　$-1<m<3$

検討　x^2 の係数が正だから, $f(x)=0$ の判別式が負であればよい。
$\dfrac{D}{4}=m^2-(2m+3)=m^2-2m-3<0$
$(m+1)(m-3)<0$ より　$-1<m<3$

テスト対策
2 次不等式　$ax^2+bx+c>0$ がつねに成り立つ条件は,
　　$a>0$ かつ $D=b^2-4ac<0$

答　(1) $2<a<3$　(2) $a<-1$　(3) $a>3$

検討　2 次方程式の実数解は, 2 次関数のグラフと x 軸の共有点の x 座標だから, 共有点が与えられた範囲にあるための条件を求める。
2 つの解がある範囲にあるためには, ①判別式, ②軸, ③ $f(0)$ の符号の 3 つの条件について調べればよい。

$f(x)=x^2-2(a-1)x-a+3$ とおく。

軸は $x=a-1$ である。

(1) $\dfrac{D}{4}=(a-1)^2-(-a+3)=a^2-a-2>0$

$(a+1)(a-2)>0$ より　$a<-1,\ 2<a$　……①

$a-1>0$ より　$a>1$　……②

$f(0)=-a+3>0$ より　$a<3$　……③

①，②，③より　$2<a<3$

(2) $D>0$ より　$a<-1,\ 2<a$　……①

$a-1<0$ より　$a<1$　……②

$f(0)=-a+3>0$ より　$a<3$　……③

①，②，③より　$a<-1$

(3) y 切片が負である下に凸の放物線は必ず x 軸の正の部分と負の部分と1回ずつ交わるから，③だけ調べればよい。

$f(0)=-a+3<0$ より　$a>3$

応用問題

本冊 p. 42

答　(1) $a<-4$　(2) $4<a<5$　(3) $a>5$

検討　$f(x)=x^2+ax+4$ とおく。

軸は $x=-\dfrac{a}{2}$ である。

(1) $D=a^2-16>0$ より　$a<-4,\ 4<a$　……①

$-\dfrac{a}{2}>-1$ より　$a<2$　……②

$f(-1)=1-a+4=5-a>0$ より　$a<5$　……③

①，②，③より　$a<-4$

(2) $D>0$ より　$a<-4,\ 4<a$　……①

$-\dfrac{a}{2}<-1$ より　$a>2$　……②

$f(-1)>0$ より　$a<5$　……③

①，②，③より　$4<a<5$

(3) $f(-1)=5-a<0$ より　$a>5$

答　$a>5+2\sqrt{6}$

検討　$f(x)=ax^2+(1-5a)x+6a$ とおく。

軸は $x=\dfrac{-(1-5a)}{2a}=\dfrac{5a-1}{2a}$ である。

$D=(1-5a)^2-24a^2=a^2-10a+1>0$

$a^2-10a+1=0$ の解は

$a=5\pm\sqrt{25-1}=5\pm2\sqrt{6}$

よって　$a<5-2\sqrt{6},\ 5+2\sqrt{6}<a$　……①

$\dfrac{5a-1}{2a}>1$，$a>0$ より，両辺に $2a$ を掛けて

$5a-1>2a$　$a>\dfrac{1}{3}$　……②

$f(1)=2a+1>0$　$a>-\dfrac{1}{2}$　……③

①，②，③より　$a>5+2\sqrt{6}$

138

答　$4<a<5$

検討　$f(x)=2x^2-ax+2$ とおく。

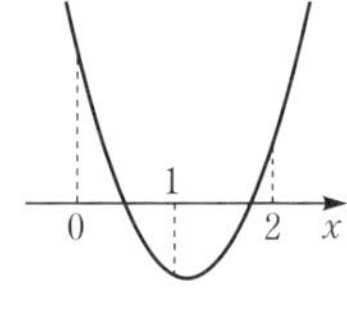

グラフは下に凸の放物線だから，右の図のようになる。

よって，$f(0)>0$ かつ $f(1)<0$ かつ $f(2)>0$　……①

逆に①を満たせば，グラフは上の図のようになる。よって①が必要十分条件である。

$f(0)=2>0$ より，つねに成り立つ。

$f(1)=4-a<0$ より　$a>4$

$f(2)=10-2a>0$ より　$a<5$

よって　$4<a<5$

139

答　$a>2$

検討　$f(x)=ax^2-x-1$ とおく。

軸は $x=\dfrac{1}{2a}$ である。

$D=1+4a>0$ より　$a>-\dfrac{1}{4}$

2次方程式より，$a\neq0$ なので

$-\dfrac{1}{4}<a<0,\ 0<a$　……①

軸についての条件 $-1<\dfrac{1}{2a}<1$ において

$a>0$ のとき $\dfrac{1}{2a}<1$ より　$\dfrac{1}{2}<a$　……②

また　$f(-1)=a>0$

$f(1)=a-2>0$

共通の範囲を求めて

$a>2$　……③

①，②，③より　$a>2$

$a<0$ のとき $-1<\frac{1}{2a}$ より　$a<-\frac{1}{2}$　……②′

また　$f(-1)=a<0$　　$f(1)=a-2<0$

共通の範囲を求めて　$a<0$　……③′

①，②′，③′ を満たす a はない。

140

答　$-6\leqq a<-5$，$1<a\leqq 2$

検討　$x^2+(a-2)x-2a<0$ より

$(x+a)(x-2)<0$

よって，

(i) $2<-a$　すなわち　$a<-2$ のとき

解は　$2<x<-a$ となる。

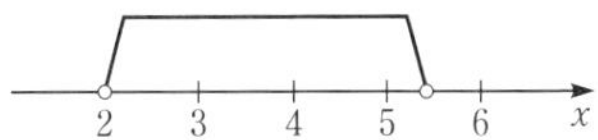

よって，$5<-a<6$，すなわち，$-6<a<-5$ のときは，整数 x は 3，4，5 の 3 個となるため題意を満たす。$-a$ が端の値 5，6 になったときを考える。

$-a=6$ のときは，6 は解に含まれない。よって，整数 x は 3，4，5 の 3 個であるので題意を満たす。

$-a=5$ のときは，5 が解に含まれない。よって，題意を満たさない。

したがって　$-6\leqq a<-5$

(ii) $-a<2$　すなわち　$a>-2$ のとき

解は　$-a<x<2$ となる。(i)と同様に考える。

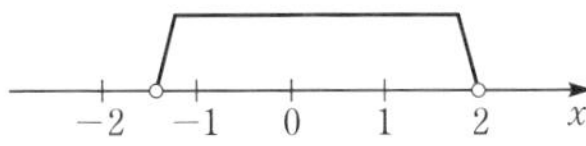

$-2<-a<-1$，すなわち，$1<a<2$ のときは題意を満たす。

$-a=-1$，-2 のときを考えると，(i)と同様に，$-a=-2$ は題意を満たし，$-a=-1$ は題意を満たさない。よって　$1<a\leqq 2$

(i)，(ii)より　$-6\leqq a<-5$，$1<a\leqq 2$

141

答　$k<2$

検討　$f(x)=x^2-2kx-k+6$ とおく。

$1\leqq x\leqq 3$ を満たすすべての実数 x について

$f(x)>0$

$\iff 1\leqq x\leqq 3$ における $f(x)$ の最小値>0

よって，$f(x)$ の最小値を求める。

$f(x)=(x-k)^2-k^2-k+6$ より，軸は $x=k$

(i) $k<1$ のとき

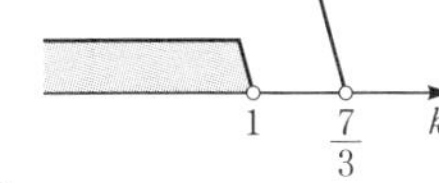

$f(x)$ の最小値を m とすると，

$m=f(1)=7-3k>0$

$k<\frac{7}{3}$

よって，$k<1$

(ii) $1\leqq k\leqq 3$ のとき

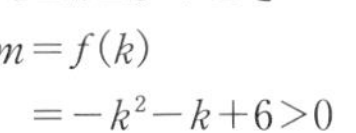

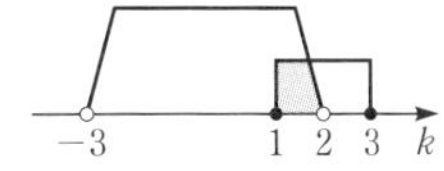

$m=f(k)$

$=-k^2-k+6>0$

$k^2+k-6<0$

$(k+3)(k-2)<0$

$-3<k<2$

よって，$1\leqq k<2$

(iii) $3<k$ のとき

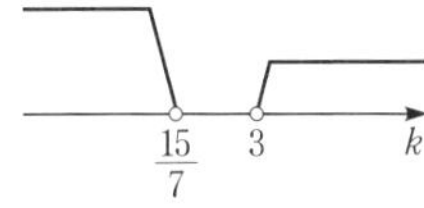

$m=f(3)$

$=15-7k>0$

$k<\frac{15}{7}$

よって，解はない。

(i)，(ii)，(iii)より

$k<2$

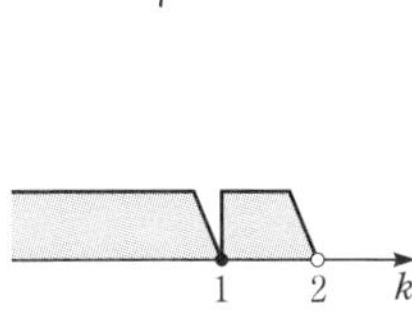

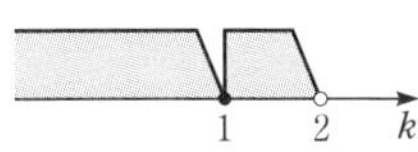

142

答　最大値 5 ($x=\pm\sqrt{3}$，$y=1$)
　　最小値 -4 ($x=0$，$y=-2$)

検討　$x^2=4-y^2\geqq 0$ より

$y^2-4\leqq 0$

$(y+2)(y-2)\leqq 0$

$-2\leqq y\leqq 2$

$z=x^2+2y$ とおくと

$z=x^2+2y=4-y^2+2y$

$=-y^2+2y+4$

$=-(y-1)^2+5$

よって，$y=1$ のとき最大値 5

このとき　$x^2=3$ より　$x=\pm\sqrt{3}$

$y=-2$ のとき最小値 -4　このとき　$x=0$

答　最大値 $\sqrt{3}$ $\left(x=\dfrac{2\sqrt{3}}{3},\ y=\dfrac{\sqrt{3}}{3}\right)$

最小値 $-\sqrt{3}$ $\left(x=-\dfrac{2\sqrt{3}}{3},\ y=-\dfrac{\sqrt{3}}{3}\right)$

検討　$x+y=k$ とおく。$y=k-x$ を条件式に代入して

$x^2+2(k-x)^2=2$

$x^2+2(k^2-2kx+x^2)-2=0$

$3x^2-4kx+2k^2-2=0$　……①

2次方程式①が実数解をもつ条件より，k のとりうる値の範囲がわかる。

実数解をもつ条件より

$\dfrac{D}{4}=(2k)^2-3(2k^2-2)\geqq 0$

$4k^2-6k^2+6\geqq 0$　$k^2\leqq 3$

$-\sqrt{3}\leqq k\leqq\sqrt{3}$

①より　$x=\dfrac{2k\pm\sqrt{\dfrac{D}{4}}}{3}$

$k=\pm\sqrt{3}$ のとき $\dfrac{D}{4}=0$ で重解 $x=\dfrac{2}{3}k$ をもつ。

したがって，

$k=\sqrt{3}$ のとき　$x=\dfrac{2\sqrt{3}}{3}$，

$y=\sqrt{3}-\dfrac{2\sqrt{3}}{3}=\dfrac{\sqrt{3}}{3}$

$k=-\sqrt{3}$ のとき　$x=-\dfrac{2\sqrt{3}}{3}$，

$y=-\sqrt{3}+\dfrac{2\sqrt{3}}{3}=-\dfrac{\sqrt{3}}{3}$

答　下の図

(1)

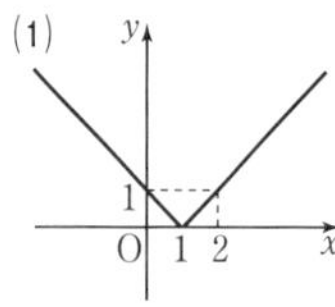

(2)

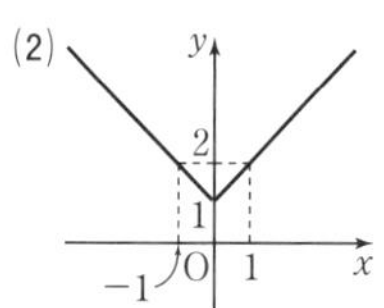

(3)

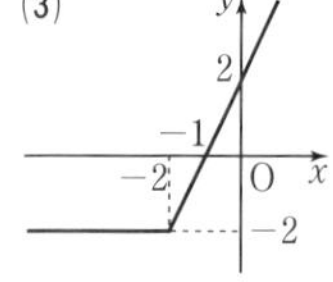

(4)

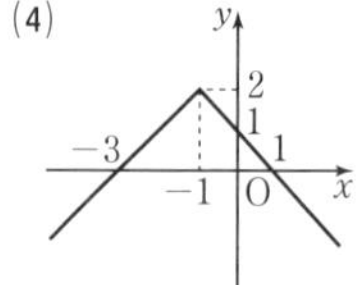

検討　(1) $x\geqq 1$ のとき $y=x-1$，$x<1$ のとき $y=-x+1$

(2) $x\geqq 0$ のとき $y=x+1$，$x<0$ のとき $y=-x+1$

(3) $x\geqq -2$ のとき $y=x+2+x=2x+2$，$x<-2$ のとき $y=-x-2+x=-2$

(4) $x\geqq -1$ のとき $y=2-(x+1)=-x+1$，$x<-1$ のとき $y=2+(x+1)=x+3$

145

答　右の図

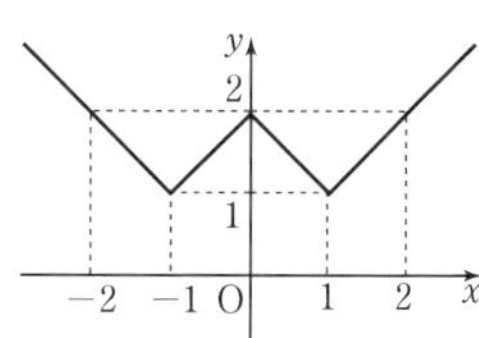

検討　$x<-1$ のとき

$y=-(x+1)-(-x)-(x-1)$

$=-x-1+x-x+1$

$=-x$

$-1\leqq x<0$ のとき

$y=(x+1)-(-x)-(x-1)$

$=x+1+x-x+1$

$=x+2$

$0\leqq x<1$ のとき

$y=(x+1)-x-(x-1)$

$=x+1-x-x+1$

$=-x+2$

$1\leqq x$ のとき

$y=(x+1)-x+(x-1)$

$=x+1-x+x-1$

$=x$

146

答　下の図

(1)

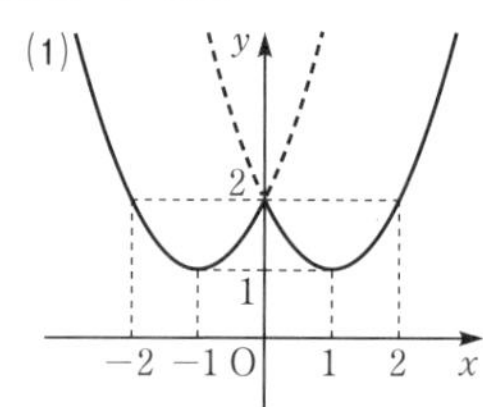

(2)

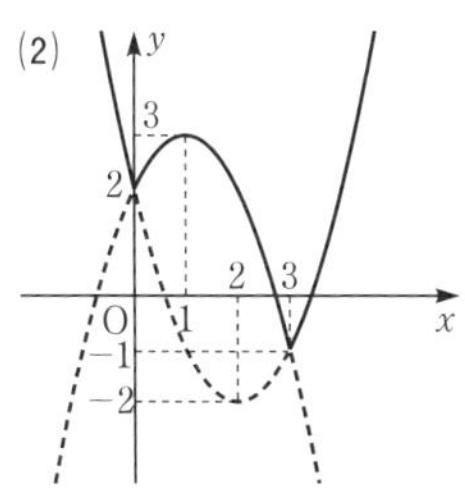

検討 (1) $x \geqq 0$ のとき，$|x|=x$ より

$y=x^2-2x+2=(x-1)^2+1$

$x<0$ のとき，$|x|=-x$ より

$y=x^2+2x+2=(x+1)^2+1$

(2) $x \leqq 0$, $x \geqq 3$ のとき，$|x^2-3x|=x^2-3x$ より

$y=x^2-3x-x+2$

$=x^2-4x+2=(x-2)^2-2$

$0<x<3$ のとき，$|x^2-3x|=-x^2+3x$ より

$y=-x^2+3x-x+2$

$=-x^2+2x+2=-(x-1)^2+3$

17 直角三角形と三角比

基本問題 本冊 p. 44

147

答 (1) $\sin A=\dfrac{3\sqrt{34}}{34}$,

$\cos A=\dfrac{5\sqrt{34}}{34}$, $\tan A=\dfrac{3}{5}$

(2) $\sin A=\dfrac{3}{5}$, $\cos A=\dfrac{4}{5}$, $\tan A=\dfrac{3}{4}$

(3) $\sin A=\dfrac{\sqrt{133}}{13}$, $\cos A=\dfrac{6}{13}$, $\tan A=\dfrac{\sqrt{133}}{6}$

検討 三平方の定理を用いる。

(1) $AB=\sqrt{5^2+3^2}=\sqrt{34}$

(2) $AC=\sqrt{4^2+3^2}=5$

(3) $BC=\sqrt{13^2-6^2}=\sqrt{133}$

148

答 (1) **0.3090** (2) **0.9135** (3) **0.9004**
(4) **0.9397** (5) **0.4695** (6) **3.0777**

149

答 (1) **55°** (2) **66°** (3) **41°**
(4) **65°** (5) **29°** (6) **44°**

150

答 (1) $x=\dfrac{5}{2}$, $y=\dfrac{5\sqrt{3}}{2}$

(2) $x=\dfrac{10\sqrt{3}}{3}$, $y=\dfrac{5\sqrt{3}}{3}$

(3) $x=4\sqrt{2}$, $y=4$

151

答 **71.4m**

検討 俯角が35°であるから，右の図で

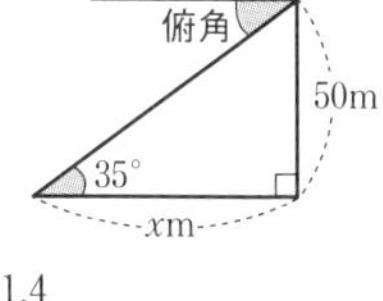

$\tan 35°=\dfrac{50}{x}$

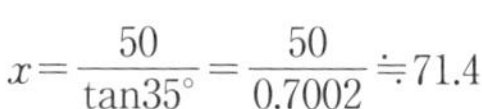

$x=\dfrac{50}{\tan 35°}=\dfrac{50}{0.7002}\fallingdotseq 71.4$

152

答 (1) $\sin 30°=\dfrac{1}{2}$, $\cos 30°=\dfrac{\sqrt{3}}{2}$,

$\tan 30°=\dfrac{\sqrt{3}}{3}$

(2) $\sin 45°=\dfrac{\sqrt{2}}{2}$, $\cos 45°=\dfrac{\sqrt{2}}{2}$,

$\tan 45°=1$

(3) $\sin 60°=\dfrac{\sqrt{3}}{2}$, $\cos 60°=\dfrac{1}{2}$,

$\tan 60°=\sqrt{3}$

検討 下の図の三角形の角と辺の比は覚えておくこと。

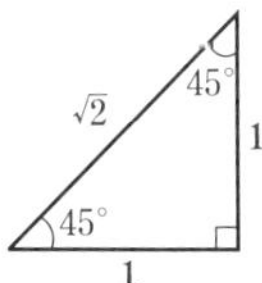

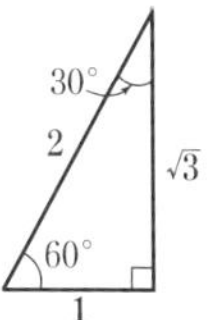

153

答 (1) $\dfrac{1}{2}$ (2) $\dfrac{\sqrt{6}-\sqrt{2}}{4}$ (3) **0**

(4) $1-\sqrt{3}$

検討 (1) 与式$=\dfrac{\sqrt{3}}{2}\cdot\dfrac{\sqrt{3}}{2}-\dfrac{1}{2}\cdot\dfrac{1}{2}=\dfrac{3}{4}-\dfrac{1}{4}=\dfrac{1}{2}$

(2) 与式$=\dfrac{\sqrt{2}}{2}\cdot\dfrac{\sqrt{3}}{2}-\dfrac{\sqrt{2}}{2}\cdot\dfrac{1}{2}=\dfrac{\sqrt{6}-\sqrt{2}}{4}$

(3) 与式$=\left(\dfrac{\sqrt{2}}{2}+\dfrac{\sqrt{2}}{2}\right)\left(\dfrac{\sqrt{2}}{2}-\dfrac{\sqrt{2}}{2}\right)=\sqrt{2}\cdot 0=0$

(4) 与式$=\left(\dfrac{\sqrt{3}}{3}-1\right)\cdot\sqrt{3}=1-\sqrt{3}$

18 正接・正弦・余弦の相互関係

基本問題 本冊 p. 46

答 (1) **cos37°** (2) **sin13°**

(3) $\dfrac{\mathbf{1}}{\mathbf{tan26°}}$

検討 (1) $\sin 53°=\sin(90°-37°)=\cos 37°$

(2) $\cos 77°=\cos(90°-13°)=\sin 13°$

(3) $\tan 64°=\tan(90°-26°)=\dfrac{1}{\tan 26°}$

答 $\boldsymbol{\cos\theta=\dfrac{5}{13}}$, $\boldsymbol{\tan\theta=\dfrac{12}{5}}$

検討 図をかいて求めると簡単である。

公式を用いて求めると，

$\cos^2\theta+\sin^2\theta=1$ より

$\cos\theta=\sqrt{1-\sin^2\theta}$

$=\sqrt{1-\left(\dfrac{12}{13}\right)^2}=\dfrac{5}{13}$

(鋭角だから $\cos\theta>0$)

$\tan\theta=\dfrac{\sin\theta}{\cos\theta}=\dfrac{12}{13}\div\dfrac{5}{13}=\dfrac{12}{5}$

答 $\boldsymbol{\sin\theta=\dfrac{4\sqrt{41}}{41}}$, $\boldsymbol{\cos\theta=\dfrac{5\sqrt{41}}{41}}$

検討 図をかいて求めると簡単である。

公式を用いて求めると，

$1+\tan^2\theta=\dfrac{1}{\cos^2\theta}$ より

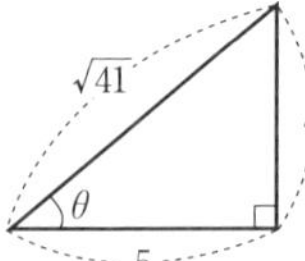

$\cos\theta=\sqrt{\dfrac{1}{1+\tan^2\theta}}$

$=\sqrt{\dfrac{1}{1+\left(\dfrac{4}{5}\right)^2}}=\sqrt{\dfrac{25}{41}}=\dfrac{5\sqrt{41}}{41}$

(鋭角だから $\cos\theta>0$)

$\sin\theta=\cos\theta\tan\theta=\dfrac{5\sqrt{41}}{41}\times\dfrac{4}{5}=\dfrac{4\sqrt{41}}{41}$

テスト対策

$\tan\theta$ の値がわかっているときは，

まず $\boldsymbol{1+\tan^2\theta=\dfrac{1}{\cos^2\theta}}$ から $\cos\theta$ の値を求め，次に $\boldsymbol{\sin\theta=\cos\theta\tan\theta}$ と変形して $\sin\theta$ の値を求める。

応用問題 本冊 p. 46

答 **11.6m**

検討 右の図で，

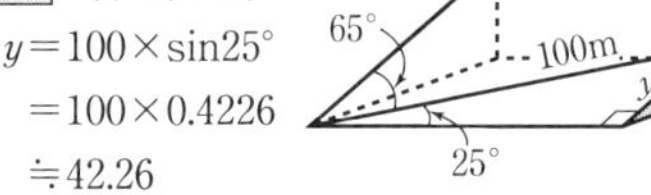

$y=100\times\sin 25°$

$=100\times 0.4226$

$\fallingdotseq 42.26$

$x=42.26\times\sin 16°=42.26\times 0.2756$

$\fallingdotseq 11.6$

答 **39.5m**

検討 右の図で，

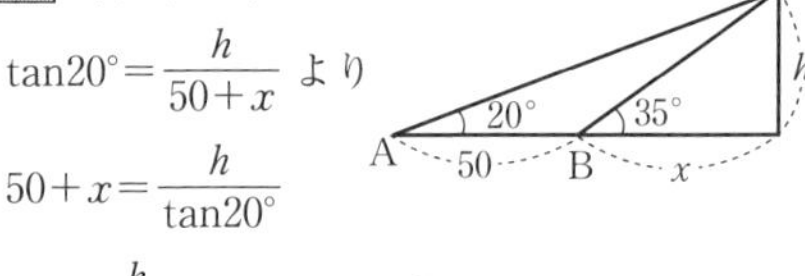

$\tan 20°=\dfrac{h}{50+x}$ より

$50+x=\dfrac{h}{\tan 20°}$

$x=\dfrac{h}{\tan 20°}-50$ ……①

$\tan 35°=\dfrac{h}{x}$ より　$x=\dfrac{h}{\tan 35°}$ ……②

①，②より　$\dfrac{h}{\tan 20°}-50=\dfrac{h}{\tan 35°}$

$\left(\dfrac{1}{\tan 20°}-\dfrac{1}{\tan 35°}\right)h=50$

$\dfrac{\tan 35°-\tan 20°}{\tan 20°\tan 35°}h=50$

$h=\dfrac{50\tan20°\tan35°}{\tan35°-\tan20°}=\dfrac{50\times0.3640\times0.7002}{0.7002-0.3640}$

$\fallingdotseq 37.9$

求める煙突の高さは

$h+1.6\fallingdotseq37.9+1.6=39.5$(m)

19 鈍角の三角比

基本問題 本冊 p. 47

答　(1) $\sin135°=\dfrac{\sqrt{2}}{2}$　(2) $\cos150°=-\dfrac{\sqrt{3}}{2}$

(3) $\tan120°=-\sqrt{3}$　(4) $\cos90°=0$

(5) $\sin180°=0$　(6) $\tan150°=-\dfrac{\sqrt{3}}{3}$

検討　半径 1 の円(単位円)をかいて考える。

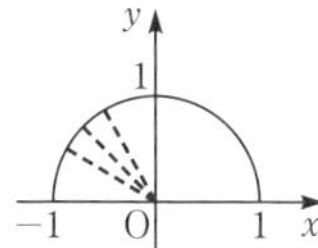

160

答　(1) 0　(2) 1

検討　(1) 与式$=\cos\theta+\sin\theta-\sin\theta-\cos\theta=0$

(2) 与式$=\dfrac{1-\sin\theta}{1+\cos\theta}\times\dfrac{1+\cos\theta}{1-\sin\theta}=1$

20 三角比の相互関係

基本問題 本冊 p. 48

161

答　$\cos\theta=-\dfrac{2\sqrt{2}}{3}$，$\tan\theta=-\dfrac{\sqrt{2}}{4}$

検討　$\sin^2\theta+\cos^2\theta=1$ より

$\cos^2\theta=1-\left(\dfrac{1}{3}\right)^2=\dfrac{8}{9}$

θが鈍角だから　$\cos\theta<0$

よって　$\cos\theta=-\dfrac{2\sqrt{2}}{3}$

$\tan\theta=\dfrac{\sin\theta}{\cos\theta}=\dfrac{1}{3}\div\left(-\dfrac{2\sqrt{2}}{3}\right)=\dfrac{1}{3}\times\left(-\dfrac{3}{2\sqrt{2}}\right)$

$=-\dfrac{\sqrt{2}}{4}$

答　(1) $\sin\theta=\dfrac{\sqrt{3}}{2}$，$\tan\theta=-\sqrt{3}$

(2) $\sin\theta=\dfrac{2\sqrt{5}}{5}$，$\cos\theta=-\dfrac{\sqrt{5}}{5}$

検討　(1) $\cos\theta<0$ より

$90°<\theta<180°$

図をかくと右の図のようになる。計算で求めると

$\sin\theta=\sqrt{1-\left(-\dfrac{1}{2}\right)^2}$

$=\dfrac{\sqrt{3}}{2}$

$\tan\theta=\dfrac{\sin\theta}{\cos\theta}=\dfrac{\sqrt{3}}{2}\div\left(-\dfrac{1}{2}\right)=-\sqrt{3}$

(2) θが鈍角だから図をかくと右の図のようになる。

計算で求めると

$\cos\theta=-\sqrt{\dfrac{1}{1+(-2)^2}}$

$=-\dfrac{1}{\sqrt{5}}=-\dfrac{\sqrt{5}}{5}$

$\sin\theta=\cos\theta\tan\theta=-\dfrac{\sqrt{5}}{5}\times(-2)=\dfrac{2\sqrt{5}}{5}$

答　(1) 左辺

$=\dfrac{\sin\theta(1+\cos\theta)+\sin\theta(1-\cos\theta)}{(1-\cos\theta)(1+\cos\theta)}$

$=\dfrac{2\sin\theta}{1-\cos^2\theta}=\dfrac{2\sin\theta}{\sin^2\theta}=\dfrac{2}{\sin\theta}=$右辺

(2) 左辺$=\dfrac{\tan\theta\sin\theta\cos\theta+(1+\cos\theta)^2}{\sin\theta\cos\theta(1+\cos\theta)}$

$=\dfrac{\sin^2\theta+1+2\cos\theta+\cos^2\theta}{\sin\theta\cos\theta(1+\cos\theta)}$

$=\dfrac{2(1+\cos\theta)}{\sin\theta\cos\theta(1+\cos\theta)}$

$=\dfrac{2}{\sin\theta\cos\theta}=$右辺

164

答 (1) $\boldsymbol{\theta=60^\circ,\ 120^\circ}$ (2) $\boldsymbol{\theta=120^\circ}$

(3) $\boldsymbol{\theta=135^\circ}$

検討 半径1の円(単位円)をかいて考える。

(1)

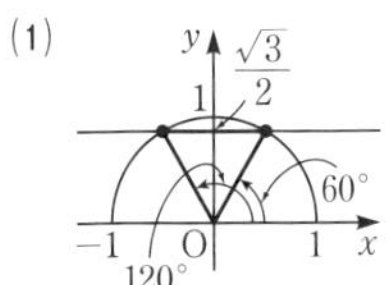

(2)

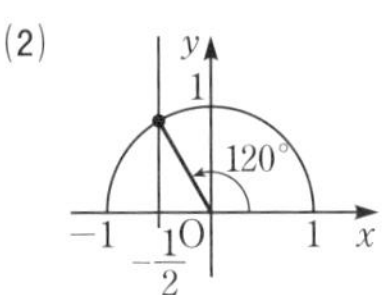

(3)

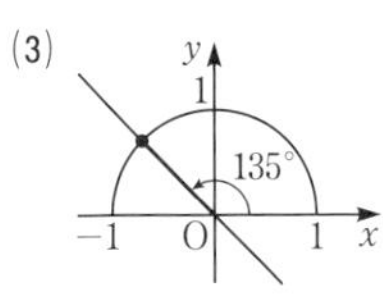

$\tan\theta$ は直線の傾きを表す。

165

答 $\boldsymbol{\theta=30^\circ,\ 150^\circ}$

検討 $(\sin\theta+4)(2\sin\theta-1)=0$

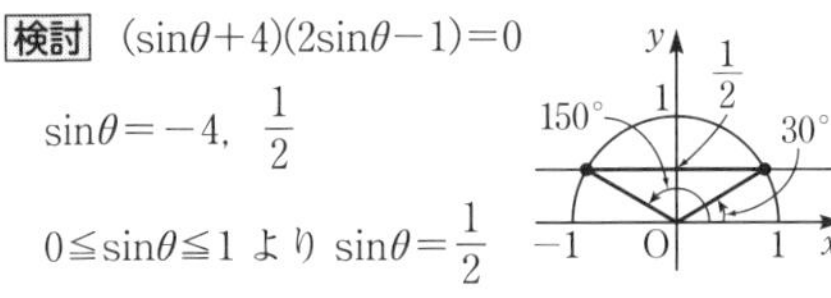

$\sin\theta=-4,\ \dfrac{1}{2}$

$0\leqq\sin\theta\leqq1$ より $\sin\theta=\dfrac{1}{2}$

よって　$\theta=30^\circ,\ 150^\circ$

166

答 (1) $\boldsymbol{0^\circ\leqq\theta\leqq30^\circ,\ 150^\circ\leqq\theta\leqq180^\circ}$

(2) $\boldsymbol{0^\circ\leqq\theta<150^\circ}$

(3) $\boldsymbol{90^\circ<\theta\leqq120^\circ}$

検討 単位円をかく。

(1)

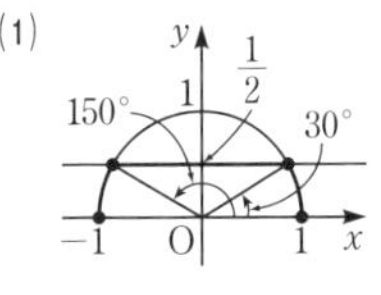

$0^\circ\leqq\theta\leqq30^\circ,\ 150^\circ\leqq\theta\leqq180^\circ$

(2)

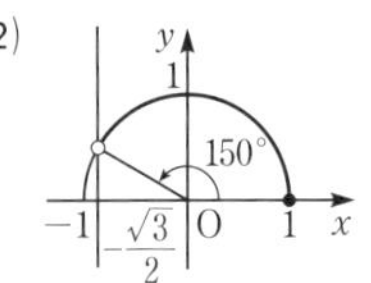

$0^\circ\leqq\theta<150^\circ$

(3)

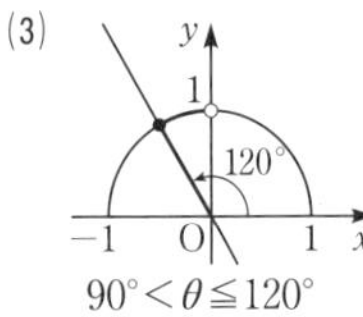

$90^\circ<\theta\leqq120^\circ$

$\theta=90^\circ$ のとき $\tan\theta$ の値はない。

応用問題

本冊 p. 49

167

答 (1) $\boldsymbol{\dfrac{2}{\tan\theta}}$ (2) **1** (3) **0**

検討 (1) $\dfrac{1-(\sin\theta+\cos\theta)}{1-(\sin\theta-\cos\theta)}$

$$=\frac{\{1-(\sin\theta+\cos\theta)\}\{1+(\sin\theta-\cos\theta)\}}{1-(\sin\theta-\cos\theta)^2}$$

$$=\frac{1-2\cos\theta-(\sin^2\theta-\cos^2\theta)}{2\sin\theta\cos\theta}$$

$\dfrac{1+(\sin\theta+\cos\theta)}{1+(\sin\theta-\cos\theta)}$

$$=\frac{\{1+(\sin\theta+\cos\theta)\}\{1-(\sin\theta-\cos\theta)\}}{1-(\sin\theta-\cos\theta)^2}$$

$$=\frac{1+2\cos\theta-(\sin^2\theta-\cos^2\theta)}{2\sin\theta\cos\theta}$$

$$与式=\frac{2\{1-(\sin^2\theta-\cos^2\theta)\}}{2\sin\theta\cos\theta}$$

$$=\frac{2\cos^2\theta}{\sin\theta\cos\theta}=\frac{2\cos\theta}{\sin\theta}=\frac{2}{\tan\theta}$$

(2) $与式=(1+\tan^2\theta)(1-\tan^2\theta)\cos^2\theta+\tan^2\theta$

$$=\frac{1}{\cos^2\theta}(1-\tan^2\theta)\cos^2\theta+\tan^2\theta$$

$$=1-\tan^2\theta+\tan^2\theta=1$$

(3) $\dfrac{1-2\cos^2\theta}{1-2\sin\theta\cos\theta}=\dfrac{\sin^2\theta+\cos^2\theta-2\cos^2\theta}{\sin^2\theta+\cos^2\theta-2\sin\theta\cos\theta}$

$$=\frac{\sin^2\theta-\cos^2\theta}{(\sin\theta-\cos\theta)^2}$$

$$=\frac{\sin\theta+\cos\theta}{\sin\theta-\cos\theta}$$

$\dfrac{1+2\sin\theta\cos\theta}{1-2\sin^2\theta}=\dfrac{\sin^2\theta+\cos^2\theta+2\sin\theta\cos\theta}{\sin^2\theta+\cos^2\theta-2\sin^2\theta}$

$$=\frac{(\cos\theta+\sin\theta)^2}{\cos^2\theta-\sin^2\theta}$$

$$=\frac{\cos\theta+\sin\theta}{\cos\theta-\sin\theta}$$

$$与式=\frac{\sin\theta+\cos\theta}{\sin\theta-\cos\theta}-\frac{\cos\theta+\sin\theta}{\sin\theta-\cos\theta}=0$$

168

答 (1) $\boldsymbol{-\dfrac{1}{4}}$ (2) $\boldsymbol{\dfrac{\sqrt{6}}{2}}$

検討 (1) $\sin\theta+\cos\theta=\dfrac{1}{\sqrt{2}}$ の両辺を2乗すると

$\sin^2\theta+2\sin\theta\cos\theta+\cos^2\theta=\dfrac{1}{2}$

$1+2\sin\theta\cos\theta=\dfrac{1}{2}$　$\sin\theta\cos\theta=-\dfrac{1}{4}$

(2) $0°<\theta<180°$ だから $\sin\theta>0$ で，(1)の結果より，$\cos\theta<0$ となる。

$(\sin\theta-\cos\theta)^2=1-2\sin\theta\cos\theta$

$=1-2\left(-\dfrac{1}{4}\right)=\dfrac{3}{2}$

$\sin\theta-\cos\theta>0$ より　$\sin\theta-\cos\theta=\dfrac{\sqrt{6}}{2}$

169

答　**最大値 1，最小値 −15**

検討　$y=2(1-\cos^2x)+8\cos x-7$

$=-2\cos^2x+8\cos x-5$

$=-2(\cos x-2)^2+3$　……①

$0°\leqq x\leqq 180°$ より　$-1\leqq\cos x\leqq 1$　……②

①，②より $\cos x=1$，すなわち $x=0°$ のとき最大となり，最大値は 1 である。

また，$\cos x=-1$，すなわち $x=180°$ のとき最小となり，最小値は -15 である。

170

答　$\boldsymbol{p=-1,\ q=9}$

または $\boldsymbol{p=2,\ q=6}$

検討　$f(x)=\cos^2x+2p\sin x+q$

$=(1-\sin^2x)+2p\sin x+q$

$=-\sin^2x+2p\sin x+q+1$

$=-(\sin x-p)^2+p^2+q+1$　……①

$0°\leqq\theta\leqq 180°$ より，$0\leqq\sin x\leqq 1$ の範囲で①を考える。

(i) $p<0$ のとき

$\sin x=0$ で最大値，$\sin x=1$ で最小値をとる。よって，$q+1=10$，$2p+q=7$

$p=-1$，$q=9$

これは $p<0$ に適する。

(ii) $0\leqq p<\dfrac{1}{2}$ のとき

$\sin x=p$ で最大値，$\sin x=1$ で最小値をとる。よって，$p^2+q+1=10$，$2p+q=7$

2 式より q を消去して $p^2-2p-2=0$

$p=1\pm\sqrt{3}$

これは $0\leqq p<\dfrac{1}{2}$ に適さない。

(iii) $\dfrac{1}{2}\leqq p<1$ のとき

$\sin x=p$ で最大値，$\sin x=0$ で最小値をとる。よって，$p^2+q+1=10$，$q+1=7$

$p=\pm\sqrt{3}$，$q=6$

これは $\dfrac{1}{2}\leqq p<1$ に適さない。

(iv) $p\geqq 1$ のとき

$\sin x=1$ で最大値，$\sin x=0$ で最小値をとる。よって，$2p+q=10$，$q+1=7$

$p=2$，$q=6$

これは $p\geqq 1$ に適する。

(i)～(iv)より，

$p=-1$，$q=9$ または $p=2$，$q=6$

171

答　$\boldsymbol{\alpha=30°,\ \beta=150°}$

検討　$\sin\beta=1-\sin\alpha$，$\cos\beta=-\cos\alpha$ を $\sin^2\beta+\cos^2\beta=1$ に代入して

$(1-\sin\alpha)^2+(-\cos\alpha)^2=1$

$1-2\sin\alpha+(\sin^2\alpha+\cos^2\alpha)=1$

よって　$\sin\alpha=\dfrac{1}{2}$

$0°<\alpha<180°$ より　$\alpha=30°,\ 150°$

(i) $\alpha=30°$ のとき

$\sin\beta=1-\sin\alpha=1-\sin 30°=\dfrac{1}{2}$

$\cos\beta=-\cos\alpha=-\cos 30°=-\dfrac{\sqrt{3}}{2}$

$0°<\beta<180°$ より　$\beta=150°$

(ii) $\alpha=150°$ のとき

$\sin\beta=\dfrac{1}{2}$，$\cos\beta=\dfrac{\sqrt{3}}{2}$

よって　$\beta=30°$

これは $\alpha\leqq\beta$ という条件に反する。

ゆえに　$\alpha=30°$，$\beta=150°$

21 正弦定理

基本問題 本冊 p. 50

172

答 $R=5\sqrt{2}$, $c=5\sqrt{6}$

検討 $A=180°-(75°+60°)=45°$

正弦定理より

$$2R=\frac{a}{\sin A}=\frac{10}{\sin 45°}=10\div\frac{\sqrt{2}}{2}=10\sqrt{2}$$

よって　$R=5\sqrt{2}$

$c=2R\sin C=10\sqrt{2}\sin 60°=5\sqrt{6}$

173

答 (1) $A=30°$, $150°$

(2) $\sin A:\sin B:\sin C=4:3:2$

(3) $a:b:c=2:\sqrt{3}:1$

検討 (1) 正弦定理より,

$$\frac{5}{\sin A}=2\cdot 5\quad \sin A=\frac{1}{2}$$

$0°<A<180°$ より　$A=30°$, $150°$

(2) 正弦定理より $\sin A:\sin B:\sin C$

$=a:b:c=4:3:2$

(3) $A=180°\times\dfrac{3}{3+2+1}=90°$, $B=180°\times\dfrac{2}{6}=60°$

$C=180°\times\dfrac{1}{6}=30°$

$a:b:c=\sin 90°:\sin 60°:\sin 30°$

$=1:\dfrac{\sqrt{3}}{2}:\dfrac{1}{2}=2:\sqrt{3}:1$

174

答 $B=60°$, $C=90°$, $c=2$

または $B=120°$, $C=30°$, $c=1$

検討 正弦定理より,

$$\frac{1}{\sin 30°}=\frac{\sqrt{3}}{\sin B}\quad \sin B=\frac{\sqrt{3}}{2}$$

$0°<B<180°$ より　$B=60°$, $120°$

$B=60°$ のとき, $C=180°-(30°+60°)=90°$

$\dfrac{1}{\sin 30°}=\dfrac{c}{\sin 90°}$ より $c=1\div\dfrac{1}{2}=2$

$B=120°$ のとき, $C=180°-(30°+120°)=30°$

$C=A=30°$ より $c=a=1$

175

答 $b=\dfrac{15}{2}$, $c=5$

検討 $a:b:c=\sin A:\sin B:\sin C=4:3:2$

なので, $a=10$ のとき,

$10:b=4:3$ より　$b=\dfrac{15}{2}$

$10:c=4:2$ より　$c=5$

22 余弦定理

基本問題 本冊 p. 52

176

答 (1) $a=\sqrt{13}$　(2) $c=3$

(3) $A=90°$　(4) $B=45°$

(5) $\cos A:\cos B:\cos C=(-4):11:14$

検討 (1) $a^2=3^2+4^2-2\cdot 3\cdot 4\cdot\cos 60°$

$=9+16-12=13$　$a>0$ より　$a=\sqrt{13}$

(2) $c^2=3^2+(3\sqrt{2})^2-2\cdot 3\cdot 3\sqrt{2}\cdot\cos 45°$

$=9+18-18=9$　$c>0$ より　$c=3$

(3) $\cos A=\dfrac{3^2+4^2-5^2}{2\cdot 3\cdot 4}=0$

$0°<A<180°$ より　$A=90°$

(4) $\cos B=\dfrac{(3\sqrt{2})^2+(3+\sqrt{3})^2-(2\sqrt{3})^2}{2\cdot 3\sqrt{2}\cdot(3+\sqrt{3})}$

$=\dfrac{6(3+\sqrt{3})}{6\sqrt{2}(3+\sqrt{3})}=\dfrac{1}{\sqrt{2}}$

$0°<B<180°$ より　$B=45°$

(5) $a:b:c=4:3:2$ より

$a=4k$, $b=3k$, $c=2k$ とおくと

$\cos A:\cos B:\cos C$

$=\dfrac{b^2+c^2-a^2}{2bc}:\dfrac{c^2+a^2-b^2}{2ca}:\dfrac{a^2+b^2-c^2}{2ab}$

$=\dfrac{9k^2+4k^2-16k^2}{2\cdot 3k\cdot 2k}:\dfrac{4k^2+16k^2-9k^2}{2\cdot 2k\cdot 4k}$

$:\dfrac{16k^2+9k^2-4k^2}{2\cdot 4k\cdot 3k}=\left(-\dfrac{3}{12}\right):\dfrac{11}{16}:\dfrac{21}{24}$

$=\left(-\dfrac{1}{4}\right):\dfrac{11}{16}:\dfrac{7}{8}$

$=(-4):11:14$

答　**120°**

検討　14 に対する角が最も大きい。その角を α とすると，

$$\cos\alpha=\frac{10^2+6^2-14^2}{2\cdot10\cdot6}=-\frac{60}{120}=-\frac{1}{2}$$

$0°<\alpha<180°$ より　$\alpha=120°$

答　(1) **鋭角三角形**　(2) **鈍角三角形**

(3) **直角三角形**　(4) **鈍角三角形**

検討　本冊 ***p.*52**「角と辺の大小関係」を使う。

(1) $9^2<5^2+8^2$　(2) $10^2>5^2+7^2$

(3) $13^2=5^2+12^2$　(4) $6^2>3^2+4^2$

答　(1) $\boldsymbol{\cos B=\frac{1}{2}}$，$\boldsymbol{B=60°}$

(2) $\boldsymbol{\sin A:\sin B:\sin C=2:\sqrt{2}:(1+\sqrt{3})}$，$\boldsymbol{B=30°}$

(3) **120°**

検討　(1) 正弦定理より

$a:b:c=\sin A:\sin B:\sin C=5:7:8$

よって，$a=5k$，$b=7k$，$c=8k$ とおくと

$$\cos B=\frac{(5k)^2+(8k)^2-(7k)^2}{2\cdot5k\cdot8k}=\frac{40}{80}=\frac{1}{2}$$

よって　$B=60°$

テスト対策

$a^2-b^2=(a+b)(a-b)$

を用いると計算が早く正確になる場合がある。ここでは，

$(8k)^2-(7k)^2=(8k+7k)(8k-7k)=15k^2$

を用いるとよい。

(2) 正弦定理より

$$\sin A:\sin B:\sin C=a:b:c=2:\sqrt{2}:(1+\sqrt{3})$$

$a=2k$，$b=\sqrt{2}k$，$c=(1+\sqrt{3})k$ とおくと

$$\cos B=\frac{(2k)^2+\{(1+\sqrt{3})k\}^2-(\sqrt{2}k)^2}{2\cdot2k\cdot(1+\sqrt{3})k}=\frac{6+2\sqrt{3}}{4(1+\sqrt{3})}=\frac{2\sqrt{3}(\sqrt{3}+1)}{4(1+\sqrt{3})}=\frac{\sqrt{3}}{2}$$

よって　$B=30°$

(3) $a:b:c=\sin A:\sin B:\sin C=7:5:3$ より，最大の辺は a だから最大の角は A

$a=7k$，$b=5k$，$c=3k$ とおくと

$$\cos A=\frac{25k^2+9k^2-49k^2}{2\cdot5k\cdot3k}=-\frac{15}{30}=-\frac{1}{2}$$

よって　$A=120°$

180

答　(1) **BC＝CA の二等辺三角形**
または $\boldsymbol{C=90°}$ の直角三角形

(2) **BC＝CA の二等辺三角形**
または $\boldsymbol{C=90°}$ の直角三角形

(3) **BC＝CA の二等辺三角形**

検討　角を辺の式で表すのが定石。

$$\cos A=\frac{b^2+c^2-a^2}{2bc},\quad \cos B=\frac{c^2+a^2-b^2}{2ca},$$

$$\cos C=\frac{a^2+b^2-c^2}{2ab}$$

(1) $a\cdot\dfrac{b^2+c^2-a^2}{2bc}=b\cdot\dfrac{c^2+a^2-b^2}{2ca}$

整理すると

$a^2(b^2+c^2-a^2)=b^2(c^2+a^2-b^2)$

$a^2c^2-a^4-b^2c^2+b^4=0$

$c^2(a^2-b^2)-(a^4-b^4)=0$

$c^2(a^2-b^2)-(a^2-b^2)(a^2+b^2)=0$

$(a^2-b^2)(c^2-a^2-b^2)=0$

$(a+b)(a-b)(c^2-a^2-b^2)=0$

よって　$a=b$，$c^2=a^2+b^2$

(2) $ca\cdot\dfrac{b^2+c^2-a^2}{2bc}-cb\cdot\dfrac{c^2+a^2-b^2}{2ca}$

$=(a^2-b^2)\cdot\dfrac{a^2+b^2-c^2}{2ab}$

両辺に $2abc$ を掛けて整理すると

$ca^2(b^2+c^2-a^2)-cb^2(c^2+a^2-b^2)$

$=c(a^2-b^2)(a^2+b^2-c^2)$

$a^2(b^2+c^2-a^2)-b^2(c^2+a^2-b^2)$

$=(a^2-b^2)(a^2+b^2-c^2)$

$a^2c^2-a^4-b^2c^2+b^4=a^4-a^2c^2-b^4+b^2c^2$

$a^4-b^4+b^2c^2-a^2c^2=0$

$(a^2-b^2)(a^2+b^2)-c^2(a^2-b^2)=0$

$(a^2-b^2)(a^2+b^2-c^2)=0$

$(a+b)(a-b)(a^2+b^2-c^2)=0$

よって　$a=b$，$a^2+b^2=c^2$

(3) $a\cdot\dfrac{c^2+a^2-b^2}{2ca}=b\cdot\dfrac{b^2+c^2-a^2}{2bc}$

両辺に $2abc$ を掛けて整理すると

$ab(c^2+a^2-b^2)=ab(b^2+c^2-a^2)$

$c^2+a^2-b^2=b^2+c^2-a^2$

$2a^2-2b^2=0$

$a^2-b^2=0\quad (a+b)(a-b)=0$

よって　$a=b$

応用問題 ・・・・・・・・・・・・・・・・・・・・ 本冊 p. 54

181

答　(1) $\boldsymbol{c=2,\ A=30^\circ,\ B=105^\circ}$

(2) $\boldsymbol{c=3\sqrt{2},\ A=45^\circ,\ B=15^\circ}$

(3) $\boldsymbol{B=45^\circ,\ a=\dfrac{5\sqrt{6}}{2},\ c=\dfrac{5+5\sqrt{3}}{2}}$

(4) $\boldsymbol{B=90^\circ,\ b=4\sqrt{3},\ c=2\sqrt{3}}$

(5) $\boldsymbol{A=135^\circ,\ B=30^\circ,\ C=15^\circ}$

(6) $\boldsymbol{A=90^\circ,\ B=30^\circ,\ C=60^\circ}$

検討　(1) $c^2=(\sqrt{2})^2+(1+\sqrt{3})^2-2\cdot\sqrt{2}\cdot(1+\sqrt{3})\cdot\dfrac{\sqrt{2}}{2}$

$=6+2\sqrt{3}-2-2\sqrt{3}=4$

よって　$c=2$

$\cos A=\dfrac{2^2+(1+\sqrt{3})^2-(\sqrt{2})^2}{2\cdot2\cdot(1+\sqrt{3})}=\dfrac{6+2\sqrt{3}}{4\cdot(1+\sqrt{3})}$

$=\dfrac{2\sqrt{3}(\sqrt{3}+1)}{4\cdot(1+\sqrt{3})}=\dfrac{\sqrt{3}}{2}$

よって　$A=30^\circ$

したがって　$B=180^\circ-(30^\circ+45^\circ)=105^\circ$

(2) $c^2=(2\sqrt{3})^2+(3-\sqrt{3})^2-2\cdot2\sqrt{3}\cdot(3-\sqrt{3})\cdot\left(-\dfrac{1}{2}\right)$

$=12+12-6\sqrt{3}+6\sqrt{3}-6=18$

よって　$c=3\sqrt{2}$

$\cos A=\dfrac{(3\sqrt{2})^2+(3-\sqrt{3})^2-(2\sqrt{3})^2}{2\cdot3\sqrt{2}\cdot(3-\sqrt{3})}$

$=\dfrac{18-6\sqrt{3}}{2\cdot3\sqrt{2}\cdot(3-\sqrt{3})}$

$=\dfrac{6(3-\sqrt{3})}{6\sqrt{2}\cdot(3-\sqrt{3})}=\dfrac{1}{\sqrt{2}}$

よって　$A=45^\circ$

したがって　$B=180^\circ-(120^\circ+45^\circ)=15^\circ$

(3) $B=180^\circ-(75^\circ+60^\circ)=45^\circ$

$\dfrac{a}{\sin60^\circ}=\dfrac{5}{\sin45^\circ}$

$a=\dfrac{5\sin60^\circ}{\sin45^\circ}=5\cdot\dfrac{\sqrt{3}}{2}\cdot\sqrt{2}$

$=\dfrac{5\sqrt{6}}{2}$

右の図より

$c=5\cos60^\circ+\dfrac{5\sqrt{6}}{2}\cos45^\circ$

$=5\cdot\dfrac{1}{2}+\dfrac{5\sqrt{6}}{2}\cdot\dfrac{\sqrt{2}}{2}=\dfrac{5+5\sqrt{3}}{2}$

(別解)　$\dfrac{c}{\sin75^\circ}=\dfrac{5}{\sin45^\circ}$

$c=\dfrac{5\sin75^\circ}{\sin45^\circ}=5\cdot\dfrac{\sqrt{6}+\sqrt{2}}{4}\cdot\sqrt{2}=\dfrac{5+5\sqrt{3}}{2}$

(4) $B=180^\circ-(60^\circ+30^\circ)=90^\circ$

よって，右の図より

$c=6\times\dfrac{1}{\sqrt{3}}=2\sqrt{3}$,

$b=6\times\dfrac{2}{\sqrt{3}}=4\sqrt{3}$

(5) $\cos A=\dfrac{(\sqrt{2})^2+(\sqrt{3}-1)^2-2^2}{2\cdot\sqrt{2}\cdot(\sqrt{3}-1)}$

$=\dfrac{2-2\sqrt{3}}{2\cdot\sqrt{2}\cdot(\sqrt{3}-1)}=\dfrac{2(1-\sqrt{3})}{2\cdot\sqrt{2}\cdot(\sqrt{3}-1)}$

$=-\dfrac{1}{\sqrt{2}}$

よって　$A=135^\circ$

$\cos B=\dfrac{2^2+(\sqrt{3}-1)^2-(\sqrt{2})^2}{2\cdot2\cdot(\sqrt{3}-1)}=\dfrac{6-2\sqrt{3}}{2\cdot2\cdot(\sqrt{3}-1)}$

$=\dfrac{2\sqrt{3}(\sqrt{3}-1)}{2\cdot2\cdot(\sqrt{3}-1)}=\dfrac{\sqrt{3}}{2}$

よって　$B=30^\circ$

したがって　$C=180^\circ-(135^\circ+30^\circ)=15^\circ$

(6) $\cos A=\dfrac{2^2+(2\sqrt{3})^2-4^2}{2\cdot2\cdot2\sqrt{3}}=\dfrac{4+12-16}{2\cdot2\cdot2\sqrt{3}}=0$

よって　$A=90^\circ$

$\cos B=\dfrac{4^2+(2\sqrt{3})^2-2^2}{2\cdot4\cdot2\sqrt{3}}=\dfrac{24}{2\cdot4\cdot2\sqrt{3}}=\dfrac{\sqrt{3}}{2}$

よって　$B=30^\circ$

したがって　$C=180^\circ-(90^\circ+30^\circ)=60^\circ$

答　$\boldsymbol{A=60^\circ,\ B=90^\circ,\ b=6}$
または $\boldsymbol{A=120^\circ,\ B=30^\circ,\ b=3}$

検討　$\dfrac{3\sqrt{3}}{\sin A}=\dfrac{3}{\sin 30^\circ}$

よって　$\sin A=\dfrac{3\sqrt{3}\sin 30^\circ}{3}=\dfrac{3\sqrt{3}}{3}\cdot\dfrac{1}{2}=\dfrac{\sqrt{3}}{2}$

$0^\circ<A<180^\circ$ より，$A=60^\circ,\ 120^\circ$

$A=60^\circ$ のとき $B=90^\circ$ の直角三角形だから

$b=2\times 3=6$

$A=120^\circ$ のとき $B=C=30^\circ$ の二等辺三角形だから　$b=c=3$

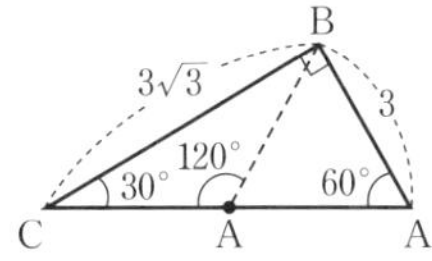

A には2つの可能性がある。

答　(1) $\boldsymbol{B=45^\circ,\ C=75^\circ}$　(2) $\boldsymbol{c=1+\sqrt{3}}$

検討　(1) 正弦定理より，

$\dfrac{\sqrt{6}}{\sin 60^\circ}=\dfrac{2}{\sin B}$

$\sin B=\dfrac{2\sin 60^\circ}{\sqrt{6}}$

$=\dfrac{2}{\sqrt{6}}\cdot\dfrac{\sqrt{3}}{2}=\dfrac{1}{\sqrt{2}}$

$0^\circ<B<180^\circ$ より，$B=45^\circ$ または $B=135^\circ$

$B=45^\circ$ のとき，$C=180^\circ-(60^\circ+45^\circ)=75^\circ$

$B=135^\circ$ のとき，

$A+B=60^\circ+135^\circ=195^\circ>180^\circ$ となり，不適。

よって，$B=45^\circ,\ C=75^\circ$

(2) 余弦定理より，

$(\sqrt{6})^2=c^2+2^2-2\cdot c\cdot 2\cos 60^\circ$

$6=c^2+4-2c$

よって，$c^2-2c-2=0$

これを解いて，$c=1\pm\sqrt{3}$

$c>0$ より，$c=1+\sqrt{3}$

答　(1) **BC＝CA の二等辺三角形**
(2) **BC＝CA の二等辺三角形，または $\boldsymbol{C=90^\circ}$ の直角三角形**

検討　(1) $\dfrac{c}{2R}=2\cdot\dfrac{a}{2R}\cdot\dfrac{c^2+a^2-b^2}{2ca}$

（R は △ABC の外接円の半径）

整理すると　$c^2=c^2+a^2-b^2$

$a^2-b^2=0$　$(a+b)(a-b)=0$　よって　$a=b$

したがって，BC＝CA の二等辺三角形。

(2) $a^2\cdot\dfrac{\sin B}{\cos B}=b^2\cdot\dfrac{\sin A}{\cos A}$

整理すると　$a^2\sin B\cos A=b^2\sin A\cos B$

$a^2\cdot\dfrac{b}{2R}\cdot\dfrac{b^2+c^2-a^2}{2bc}=b^2\cdot\dfrac{a}{2R}\cdot\dfrac{c^2+a^2-b^2}{2ca}$

（R は △ABC の外接円の半径）

整理すると　$a^2(b^2+c^2-a^2)=b^2(c^2+a^2-b^2)$

$a^4-b^4-a^2c^2+b^2c^2=0$

$a^4-b^4-c^2(a^2-b^2)=0$

$(a^2-b^2)(a^2+b^2)-c^2(a^2-b^2)=0$

$(a^2-b^2)(a^2+b^2-c^2)=0$

$(a+b)(a-b)(a^2+b^2-c^2)=0$

よって　$a=b,\ a^2+b^2=c^2$

したがって，BC＝CA の二等辺三角形，

または，$C=90^\circ$ の直角三角形。

テスト対策

角と辺の関係が与えられた問題では，正弦定理や余弦定理を用いて，**角の関係の式を，辺の関係の式で表すことを考える。**

答　**60°**

検討　余弦定理より $b^2=c^2+a^2-2ca\cos B$

これと与式より $\cos B=\dfrac{1}{2}$　よって　$B=60^\circ$

答　$\boldsymbol{AM=2\sqrt{37}}$

検討　中線定理

AB^2+AC^2

$=2(BM^2+AM^2)$ より

$15^2+13^2=2(7^2+AM^2)$

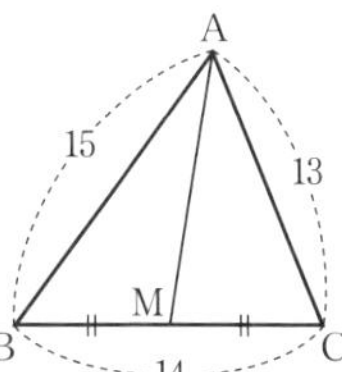

$394=98+2AM^2 \quad AM^2=148$

よって　$AM=\sqrt{148}=2\sqrt{37}$

または △ABC において余弦定理を用いて

$\cos B=\dfrac{14^2+15^2-13^2}{2\cdot14\cdot15}=\dfrac{252}{2\cdot14\cdot15}=\dfrac{3}{5}$

△ABM で余弦定理を用いて

$AM^2=15^2+7^2-2\cdot15\cdot7\cdot\dfrac{3}{5}=148$

よって　$AM=2\sqrt{37}$

23 三角形の面積

基本問題 ………… 本冊 p. 56

187

答　(1) $\mathbf{\dfrac{5\sqrt{3}}{2}}$　(2) $\mathbf{\sqrt{3}}$　(3) **5**

検討　(1) $S=\dfrac{1}{2}\cdot2\cdot5\sin60°=\dfrac{5\sqrt{3}}{2}$

(2) $S=\dfrac{1}{2}\cdot2\sqrt{2}\cdot\sqrt{3}\sin45°=\sqrt{3}$

(3) $S=\dfrac{1}{2}\cdot5\cdot4\sin150°=5$

188

答　$\mathbf{\dfrac{35\sqrt{2}}{2}}$

検討　$S=2\triangle BCD=2\times\dfrac{1}{2}\cdot5\cdot7\sin45°$

$=\dfrac{35\sqrt{2}}{2}$

189

答　(1) $\mathbf{\cos A=\dfrac{3}{4}}$, $\mathbf{\sin A=\dfrac{\sqrt{7}}{4}}$

(2) $\mathbf{R=\dfrac{8\sqrt{7}}{7}}$　(3) $\mathbf{S=\dfrac{15\sqrt{7}}{4}}$　(4) $\mathbf{r=\dfrac{\sqrt{7}}{2}}$

検討　(1) $\cos A=\dfrac{5^2+6^2-4^2}{2\cdot5\cdot6}$

$=\dfrac{45}{2\cdot5\cdot6}$

$=\dfrac{3}{4}$

A, B, C, 5, 6, 4

$\sin A>0$ より　$\sin A=\sqrt{1-\left(\dfrac{3}{4}\right)^2}=\dfrac{\sqrt{7}}{4}$

(2) $\dfrac{4}{\sin A}=2R$

よって　$R=\dfrac{2}{\sin A}=2\div\dfrac{\sqrt{7}}{4}=\dfrac{8}{\sqrt{7}}=\dfrac{8\sqrt{7}}{7}$

(3) $S=\dfrac{1}{2}\cdot5\cdot6\cdot\dfrac{\sqrt{7}}{4}=\dfrac{15\sqrt{7}}{4}$

(4) $s=\dfrac{a+b+c}{2}=\dfrac{4+5+6}{2}=\dfrac{15}{2}$

$S=sr$ より

$r=\dfrac{S}{s}=\dfrac{15\sqrt{7}}{4}\div\dfrac{15}{2}=\dfrac{15\sqrt{7}}{4}\cdot\dfrac{2}{15}=\dfrac{\sqrt{7}}{2}$

190

答　(1) $\mathbf{6\sqrt{6}}$　(2) $\mathbf{3\sqrt{15}}$

検討　(1) $\cos A=\dfrac{6^2+7^2-5^2}{2\cdot6\cdot7}=\dfrac{60}{2\cdot6\cdot7}=\dfrac{5}{7}$

$\sin A>0$ より

$\sin A=\sqrt{1-\left(\dfrac{5}{7}\right)^2}=\sqrt{\dfrac{24}{49}}=\dfrac{2\sqrt{6}}{7}$

$S=\dfrac{1}{2}\cdot6\cdot7\cdot\dfrac{2\sqrt{6}}{7}=6\sqrt{6}$

または，本冊 **p. 56**「テストに出る重要ポイント」内のヘロンの公式を用いると

$s=\dfrac{5+6+7}{2}=9$

$S=\sqrt{9(9-5)(9-6)(9-7)}=\sqrt{9\cdot4\cdot3\cdot2}=6\sqrt{6}$

(2) $\cos A=\dfrac{6^2+4^2-8^2}{2\cdot6\cdot4}=-\dfrac{12}{2\cdot6\cdot4}=-\dfrac{1}{4}$

$\sin A>0$ より

$\sin A=\sqrt{1-\left(\dfrac{1}{4}\right)^2}=\sqrt{\dfrac{15}{16}}=\dfrac{\sqrt{15}}{4}$

$S=\dfrac{1}{2}\cdot6\cdot4\cdot\dfrac{\sqrt{15}}{4}=3\sqrt{15}$

または，ヘロンの公式を用いると

$s=\dfrac{8+6+4}{2}=9$

$S=\sqrt{9(9-8)(9-6)(9-4)}=\sqrt{9\cdot1\cdot3\cdot5}=3\sqrt{15}$

191

答　(1) $\mathbf{BC=\sqrt{13}}$　(2) $\mathbf{BD=\dfrac{4\sqrt{13}}{7}}$

(3) $\mathbf{AD=\dfrac{12\sqrt{3}}{7}}$

検討 (1) $BC^2=3^2+4^2-2\cdot3\cdot4\cdot\frac{1}{2}=13$

よって　$BC=\sqrt{13}$

(2) BD：DC＝AB：AC＝4：3

よって　$BD=\sqrt{13}\times\frac{4}{4+3}=\frac{4\sqrt{13}}{7}$

(3) AD＝x とする。△ABC＝△ABD＋△ACD であるから

$\frac{1}{2}\cdot4\cdot3\sin60^\circ=\frac{1}{2}\cdot4\cdot x\sin30^\circ+\frac{1}{2}\cdot3\cdot x\sin30^\circ$

よって　$3\sqrt{3}=x+\frac{3}{4}x$　$\frac{7}{4}x=3\sqrt{3}$

$x=3\sqrt{3}\times\frac{4}{7}=\frac{12\sqrt{3}}{7}$

応用問題 ……………………… 本冊 *p. 57*

192

答 $\mathbf{75+25\sqrt{3}\,(cm^2)}$

検討 $\overset{\frown}{AB}:\overset{\frown}{BC}:\overset{\frown}{CA}=3:4:5$ より

$\angle AOB=360^\circ\times\frac{3}{12}=90^\circ$,

$\angle BOC=360^\circ\times\frac{4}{12}=120^\circ$,

$\angle COA=360^\circ\times\frac{5}{12}=150^\circ$

であるから,

△AOB

$=\frac{1}{2}\cdot10^2\cdot\sin90^\circ=50$

△BOC

$=\frac{1}{2}\cdot10^2\cdot\sin120^\circ$

$=25\sqrt{3}$

△COA

$=\frac{1}{2}\cdot10^2\cdot\sin150^\circ=25$

これらを加えて

$50+25\sqrt{3}+25=75+25\sqrt{3}\,(cm^2)$

193

答 他の 2 辺の長さ **3cm** と **5cm**,

面積 $\mathbf{\frac{15\sqrt{3}}{4}\,cm^2}$

検討 他の 2 辺の長さを x cm, y cm とすると, 余弦定理より

$7^2=x^2+y^2-2xy\cos120^\circ$

$x^2+y^2+xy=49$　……①

また　$x+y=8$　……②

y を消去すると

$x^2+(8-x)^2+x(8-x)=49$

$x^2-8x+15=0$　$(x-3)(x-5)=0$

$x=3,\ 5$

よって　$x=5,\ y=3$

または　$x=3,\ y=5$

求める三角形の面積は

$\frac{1}{2}xy\sin120^\circ=\frac{1}{2}\cdot5\cdot3\cdot\frac{\sqrt{3}}{2}=\frac{15\sqrt{3}}{4}$

194

答 (1) **BD＝7**　(2) **CD＝5**　(3) $\mathbf{\frac{55\sqrt{3}}{4}}$

検討 (1) $BD^2=5^2+8^2-2\cdot5\cdot8\cdot\frac{1}{2}=49$

よって　BD＝7

(2) $\angle BCD=180^\circ-60^\circ$

$=120^\circ$

CD＝x とおくと,

△BCD において,

余弦定理より

$3^2+x^2-2\cdot3\cdot x\cdot\left(-\frac{1}{2}\right)$

$=49$

$x^2+3x-40=0$

$(x+8)(x-5)=0$

$x=-8,\ 5$

$x>0$ より　$x=5$

よって　CD−5

(3) 四角形 ABCD＝△ABD＋△BCD

$=\frac{1}{2}\cdot5\cdot8\cdot\frac{\sqrt{3}}{2}+\frac{1}{2}\cdot3\cdot5\cdot\frac{\sqrt{3}}{2}$

$=\frac{55\sqrt{3}}{4}$

195

答 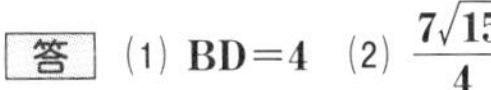

(1) **BD＝4**　(2) $\mathbf{\frac{7\sqrt{15}}{4}}$

検討 (1) $\angle BAD=\theta$ とすると

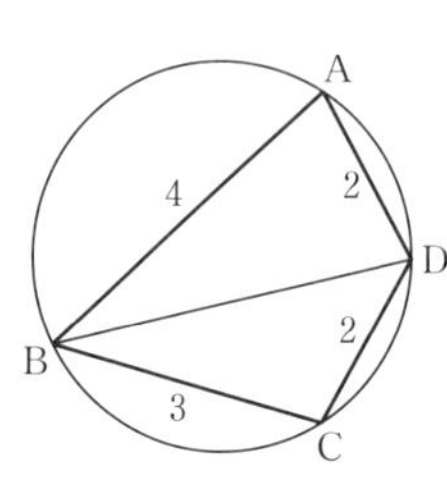

$\angle BCD=180^\circ-\theta$

$\cos(180^\circ-\theta)$

$=-\cos\theta$

△ABD において，余弦定理より

$BD^2=4^2+2^2-2\cdot4\cdot2\cos\theta$

$=20-16\cos\theta$ ……①

△CBD において，余弦定理より

$BD^2=3^2+2^2-2\cdot3\cdot2(-\cos\theta)$

$=13+12\cos\theta$ ……②

①，②より　$20-16\cos\theta=13+12\cos\theta$

$-28\cos\theta=-7$

よって　$\cos\theta=\dfrac{1}{4}$

①より　$BD^2=20-16\cdot\dfrac{1}{4}=16$

よって　$BD=4$

(2) $\sin\theta>0$ より

$\sin\theta=\sqrt{1-\left(\dfrac{1}{4}\right)^2}=\dfrac{\sqrt{15}}{4}$

$\sin(180^\circ-\theta)=\sin\theta$ より

四角形 ABCD＝△ABD＋△BCD

$=\dfrac{1}{2}\cdot4\cdot2\cdot\dfrac{\sqrt{15}}{4}+\dfrac{1}{2}\cdot3\cdot2\cdot\dfrac{\sqrt{15}}{4}$

$=\dfrac{7\sqrt{15}}{4}$

答　$\mathbf{30\sqrt{3}}$

検討 各頂点を通り，対角線に平行な直線をひくと外側にできる平行四辺形の面積の $\dfrac{1}{2}$ が四角形の面積だから

$S=\dfrac{1}{2}\cdot10\cdot12\cdot\sin60^\circ=30\sqrt{3}$

24 空間図形の計量

基本問題 ……………… 本冊 p. 59

答　(1) $\angle \mathbf{ACF=60^\circ}$　(2) $\triangle \mathbf{ACF=3\sqrt{3}}$

(3) $\dfrac{\mathbf{2\sqrt{3}}}{\mathbf{3}}$

検討 (1) $AC=\sqrt{(\sqrt{6})^2+(2\sqrt{3})^2}=\sqrt{18}=3\sqrt{2}$

$AF=\sqrt{(\sqrt{2})^2+(2\sqrt{3})^2}=\sqrt{14}$

$CF=\sqrt{(\sqrt{2})^2+(\sqrt{6})^2}=\sqrt{8}=2\sqrt{2}$

$\cos\angle ACF=\dfrac{18+8-14}{2\cdot3\sqrt{2}\cdot2\sqrt{2}}=\dfrac{1}{2}$

よって　$\angle ACF=60^\circ$

(2) $\sin\angle ACF=\dfrac{\sqrt{3}}{2}$ より，

$\triangle ACF=\dfrac{1}{2}\cdot3\sqrt{2}\cdot2\sqrt{2}\cdot\dfrac{\sqrt{3}}{2}$

$=3\sqrt{3}$

(3) 三角錐 B-ACF の体積を V とすると，

$V=\dfrac{1}{3}\cdot BF\cdot\triangle ABC$

$=\dfrac{1}{3}\cdot\sqrt{2}\cdot\dfrac{1}{2}\cdot2\sqrt{3}\cdot\sqrt{6}=2$

求める垂線の長さを l とすると

$V=\dfrac{1}{3}\cdot l\cdot\triangle ACF$　$2=\dfrac{1}{3}\cdot l\cdot3\sqrt{3}$

よって　$l=\dfrac{2}{\sqrt{3}}=\dfrac{2\sqrt{3}}{3}$

答　**5m**

検討 $DE=x$ とおくと

$AE=BE=DE=x$，$CE=\sqrt{3}DE=\sqrt{3}x$

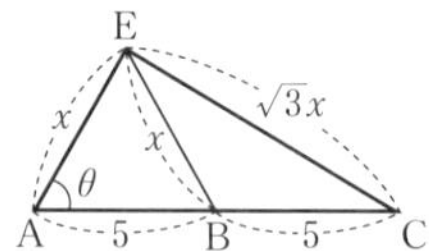

$\angle EAB=\theta$ とおくと

△ABE において，余弦定理より

$x^2=x^2+5^2-2\cdot x\cdot5\cos\theta$

$x^2=x^2+25-10x\cos\theta$ ……①

△ACE において，余弦定理より

$(\sqrt{3}x)^2=x^2+10^2-2\cdot x\cdot 10\cos\theta$

$3x^2=x^2+100-20x\cos\theta$ ……②

①×2－② より

$-x^2=x^2-50$

$x^2=25$

$x>0$ より　$x=5$

よって　DE＝5

199

答　(1) $\mathbf{AP=2\sqrt{7}}$，$\mathbf{AQ=3\sqrt{3}}$，$\mathbf{PQ=\sqrt{13}}$

(2) $\mathbf{\cos\angle PAQ=\dfrac{\sqrt{21}}{6}}$

(3) $\mathbf{\triangle APQ=\dfrac{3\sqrt{35}}{2}}$

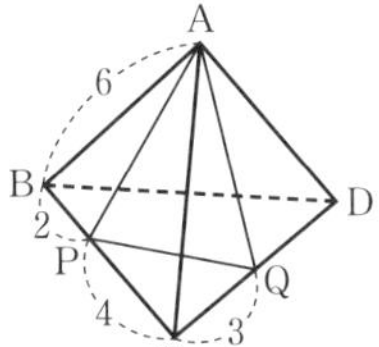

検討　(1) $\angle ABP=60^\circ$ で，

△ABP において，余弦定理より

$AP^2=6^2+2^2-2\cdot 6\cdot 2\cdot\dfrac{1}{2}=28$

よって　$AP=2\sqrt{7}$

$AQ=6\times\dfrac{\sqrt{3}}{2}=3\sqrt{3}$

△CPQ において，余弦定理より

$PQ^2=4^2+3^2-2\cdot 4\cdot 3\cdot\dfrac{1}{2}=13$

よって　$PQ=\sqrt{13}$

(2) $\cos\angle PAQ=\dfrac{(2\sqrt{7})^2+(3\sqrt{3})^2-(\sqrt{13})^2}{2\cdot 2\sqrt{7}\cdot 3\sqrt{3}}$

$=\dfrac{42}{2\cdot 2\sqrt{7}\cdot 3\sqrt{3}}=\dfrac{\sqrt{21}}{6}$

(3) $\sin\angle PAQ=\sqrt{1-\left(\dfrac{\sqrt{21}}{6}\right)^2}=\sqrt{\dfrac{15}{36}}=\dfrac{\sqrt{15}}{6}$

$\triangle APQ=\dfrac{1}{2}\cdot 2\sqrt{7}\cdot 3\sqrt{3}\cdot\dfrac{\sqrt{15}}{6}=\dfrac{3\sqrt{35}}{2}$

200

答　(1) $\dfrac{\sqrt{3}}{2}\boldsymbol{a}$　(2) $\dfrac{\sqrt{2}}{2}\boldsymbol{a}$

検討　(1) AN は正三角形 ACD の，CD を底辺としたときの高さであるから，

$AN=a\times\dfrac{\sqrt{3}}{2}=\dfrac{\sqrt{3}}{2}a$

(2) AN，BN はともに 1 辺が a の正三角形の高さであるから，△ABN は AN＝BN の二等辺三角形で M は底辺 AB の中点より

$AB\perp MN$

よって，△AMN に三平方の定理を用いて

$MN=\sqrt{\left(\dfrac{\sqrt{3}}{2}a\right)^2-\left(\dfrac{1}{2}a\right)^2}=\sqrt{\dfrac{2}{4}a^2}=\dfrac{\sqrt{2}}{2}a$

応用問題

本冊 p. 61

201

答　$\mathbf{3\sqrt{39}}$

検討　辺 AB の中点を M とすると，△OAB は二等辺三角形だから

$OM\perp AB$

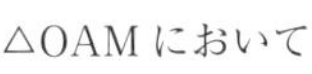

△OAM において

三平方の定理より

$OM=\sqrt{5^2-3^2}=4$

また，△ABC は正三角形だから

$CM=CA\times\dfrac{\sqrt{3}}{2}=6\cdot\dfrac{\sqrt{3}}{2}=3\sqrt{3}$

$\angle OMC=\theta$ とおくと

△OMC において余弦定理より

$\cos\theta=\dfrac{CM^2+OM^2-OC^2}{2CM\cdot OM}$

$=\dfrac{(3\sqrt{3})^2+4^2-5^2}{2\cdot 3\sqrt{3}\cdot 4}$

$=\dfrac{18}{2\cdot 3\sqrt{3}\cdot 4}=\dfrac{\sqrt{3}}{4}$

$\sin\theta>0$ より

$\sin\theta=\sqrt{1-\cos^2\theta}=\sqrt{1-\left(\dfrac{\sqrt{3}}{4}\right)^2}=\dfrac{\sqrt{13}}{4}$

点 O から底面 ABC に引いた垂線を AH とすると，点 H は CM 上にあるから

△OMH において

$OH=OM\sin\theta=4\cdot\dfrac{\sqrt{13}}{4}=\sqrt{13}$

底面の △ABC の面積を S とすると

$S=\dfrac{1}{2}\cdot 6^2\cdot\sin 60^\circ=18\cdot\dfrac{\sqrt{3}}{2}=9\sqrt{3}$

よって　$V=\dfrac{1}{3}S\cdot OH=\dfrac{1}{3}\cdot 9\sqrt{3}\cdot\sqrt{13}=3\sqrt{39}$

テスト対策

空間図形の長さや角を求めるときも，平面図形に含まれる**三角形に着目して，正弦定理や余弦定理を利用**すればよい。

25 データの整理

基本問題 本冊 p. 62

202

答 (1)

階級（点）	度数（人）
以上 未満 10 ～ 20	1
20 ～ 30	2
30 ～ 40	5
40 ～ 50	8
50 ～ 60	13
60 ～ 70	12
70 ～ 80	3
80 ～ 90	1
合計	45

(2)

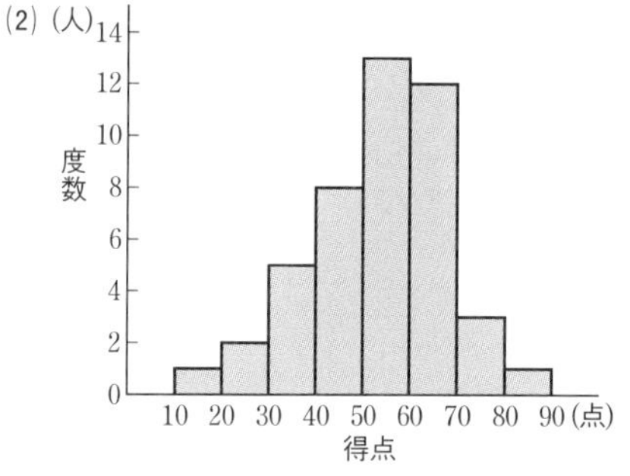

検討 (1) 各階級は，10点以上20点未満，20点以上30点未満，…のようになる。

(2) ヒストグラムは，度数分布のようすを柱状のグラフで表したものである。

203

答 **26.5回**

検討 データを小さい順に並べると

22　23　25　26　26　27　29　30　30　31

データの個数が10個で偶数なので，中央の5番目と6番目の値の平均値を求める。

平均値は $\dfrac{26+27}{2}=26.5$(回)

204

答 (1) **14.53秒**

(2) **14.2秒以上14.6秒未満**　(3) **14.0秒**

(4) **第1四分位数 14.0秒**

第2四分位数 14.4秒

第3四分位数 15.2秒

(5)

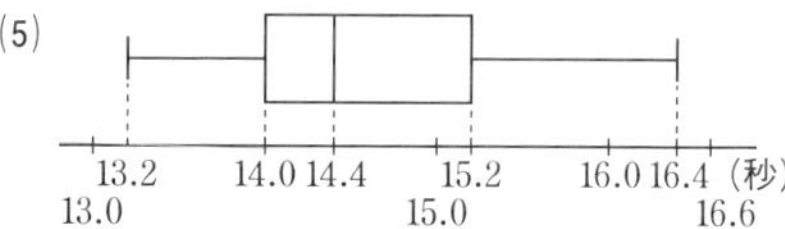

検討 累積度数分布表を作る。平均値は階級値と度数の積を求め，その合計を総度数で割る。

階級(秒)	階級値 x	度数 f (人)	累積度数	xf
以上 未満 13.0～13.4	13.2	2	2	26.4
13.4～13.8	13.6	4	6	54.4
13.8～14.2	14.0	10	16	140.0
14.2～14.6	14.4	8	24	115.2
14.6～15.0	14.8	4	28	59.2
15.0～15.4	15.2	6	34	91.2
15.4～15.8	15.6	4	38	62.4
15.8～16.2	16.0	1	39	16.0
16.2～16.6	16.4	1	40	16.4
合計		40	合計	581.2
			平均値	14.53

205

答 (1) **第1四分位数 7cm**

第2四分位数 9.5cm

第3四分位数 11cm

四分位範囲 4cm

(2)

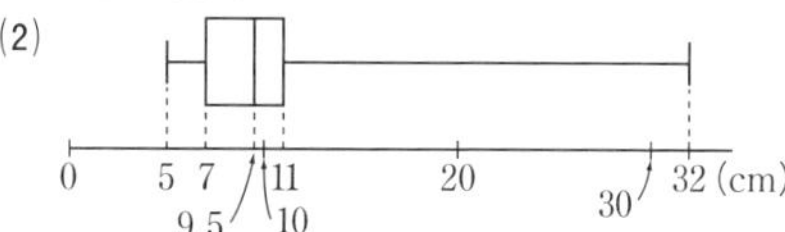

(3) **21cm，32cm**

検討 データを小さい順に並べて，第1四分位数，第2四分位数，第3四分位数，四分位範囲を順に求める。これらの値をもとに箱ひげ図を作成する。外れ値の判定には，

(第1四分位数－四分位範囲×1.5)以下，または(第3四分位数＋四分位範囲×1.5)以上の値があれば，外れ値と判定する。

応用問題 本冊 *p.* 63

答　$\bar{x}=\dfrac{n_1\overline{x_1}+n_2\overline{x_2}}{n_1+n_2}$

検討　男子の握力の総和を S_1，女子の握力の総和を S_2 とすると，総和を人数の合計で割ったものが平均値だから

$\overline{x_1}=\dfrac{S_1}{n_1}$　よって，$S_1=n_1\overline{x_1}$

女子も同様にして，$S_2=n_2\overline{x_2}$

したがって，クラス全員の平均値 $\bar{x}$ は，

$$\bar{x}=\frac{S_1+S_2}{n_1+n_2}=\frac{n_1\overline{x_1}+n_2\overline{x_2}}{n_1+n_2}$$

答　$\bar{x}=\dfrac{1}{n}(x_1+x_2+\cdots+x_n)$

また，$y_1=ax_1+b$，$y_2=ax_2+b$，…，

$y_n=ax_n+b$ より，

$$\bar{y}=\frac{1}{n}(y_1+y_2+\cdots+y_n)$$
$$=\frac{1}{n}\{(ax_1+b)+(ax_2+b)+\cdots+(ax_n+b)\}$$
$$=\frac{1}{n}\{a(x_1+x_2+\cdots+x_n)+nb\}$$
$$=a\cdot\frac{1}{n}(x_1+x_2+\cdots+x_n)+\frac{1}{n}\cdot nb$$
$$=a\bar{x}+b$$

26 分散と標準偏差

基本問題 本冊 *p.* 64

208

答　平均値 **71** 点，分散 **105**，標準偏差 **10.2** 点

検討　平均値が整数であれば，分散は定義の式で求める。標準偏差は

$\sqrt{105}=10.24\cdots$

より，10.2 点である。

	得点 x	$x-m$	$(x-m)^2$
	56	−15	225
	68	−3	9
	80	9	81
	86	15	225
	62	−9	81
	74	3	9
合計	426	合計	630
平均値	71	分散	105
		標準偏差	10.2

答　平均値 **72** 点，分散 **160**，標準偏差 **12.6** 点

検討　平均値が整数であれば，分散は定義の式で求める。標準偏差は

$\sqrt{160}=12.64\cdots$

より，12.6 点である。

	得点 x	$x-m$	$(x-m)^2$
	62	−10	100
	92	20	400
	74	2	4
	80	8	64
	56	−16	256
	58	−14	196
	82	10	100
合計	504	合計	1120
平均値	72	分散	160
		標準偏差	12.6

答　平均値 **7** 点，分散 **3.8**，標準偏差 **1.95** 点

検討

得点 x	度数 f	xf	$(x-m)^2$	$(x-m)^2\times f$
2	1	2	25	25
3	1	3	16	16
4	3	12	9	27
5	4	20	4	16
6	5	30	1	5
7	7	49	0	0
8	11	88	1	11
9	4	36	4	16
10	4	40	9	36
合計	40	280	合計	152
	平均値	7	分散	3.8
			標準偏差	1.95

211

答 平均値 **5**，分散 **4.67**，標準偏差 **2.16**

検討

x	度数 f	xf	$x-m$	$(x-m)^2$	$(x-m)^2\times f$
2	1	2	−3	9	9
3	4	12	−2	4	16
5	2	10	0	0	0
6	2	12	1	1	2
7	1	7	2	4	4
8	1	8	3	9	9
9	1	9	4	16	16
合計	12	60		合計	56
	平均値	5		分散	4.67
				標準偏差	2.16

212

答 平均値 **21.4** 分，標準偏差 **13.8** 分

検討 2つのクラス全体の平均値は，A，Bそれぞれの平均値に人数を掛け，A，Bそれぞれのクラスの通学時間の総和を求める。それを加えて全体の総和を出し，全体の人数で割る。

$20\times40+23\times35=1605$

$1605\div75=21.4$

A，Bの通学時間の2乗の合計をそれぞれ a，b とすると，

(標準偏差)^2＝(2乗の平均値)－(平均値)^2 より

$15^2=\dfrac{a}{40}-20^2$，$12^2=\dfrac{b}{35}-23^2$

$225=\dfrac{a}{40}-400$，$144=\dfrac{b}{35}-529$

$\dfrac{a}{40}=625$，$\dfrac{b}{35}=673$

よって　$a=25000$，$b=23555$

求める標準偏差を s とすると

$s^2=\dfrac{a+b}{75}-21.4^2=\dfrac{48555}{75}-457.96=189.44$

よって　$s=\sqrt{189.44}=13.76\cdots\fallingdotseq13.8$

213

答 (1)

階級	階級値 x	度数 f	累積度数	xf	$(x-m)^2\times f$
268～306	287	3	3	861	38988
306～344	325	5	8	1625	28880
344～382	363	7	15	2541	10108
382～420	401	9	24	3609	0
420～458	439	8	32	3512	11552
458～496	477	6	38	2862	34656
496～534	515	2	40	1030	25992
合計	／	40	合計	16040	150176
			平均値	401	3754.4
			標準偏差		61.27

(2)

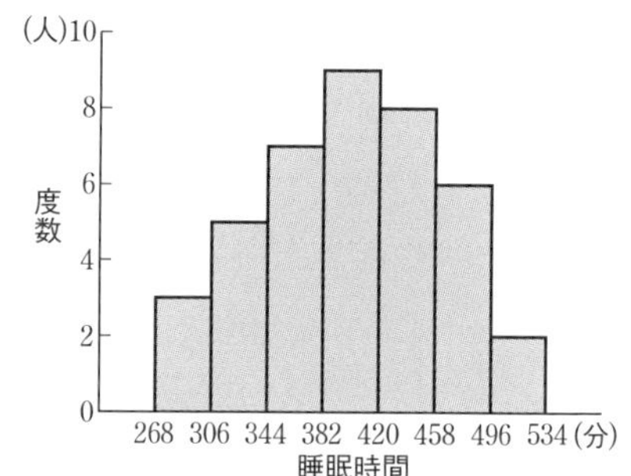

(3) **平均値 401 分，中央値 401 分，**
分散 3754.4，標準偏差 61.27 分

(4) **最大値 508 分，最小値 268 分**

検討 度数分布表を作り，それをもとに平均値，分散，標準偏差を求める。元のデータまで戻る必要はない。

応用問題

本冊 *p. 65*

214

答 (1) **64**(点)　(2) **6.5**(点)

検討 (1) 3つの組全体の平均値を $\bar{x}$ とすると，

$$\bar{x}=\frac{70\times55+63\times48+58\times47}{150}$$

$$=\frac{9600}{150}=64(\text{点})$$

(2) 一般に，n 個の値 x_1，x_2，…，x_n の平均を m，標準偏差を s とすれば，

$s^2=\dfrac{1}{n}(x_1{}^2+x_2{}^2+\cdots+x_n{}^2)-m^2$ より

$x_1{}^2+x_2{}^2+\cdots+x_n{}^2=n(s^2+m^2)$

これより A 組の生徒の得点の 2 乗の和については

$x_1{}^2+x_2{}^2+\cdots+x_{55}{}^2=55(8.2^2+70^2)$

同様にして，B 組，C 組の生徒の得点の 2 乗の和についてもそれぞれ

$y_1{}^2+y_2{}^2+\cdots+y_{48}{}^2=48(s_B{}^2+63^2)$

$z_1{}^2+z_2{}^2+\cdots+z_{47}{}^2=47(9.0^2+58^2)$

となる。ただし，s_B は B 組の生徒の得点の標準偏差を表すとする。

一方，3 つの組全体の得点の 2 乗の和については

$u_1{}^2+u_2{}^2+\cdots+u_{150}{}^2=150(9.4^2+64^2)$

よって

$u_1{}^2+u_2{}^2+\cdots+u_{150}{}^2=(x_1{}^2+x_2{}^2+\cdots+x_{55}{}^2)$
$+(y_1{}^2+y_2{}^2+\cdots+y_{48}{}^2)+(z_1{}^2+z_2{}^2+\cdots+z_{47}{}^2)$

より

$150(9.4^2+64^2)=55(8.2^2+70^2)$
$\qquad+48(s_B{}^2+63^2)+47(9.0^2+58^2)$

$48(s_B{}^2+63^2)=627654-273198.2-161915$
$\qquad=192540.8$

$s_B{}^2 \fallingdotseq 4011-63^2=42$

よって　$s_B=\sqrt{42}=6.48\cdots \fallingdotseq 6.5$

215

答　(1) **平均値 $m+c$，標準偏差 s**
(2) **平均値 cm，標準偏差 $|c|s$**
(3) **$c(s^2+m^2)$**

検討　(1) $m=\dfrac{1}{n}(x_1+x_2+\cdots+x_n)$，

$s^2=\dfrac{1}{n}(x_1{}^2+x_2{}^2+\cdots+x_n{}^2)-m^2$ だから，

求める平均値を m_1，標準偏差を s_1 とすると

$$m_1=\frac{1}{n}\{(x_1+c)+(x_2+c)+\cdots+(x_n+c)\}$$
$$=\frac{1}{n}(x_1+x_2+\cdots+x_n)+\frac{1}{n}\cdot nc$$
$$=\frac{1}{n}(x_1+x_2+\cdots+x_n)+c=m+c$$

$$s_1{}^2=\frac{1}{n}[\{(x_1+c)-(m+c)\}^2+\{(x_2+c)-(m+c)\}^2+\cdots+\{(x_n+c)-(m+c)\}^2]$$
$$=\frac{1}{n}\{(x_1-m)^2+(x_2-m)^2+\cdots+(x_n-m)^2\}$$
$$=s^2$$

より $s_1=s$

(2) 同様に，求める平均値を m_2，標準偏差を s_2 とすると

$$m_2=\frac{1}{n}(cx_1+cx_2+\cdots+cx_n)$$
$$=c\cdot\frac{1}{n}(x_1+x_2+\cdots+x_n)=cm$$

$$s_2{}^2=\frac{1}{n}\{(cx_1-cm)^2+(cx_2-cm)^2+\cdots+(cx_n-cm)^2\}$$
$$=c^2\cdot\frac{1}{n}\{(x_1-m)^2+(x_2-m)^2+\cdots+(x_n-m)^2\}=c^2s^2$$

より $s_2=|c|s$

(3) 求める平均値を m_3 とすると

$$m_3=\frac{1}{n}(cx_1{}^2+cx_2{}^2+\cdots+cx_n{}^2)$$
$$=c\cdot\frac{1}{n}(x_1{}^2+x_2{}^2+\cdots+x_n{}^2)=c(s^2+m^2)$$

27 データの相関

基本問題

本冊 p. 66

答

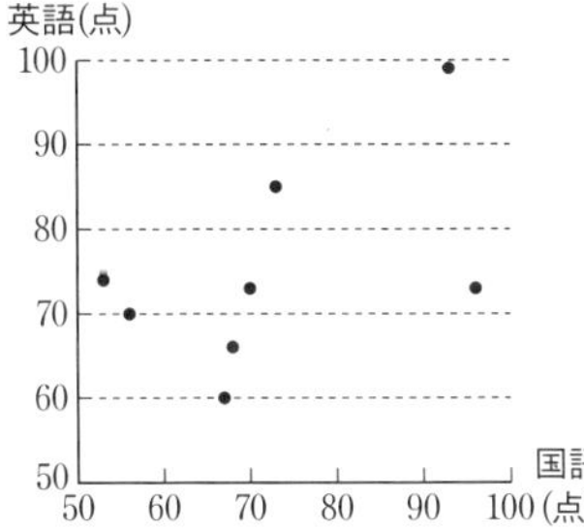

弱い正の相関関係がある

	国語 x	英語 y	$x-m_x$	$y-m_y$	$(x-m_x)^2$	$(y-m_y)^2$	$(x-m_x)(y-m_y)$
1	53	74	−19	−1	361	1	19
2	67	60	−5	−15	25	225	75
3	73	85	1	10	1	100	10
4	96	73	24	−2	576	4	−48
5	56	70	−16	−5	256	25	80
6	70	73	−2	−2	4	4	4
7	93	99	21	24	441	576	504
8	68	66	−4	−9	16	81	36
合計	576	600	合計		1680	1016	680
平均値	72	75	合計÷個数		210	127	85
			標準偏差		14.49	11.27	
			相関係数		0.52		

相関係数は $\dfrac{85}{14.49\times11.27}\fallingdotseq0.52$

217

答

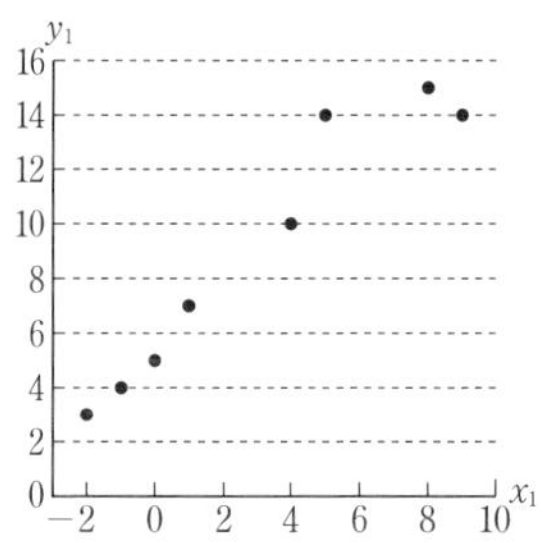

x_1 と y_1 強い正の相関関係がある

	x_1	y_1	$x-m_x$	$y-m_y$	$(x-m_x)^2$	$(y-m_y)^2$	$(x-m_x)(y-m_y)$
1	−2	3	−5	−6	25	36	30
2	−1	4	−4	−5	16	25	20
3	0	5	−3	−4	9	16	12
4	1	7	−2	−2	4	4	4
5	4	10	1	1	1	1	1
6	5	14	2	5	4	25	10
7	8	15	5	6	25	36	30
8	9	14	6	5	36	25	30
合計	24	72	合計		120	168	137
平均値	3	9	合計÷個数		15	21	17.125
			標準偏差		3.87	4.58	
			相関係数		0.97		

相関係数は $\dfrac{17.125}{3.87\times4.58}\fallingdotseq0.97$

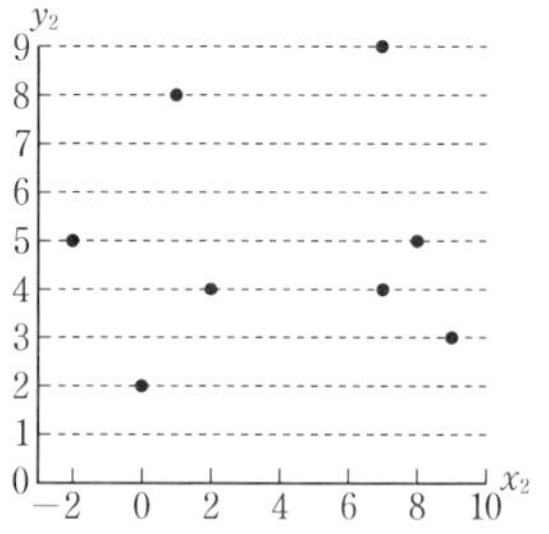

x_2 と y_2 相関関係がほとんど見られない

	x_2	y_2	$x-m_x$	$y-m_y$	$(x-m_x)^2$	$(y-m_y)^2$	$(x-m_x)(y-m_y)$
1	−2	5	−6	0	36	0	0
2	0	2	−4	−3	16	9	12
3	1	8	−3	3	9	9	−9
4	2	4	−2	−1	4	1	2
5	7	4	3	−1	9	1	−3
6	7	9	3	4	9	16	12
7	8	5	4	0	16	0	0
8	9	3	5	−2	25	4	−10
合計	32	40	合計		124	40	4
平均値	4	5	合計÷個数		15.5	5	0.5
			標準偏差		3.94	2.24	
			相関係数		0.06		

相関係数は $\dfrac{0.5}{3.94\times2.24}\fallingdotseq0.06$

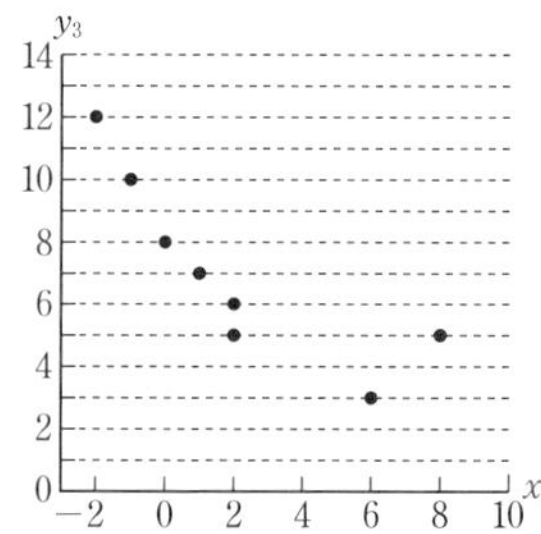

x_3 と y_3 強い負の相関関係がある

	x_3	y_3	$x-m_x$	$y-m_y$	$(x-m_x)^2$	$(y-m_y)^2$	$(x-m_x)(y-m_y)$
1	−2	12	−4	5	16	25	−20
2	−1	10	−3	3	9	9	−9
3	0	8	−2	1	4	1	−2
4	1	7	−1	0	1	0	0
5	2	5	0	−2	0	4	0
6	2	6	0	−1	0	1	0
7	6	3	4	−4	16	16	−16
8	8	5	6	−2	36	4	−12
合計	16	56	合計		82	60	−59
平均値	2	7	合計÷個数		10.25	7.5	−7.375
			標準偏差		3.20	2.74	
			相関係数		−0.84		

相関係数は $\dfrac{-7.375}{3.20\times2.74}\fallingdotseq-0.84$

答 「このメダルは表裏が公平に出る」という仮説を立てる。この仮説のもとでは，メダルの表裏の出方とコインの表裏の出方は等しい。表より，表が出た回数が **7** 回以上である相対度数は，

0.032＋0.002＝0.034

この値は **0.05** より小さいので，「このメダルは表裏が公平に出る」という事柄は非常に起こりにくいと考えられる。したがって，「このメダルは表が出やすいように作られている」と判断してよい。

答 (1) 数学の得点の平均値 **3.9点**，標準偏差 **0.83点**

(2) 英語の得点の平均値 **3.8点**，標準偏差 **0.98点**

(3) 相関係数 **0.59**

検討 (1)

数学 x	度数 f	xf	$x-m$	$(x-m)^2$	$(x-m)^2\times f$
5	5	25	1.1	1.21	6.05
4	9	36	0.1	0.01	0.09
3	5	15	−0.9	0.81	4.05
2	1	2	−1.9	3.61	3.61
合計	20	78	合計		13.8
	平均値	3.9	分散		0.69
			標準偏差		0.83

(2)

英語 y	度数 f	yf	$y-m$	$(y-m)^2$	$(y-m)^2\times f$
5	6	30	1.2	1.44	8.64
4	6	24	0.2	0.04	0.24
3	6	18	−0.8	0.64	3.84
2	2	4	−1.8	3.24	6.48
合計	20	76	合計		19.2
	平均値	3.8	分散		0.96
			標準偏差		0.98

(3)

	5	4	3	2	
5	3.96	0.44	0	0	
4	0.24	0.06	−0.32	0	
3	−1.08	−0.18	1.44	1.62	
2	0	0	0	3.42	
合計	3.12	0.32	1.12	5.04	9.6
			共分散		0.48
			相関係数		0.59

上の表の，例えば(5，5)のマスには
3×(5−3.9)×(5−3.8)のように，
度数×(数学の得点−数学の得点の平均値)
×(英語の得点−英語の得点の平均値)
を計算して入れてある。

相関係数は $\dfrac{0.48}{0.83\times0.98}\fallingdotseq0.59$

応用問題

本冊 p. 67

答

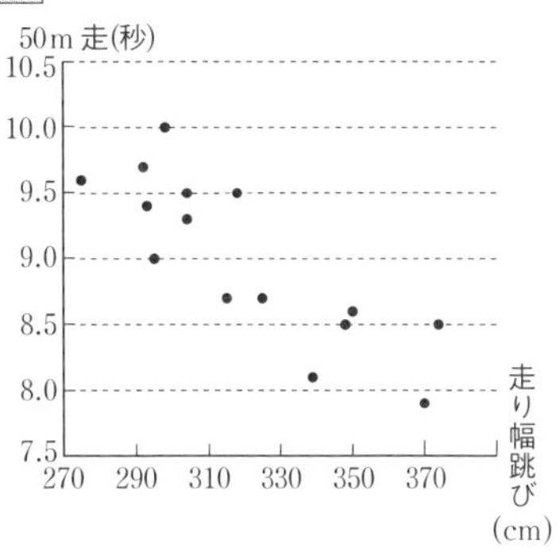

相関係数 **−0.83**

検討

	走り幅跳び x	50m走 y	$x-m_x$	$y-m_y$	$(x-m_x)^2$	$(y-m_y)^2$	$(x-m_x)(y-m_y)$
1	370	7.9	50	−1.1	2500	1.21	−55
2	325	8.7	5	−0.3	25	0.09	−1.5
3	295	9.0	−25	0	625	0	0
4	374	8.5	54	−0.5	2916	0.25	−27
5	275	9.6	−45	0.6	2025	0.36	−27
6	348	8.5	28	−0.5	784	0.25	−14
7	350	8.6	30	−0.4	900	0.16	−12
8	293	9.4	−27	0.4	729	0.16	−10.8
9	339	8.1	19	−0.9	361	0.81	−17.1
10	292	9.7	−28	0.7	784	0.49	−19.6
11	304	9.3	−16	0.3	256	0.09	−4.8
12	315	8.7	−5	−0.3	25	0.09	1.5
13	304	9.5	−16	0.5	256	0.25	−8
14	318	9.5	−2	0.5	4	0.25	−1
15	298	10.0	−22	1	484	1	−22
合計	4800	135.0	合計		12674	5.46	−218.3
平均値	320	9.0	合計÷個数		844.93	0.36	−14.55
			標準偏差		29.07	0.60	
			相関係数		−0.83		

相関係数は $\dfrac{-14.55}{29.07\times0.60}\fallingdotseq-0.83$

28 集合の要素の個数

基本問題 本冊 *p. 68*

221

答 (1) **25 個** (2) **33 個** (3) **8 個** (4) **50 個** (5) **50 個**

検討 4 の倍数の集合を A, 3 の倍数の集合を B とすると, 4 と 3 の少なくとも一方で割り切れる整数の集合は $A\cup B$ である。

(1) $100\div 4=25$ より　$n(A)=25$(個)

(2) $100\div 3=33$ 余り 1 より　$n(B)=33$(個)

(3) $100\div 12=8$ 余り 4 より　$n(A\cap B)=8$(個)

(4) $n(A\cup B)=n(A)+n(B)-n(A\cap B)$
$=25+33-8=50$(個)

(5) 4 でも 3 でも割り切れない整数の集合は $\overline{A}\cap\overline{B}$ で, ド・モルガンの法則により

$\overline{A}\cap\overline{B}=\overline{A\cup B}$

よって　$n(\overline{A\cup B})=100-n(A\cup B)$
$=100-50=50$(個)

222

答 (1) **37 個** (2) **36 個** (3) **20 個** (4) **45 個** (5) **17 個**

検討 (1) $n(\overline{B})=n(U)-n(B)=53-16$
$=37$(個)

(2) $n(A\cup B)=n(A)+n(B)-n(A\cap B)$
$=28+16-8=36$(個)

(3) $n(A\cap\overline{B})$
$=n(A)-n(A\cap B)$
$=28-8=20$(個)

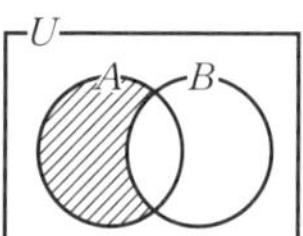

(4) $n(A\cup\overline{B})=n(U)-n(\overline{A}\cap B)$
$=n(U)-\{n(B)-n(A\cap B)\}$
$=53-(16-8)=45$(個)

(5) $n(\overline{A}\cap\overline{B})=n(\overline{A\cup B})$
$=n(U)-n(A\cup B)$
$=53-36=17$(個)

223

答 **5 人**

検討 運動部に所属している生徒の集合を A, 文化部に所属している生徒の集合を B とする。

$n(A)=28$, $n(B)=19$, $n(\overline{A}\cap\overline{B})=8$ より

$n(A\cup B)=50-8=42$

また, $n(A\cup B)=n(A)+n(B)-n(A\cap B)$ より, 運動部, 文化部の両方に所属している生徒の人数は　$n(A\cap B)=28+19-42=5$(人)

224

答 (1) **258 個** (2) **28 個**

検討 全体集合の個数は $400-100+1=301$(個)

(1) 7 の倍数は整数 n を用いて, $7n$ と表せる。

よって, $100\leqq 7n\leqq 400$ より

$14\dfrac{2}{7}\leqq n\leqq 57\dfrac{1}{7}$

$n=15, 16, 17, \cdots, 57$

よって, 7 の倍数は $57-15+1=43$(個)ある。

したがって, 7 の倍数でない数は,

$301-43=258$(個)ある。

(2) 7 の倍数でかつ 3 の倍数になる数は 21 の倍数である。21 の倍数は整数 m を用いて, $21m$ と表せる。よって, $100\leqq 21m\leqq 400$ より

$4\dfrac{16}{21}\leqq m\leqq 19\dfrac{1}{21}$

$m=5, 6, 7, \cdots, 19$

よって, 21 の倍数は $19-5+1=15$(個)ある。

したがって, 7 の倍数であるが, 3 の倍数でない数は, $43-15=28$(個)ある。

29 和の法則・積の法則

基本問題 本冊 *p. 69*

225

答 **7 通り**

検討 ノートの選び方は 5 通り, 鉛筆の選び方は 2 通りあるから, 和の法則により

$5+2=7$(通り)

226

答 **3 個の和　12 通り,**
3 個以下の和　18 通り

検討　3 個の自然数の和は
(1, 1, 10), (1, 2, 9), (1, 3, 8), (1, 4, 7), (1, 5, 6), (2, 2, 8), (2, 3, 7), (2, 4, 6), (2, 5, 5), (3, 3, 6), (3, 4, 5), (4, 4, 4)
の 12 通り。
また，2 個の自然数の和は
(1, 11), (2, 10), (3, 9), (4, 8), (5, 7), (6, 6)
の 6 通り。
3 個以下の自然数の和に分ける場合は，3 個の和に分ける場合と 2 個の和に分ける場合を合わせたものであるから　12+6=18(通り)

227

答　**12 通り**

検討　出る目の数の和が，
3 のとき (大, 小)=(1, 2), (2, 1) の 2 通り。
6 のとき (大, 小)=(1, 5), (2, 4), (3, 3), (4, 2), (5, 1) の 5 通り。
9 のとき (大, 小)=(3, 6), (4, 5), (5, 4), (6, 3) の 4 通り。
12 のとき (大, 小)=(6, 6) の 1 通り。
よって，和の法則により
2+5+4+1=12(通り)

228

答　**36 個**

検討　十の位が 1 のとき，一の位は 2, 3, 4, 5, 6, 7, 8, 9 の 8 通り。
十の位が 2 のとき，一の位は 3, 4, 5, 6, 7, 8, 9 の 7 通り。
十の位が 3 のとき，一の位は 4, 5, 6, 7, 8, 9 の 6 通り。
同様に，十の位が 4, 5, 6, 7, 8 のとき，一の位はそれぞれ 5 通り，4 通り，3 通り，2 通り，1 通り。よって，求める個数は
8+7+6+5+4+3+2+1=36(個)

229

答　**6 個**

検討　与式を展開したとき，各項はすべて異なる。
よって，積の法則により　3×2=6(個)

230

答　**12 通り**

検討　A 市から B 市までの行き方は 4 通りあり，そのおのおのに対して，B 市から C 市までの行き方は 3 通りあるので，積の法則により　4×3=12(通り)

231

答　**25 個**

検討　x は 1, 2, 3, 4, 5 の 5 通りあり，そのおのおのに対して，y は 3, 4, 5, 6, 7 の 5 通りあるので，積の法則により
5×5=25(個)

232

答　**個数は 30 個，総和は 2418**

検討　$720=2^4\times3^2\times5$
したがって，2 を p 個 (p=0, 1, 2, 3, 4), 3 を q 個 (q=0, 1, 2), 5 を r 個 (r=0, 1) とって，$2^p3^q5^r$ の形をつくると，これらはすべて 720 の約数である。よって，約数は
$(4+1)\times(2+1)\times(1+1)=30$(個)
また，$(1+2+2^2+2^3+2^4)(1+3+3^2)(1+5)$ を展開したときの各項がすべて 720 の約数だから，総和は
$(1+2+4+8+16)(1+3+9)(1+5)$
$=31\times13\times6=2418$

> **テスト対策**
> $p^aq^br^c$ (p, q, r は素数，a, b, c は自然数) の正の約数の個数は，
> $(\boldsymbol{a}+1)(\boldsymbol{b}+1)(\boldsymbol{c}+1)$ **(個)**

233

答　**9 個**

検討　公約数は最大公約数の約数である。
$180=2^2\times3^2\times5$, $504=2^3\times3^2\times7$ より，180 と 504 の最大公約数は $2^2\times3^2=36$ だから，公約数の個数は，積の法則により
$(2+1)\times(2+1)=3\times3=9$(個)

応用問題 本冊 p. 70

234

答　**95 通り**

検討　支払う金額の組合せは，用いる硬貨の組合せの数と一致する。それぞれ，硬貨を使わない場合も含めれば，500 円硬貨 4 通り，100 円硬貨 4 通り，10 円硬貨 6 通りとなる。0 円となる場合を除いて

$4\times4\times6-1=95$（通り）

答　**15 組**

検討　右のようなグラフをかいて，第 1 象限にある格子点（座標が整数である点）の個数を数えると，

$5+4+3+2+1$

$=15$（組）

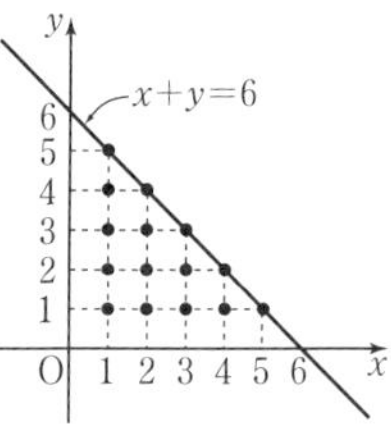

236

答　**19 通り**

検討　使われる文字の組で場合分けをする。

a，a，a　……1 通り

a，a，b　……3 通り

a，a，c　……3 通り

a，b，b　……3 通り

a，b，c　……6 通り

b，b，c　……3 通り

よって　$1+3\times4+6=19$（通り）

答　**12 組**

検討　$y\geqq1$，$z\geqq1$ だから

$3x+2+1\leqq15$　$3x\leqq12$　$x\leqq4$

よって　$x=1$，2，3，4

(i) $x=1$ のとき，$2y+z=12$ を満たす組は

$(y,\ z)=(1,\ 10)$，$(2,\ 8)$，$(3,\ 6)$，$(4,\ 4)$，$(5,\ 2)$ の 5 組。

(ii) $x=2$ のとき，$2y+z=9$ を満たす組は

$(y,\ z)=(1,\ 7)$，$(2,\ 5)$，$(3,\ 3)$，$(4,\ 1)$ の 4 組。

(iii) $x=3$ のとき，$2y+z=6$ を満たす組は

$(y,\ z)=(1,\ 4)$，$(2,\ 2)$ の 2 組。

(iv) $x=4$ のとき，$2y+z=3$ を満たす組は

$(y,\ z)=(1,\ 1)$ の 1 組。

(i)～(iv)までのどの 2 つも同時に起こることはないから，条件式を満たす x，y，z の組 $(x,\ y,\ z)$ は，和の法則により

$5+4+2+1=12$（組）

答　(1) **20 通り**　(2) **60 通り**

検討　(1) 登るときの道の選び方は 5 通りあり，そのおのおのについて下りるときの道の選び方は 4 通りある。

よって　$5\times4=20$（通り）

(2) A，B の登るときの道の選び方は 5 通り。下りるときは，A の道の選び方は 4 通りで，そのおのおのに対して B の道の選び方は 3 通りある。

よって，下りるときの道の選び方は

$4\times3=12$（通り）

ゆえに，求める道の選び方は

$5\times12=60$（通り）

30　順列

基本問題 本冊 p. 72

答　$\mathbf{{}_4P_2=12}$，$\mathbf{{}_{10}P_3=720}$，$\mathbf{{}_3P_3=6}$，$\mathbf{{}_5P_1=5}$

検討　${}_nP_r=n(n-1)(n-2)\cdots(n-r+1)$ を用いる。

${}_4P_2=4\cdot3=12$

${}_{10}P_3=10\cdot9\cdot8=720$

${}_3P_3=3\cdot2\cdot1=6$

${}_5P_1=5$

答　(1) $\boldsymbol{n=9}$　(2) $\boldsymbol{n=5}$

検討　(1) $n(n-1)=72$　$n^2-n-72=0$

$(n-9)(n+8)=0$　$n\geqq2$ より $n=9$

(2) $n(n-1)(n-2)=3n(n-1)$
$n\geqq3$ であるから，$n-2=3$ より　$n=5$

241

答 **120 個**

検討 6 個から 3 個とって並べるので
${}_6\mathrm{P}_3=6\cdot5\cdot4=120$(個)

答 **120 通り**

検討 5 個から 4 個とって並べると考えて
${}_5\mathrm{P}_4=5\cdot4\cdot3\cdot2=120$(通り)

答 **6840 通り**

検討 20 個から 3 個とって並べると考えて
${}_{20}\mathrm{P}_3=20\cdot19\cdot18=6840$(通り)

答 **870 種類**

検討 30 の駅から乗車駅と降車駅の 2 つをとって並べると考えて
${}_{30}\mathrm{P}_2=30\cdot29=870$(種類)

245

答 **3 桁の整数 120 個，400 以上の整数 60 個**

検討 3 桁の整数は，6 個から 3 個とって並べると考えて　${}_6\mathrm{P}_3=6\cdot5\cdot4=120$(個)
400 以上の整数は，百の位が 4 のとき十の位，一の位は百の位で選んだ数字を除く 5 個から 2 個とって並べると考えて ${}_5\mathrm{P}_2$ 個，百の位が 5 のときも ${}_5\mathrm{P}_2$ 個，百の位が 6 のときも ${}_5\mathrm{P}_2$ 個だから，全部で
$3\times{}_5\mathrm{P}_2=3\times5\cdot4=60$(個)

246

答 (1) **100 個**　(2) **24 個**　(3) **52 個**

検討 (1) 百の位には 0 を除く 1，2，3，4，5 の 5 個の数字から 1 個とる。十の位，一の位は百の位で選んだ数字を除く 5 個の数字から 2 個とって並べればよい。
よって　$5\times{}_5\mathrm{P}_2=5\times5\cdot4=100$(個)

(2) 奇数は 1，3，5 の 3 個あるから，これらから 2 個とって両端に並べ，残りの 4 個の数字から 1 個とって真ん中におけばよい。
よって　${}_3\mathrm{P}_2\times{}_4\mathrm{P}_1=3\cdot2\times4=24$(個)

(3) 一の位が 0 のときは，百の位，十の位は 1，2，3，4，5 の 5 個の数字から 2 個とって並べればよい。
一の位が 2 または 4 のときは，百の位は 0 を除く 4 個の数字から 1 個とり，十の位は一の位と百の位で選んだ数字を除く 4 個の数字から 1 個とって並べればよい。
よって，全部で
${}_5\mathrm{P}_2+({}_4\mathrm{P}_1\times{}_4\mathrm{P}_1)\times2=5\cdot4+4\times4\times2=52$(個)

答 **女子 4 人がみな隣り合う並び方 576 通り，交互に並ぶ並び方 144 通り**

検討 問題の前半は，女子 4 人をひとまとめにして，男子 3 人と合わせて 4 人が並ぶと考えると，この並び方は ${}_4\mathrm{P}_4$ 通りとなる。
このとき，4 人の女子の並び方を考えると ${}_4\mathrm{P}_4$ 通りである。
よって
${}_4\mathrm{P}_4\times{}_4\mathrm{P}_4=4\cdot3\cdot2\cdot1\times4\cdot3\cdot2\cdot1=576$(通り)
後半は，4 人の女子の並び方は ${}_4\mathrm{P}_4$ 通りで，女子と女子の間の 3 か所に男子 3 人が並ぶと考えればよい。
よって
${}_4\mathrm{P}_4\times{}_3\mathrm{P}_3=4\cdot3\cdot2\cdot1\times3\cdot2\cdot1=144$(通り)

答 (1) **1440 通り**　(2) **240 通り**

検討 (1) a，b を 1 つの文字と考えて他の 5 文字と合わせて 6 文字を並べると考える。そのうえで，a，b の並べ方を考えると
${}_6\mathrm{P}_6\times{}_2\mathrm{P}_2=6\cdot5\cdot4\cdot3\cdot2\cdot1\times2\cdot1=1440$(通り)

(2) a，b の間に 5 つの文字を並べるので，両端の a，b がどちらの端にくるかを考えて
${}_5\mathrm{P}_5\times{}_2\mathrm{P}_2=5\cdot4\cdot3\cdot2\cdot1\times2\cdot1=240$(通り)

テスト対策
特定の 2 つが隣り合う順列は，その **2 つのものをまとめて 1 つのもの**と考える。

249

答　順に **362880 通り，720 通り**

検討　前半は，9人の並べ方であるから
$_9P_9=9\cdot8\cdot7\cdot6\cdot5\cdot4\cdot3\cdot2\cdot1=362880$(通り)
である。後半は，1番，3番，9番以外の6人の並べ方であるから
$_6P_6=6\cdot5\cdot4\cdot3\cdot2\cdot1=720$(通り) である。

250

答　**10 通り**

検討　aが3個，bが2個あるので，その並べ方は $\dfrac{5!}{3!2!}=\dfrac{5\cdot4}{2\cdot1}=10$(通り)

答　**210 個**

検討　1が3個，2が2個，3が2個あるので，その並べ方は $\dfrac{7!}{3!2!2!}=\dfrac{7\cdot6\cdot5\cdot4}{2\cdot2}=210$(個)

答　**11550 通り**

検討　青旗4本，黄旗3本，赤旗4本あるので，その並べ方は
$\dfrac{11!}{4!3!4!}=\dfrac{11\cdot10\cdot9\cdot8\cdot7\cdot6\cdot5}{3\cdot2\cdot1\cdot4\cdot3\cdot2\cdot1}=11550$(通り)

253

答　**90 通り**

検討　A，B，Cがそれぞれ2個ずつあるから，その並べ方は
$\dfrac{6!}{2!2!2!}=\dfrac{6\cdot5\cdot4\cdot3}{2\cdot2}=90$(通り)

答　**64 通り**

検討　4個のものから重複を許して3個とる順列だから　$4^3=64$(通り)
または，百の位，十の位，一の位とも4通りの選び方があるので，積の法則により
$4\times4\times4=64$(通り) としてもよい。

答　**243 通り**

検討　3個のものから重複を許して5個とる順列だから　$3^5=243$(通り)

答　**64 通り**

検討　2個のものから重複を許して6個とる順列だから　$2^6=64$(通り)

答　(1) $\boldsymbol{2^n}$ **通り**
(2) $\boldsymbol{2^n-2}$**(通り)**
(3) $\boldsymbol{2^{n-1}-1}$**(通り)**

検討　(1) n 人を a_1，a_2，a_3，…，a_n とすれば，a_1 が入る部屋はAかBであり，a_2 が入る部屋もAかBである。同様に，a_n が入る部屋もAかBである。よって，2^n 通り。
(2) 2つの組に分けるので，1つの組には少なくとも1人いることが必要である。したがって，(1)の場合で一方の部屋が空になる場合を除けばよい。よって　2^n-2(通り)
(3) (2)の場合で，A，Bの区別をなくすと，同じものが2!通りずつできる。
よって　$\dfrac{2^n-2}{2!}=2^{n-1}-1$(通り)

答　**6561 通り**

検討　3個のものから重複を許して8個とる順列だから　$3^8=6561$(通り)

答　**81 通り**

検討　3個のものから重複を許して4個とる順列だから　$3^4=81$(通り)

答　**24 通り**

検討　異なる5個のものの円順列だから
$(5-1)!=4!=24$(通り)

(説明) 5人が1列に手をつないで並び(順列)，その両端の2人が手をつなぐと円形ができる。このとき，ABCDE，BCDEA，CDEAB，DEABC，EABCDの5つの並び方は，円形になると同じになるので，1つの円順列において5通りずつが同じ並び方になる。

よって　$\dfrac{{}_5\mathrm{P}_5}{5}=4!=24$(通り)

答　**円周上に並べる並べ方 5040 通り，ネックレスのつくり方 2520 通り**

検討　前半は異なる8個のものの円順列だから，$(8-1)!=7!=5040$(通り)である。次に，ネックレスをつくるときは，8個のものの円順列のうちで裏返すと同じものが2つずつあることから，そのつくり方は，7!の半分になる。

よって　$\dfrac{7!}{2}=2520$(通り)

テスト対策

ネックレスなどは，裏返したものともとのものは区別できないので，**円順列の数を2で割る。**

答　**4320 通り**

検討　隣り合って座る3人をひとまとめにして，残りの6人と合わせた7人が円卓に座ると考える。この順列は　$(7-1)!=6!$(通り)

次に，隣り合って座る3人の座り方を考えると，その数は3!通り。

よって，求める場合の数は

$6!\times3!=720\times6=4320$(通り)

答　**240 通り**

検討　両親をひとまとめにして，5人と合わせた6人が円形に並ぶと考えると，その並び方の数は　$(6-1)!=5!$(通り)

次に，隣り合う両親の並び方は2!通りあるので，求める場合の数は

$5!\times2!=120\times2=240$(通り)

答　**144 通り**

検討　男子の円形の並び方は $(4-1)!=3!$(通り)

次に，男子と男子の間の4か所に女子4人が並ぶと考えると，女子の並び方は4!通り。

よって，求める場合の数は

$3!\times4!=6\times24=144$(通り)

応用問題

本冊 *p. 75*

答　**1018 通り**

検討　右へ1区画進むことをa，上へ1区画進むことをbで表すと，AからCまでの最短経路は5個のaと2個のbを並べた順列で表される。よって，ACEBの行き方は

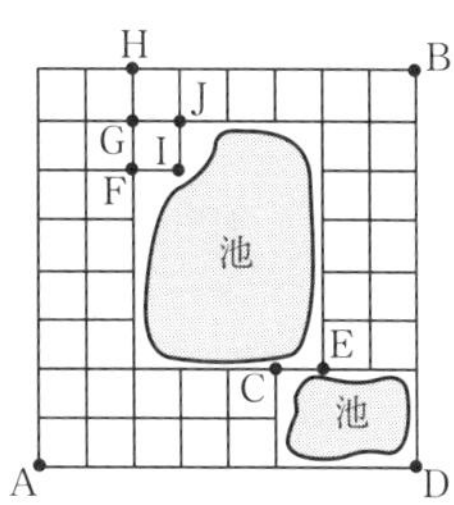

$\dfrac{7!}{5!2!}\times1\times\dfrac{8!}{2!6!}=21\times1\times28=588$(通り)

ADBの行き方は1通り

AFIJの行き方は $\dfrac{8!}{2!6!}\times1\times1=28$(通り)

AGJの行き方は $\dfrac{9!}{2!7!}\times1=36$(通り)

これよりAJBの行き方は

$(28+36)\times\dfrac{6!}{5!1!}=384$(通り)

AHBの行き方は $\dfrac{10!}{2!8!}=45$(通り)

以上より，求める行き方は

$588+1+384+45=1018$(通り)

答　**987 通り**

検討　上り方は，1段ずつを x 回，2段ずつを y 回とすると　$x+2y=15$

これを満たす0以上の整数 x，y の組は

$(x,\ y)=(15,\ 0),\ (13,\ 1),\ (11,\ 2),\ (9,\ 3),$
$(7,\ 4),\ (5,\ 5),\ (3,\ 6),\ (1,\ 7)$

これより求める場合の数は

$$\frac{15!}{15!0!}+\frac{14!}{13!1!}+\frac{13!}{11!2!}+\frac{12!}{9!3!}+\frac{11!}{7!4!}+\frac{10!}{5!5!}+\frac{9!}{3!6!}+\frac{8!}{1!7!}$$

$=1+14+78+220+330+252+84+8$

$=987$(通り)

答　**280 通り**

検討　試合をする 8 チームを A, B, C, D, E, F, G, H として，たとえば，A－勝，B－勝，C－勝，D－勝，E－敗，F－敗，G－敗，H－分のようになればよいので，「勝勝勝勝敗敗敗分」の 8 つを並べる順列となる。

ゆえに　$\dfrac{8!}{4!3!1!}=\dfrac{8\cdot7\cdot6\cdot5}{3\cdot2\cdot1}=280$(通り)

答　**642 通り**

検討　りんご 4 個，かき 3 個，バナナ 5 本の中から 6 個取る方法は，次の表のようになる。

りんご	0	1	0	1	2	0	1	2	3	1	2	3	4	2	3	4	3	4
か　き	1	0	2	1	0	3	2	1	0	3	2	1	0	3	2	1	3	2
バナナ	5	5	4	4	4	3	3	3	3	2	2	2	2	1	1	1	0	0

これらの 6 個のものを 1 つずつ 6 人に分ける方法は，6 個のものの順列になる。

ゆえに，求める場合の数は

$$\frac{6!}{5!1!}\times2+\frac{6!}{4!2!}\times4+\frac{6!}{4!1!1!}\times2+\frac{6!}{3!3!}\times3+\frac{6!}{3!2!1!}\times6+\frac{6!}{2!2!2!}$$

$=12+60+60+60+360+90=642$(通り)

269

答　**262144通り**

検討　4 人の学生を A, B, C, D とする。1 冊につき，A, B, C, D のどの学生に与えるかでそれぞれ 4 通りである。したがって

$4^9=262144$(通り)

答　**1 を 2 個含む数 486 個，**
1 を 1 個も含まない数 6560 個

検討　問題の前半は，1 を 2 個含む数についてであり，2 桁の整数は11の 1 通り。

3 桁の整数は

□11 の形の整数は，□には 0 と 1 以外の整数が入るから 8 個。

1□1 の形の整数は，□には 1 以外の整数が入るから 9 個。

11□ の形の整数は，□には 1 以外の整数が入るから 9 個。

4 桁の整数は，同様に考えると

□□11 の形の整数は　$8\times9=72$(個)

□1□1 の形の整数は　$8\times9=72$(個)

1□□1 の形の整数は　$9\times9=81$(個)

□11□ の形の整数は　$8\times9=72$(個)

1□1□ の形の整数は　$9\times9=81$(個)

11□□ の形の整数は　$9\times9=81$(個)

よって，1 を 2 個含む数の個数は

$1+8+9\times2+72\times3+81\times3=486$(個)

問題の後半は，1 を 1 個も含まない数についてであり，

1 桁の整数は　8個

2 桁の整数は　$8\times9=72$(個)

3 桁の整数は　$8\times9\times9=648$(個)

4 桁の整数は　$8\times9\times9\times9=5832$(個)

よって，1 を 1 個も含まない数の個数は

$8+72+648+5832=6560$(個)

答　**15 通り**

検討　5 色のうちの 1 色は立方体の向かい合う上下の 2 面に塗る。2 面に塗る色の選び方は 5 通り。

そのおのおのに対して，残りの 4 色は立方体の側面に塗るから，$(4-1)!$ 通り。

この中には，上下を裏返すと同じ塗り方のものが含まれているから，求める塗り分け方は

$5\times(4-1)!\div2=15$(通り)

31 組合せ

基本問題 本冊 *p. 77*

272

答 **780 通り，A が選ばれる場合は 39 通り**

検討 問題の前半は $_{40}C_2=780$（通り）ある。問題の後半は特定の A を除いた 39 人から 1 人選べばよい。よって，39 通り。

273

答 **4320 通り**

検討 男子 10 人の中から 3 人，女子 9 人の中から 2 人選べばよい。よって
$_{10}C_3\times{}_9C_2=120\times36=4320$（通り）

274

答 **60 個**

検討 5 本の平行線から 2 本，他の 4 本の平行線から 2 本ずつ選ぶと平行四辺形が 1 つに決まる。
よって　$_5C_2\times{}_4C_2=10\times6=60$（個）

275

答 **直線 28 本，三角形 56 個**

検討 8 個の点から 2 個選べば直線が 1 つに決まるので $_8C_2=28$（本）。8 個の点から 3 個選べば三角形が 1 つに決まるので
$_8C_3=56$（個）

276

答 **120 通り**

検討 硬貨を投げて，10 回中表が 3 回出るから　$_{10}C_3=120$（通り）

277

答 (1) $\boldsymbol{n=17}$　(2) $\boldsymbol{n=10}$

検討 (1) $_nC_{n-2}={}_nC_2$ より等式は

$$\frac{n(n-1)}{2}=136 \qquad n(n-1)=272$$

$n^2-n-272=0 \qquad (n+16)(n-17)=0$

$n\geqq3$ より $n=17$

(2) $3\times{}_nC_4=\dfrac{3\cdot n(n-1)(n-2)(n-3)}{4!}$

$$5\times{}_{n-1}C_5=\frac{5\cdot(n-1)(n-2)(n-3)(n-4)(n-5)}{5!}=\frac{(n-1)(n-2)(n-3)(n-4)(n-5)}{4!}$$

$n\geqq6$ より，等式は　$3n=(n-4)(n-5)$

$n^2-12n+20=0 \qquad (n-2)(n-10)=0$

$n\geqq6$ より $n=10$

278

答 **60060 通り**

検討 A に乗る 6 人の選び方は $_{13}C_6$（通り），次に，残った 7 人の中から B に乗る 4 人の選び方は $_7C_4$（通り），残りの 3 人は C に乗ればよい。よって
$_{13}C_6\times{}_7C_4\times{}_3C_3=1716\times35\times1=60060$（通り）

279

答 **2520 通り**

検討 10 冊から 5 冊を選び，次に，残った 5 冊から 3 冊を選ぶと，残り 2 冊の選び方は自動的に決まる。よって
$_{10}C_5\times{}_5C_3\times{}_2C_2=252\times10\times1=2520$（通り）

280

答 **280 通り**

検討 3 つの組を A，B，C とする。A に分ける 3 冊の選び方は $_9C_3$ 通り，残った 6 冊から B に分ける 3 冊の選び方は $_6C_3$ 通り，C に分ける 3 冊の選び方は自動的に決まる。3 つの組を区別したときの本の分け方は
$_9C_3\times{}_6C_3\times{}_3C_3=84\times20\times1=1680$（通り）
3 つの組の区別をなくすと，同じ分け方が 3! 通りずつできる。
よって　$1680\div3!=280$（通り）

281

答 **315 通り**

検討 9 人を A（4 人），B（4 人），C（1 人）の組に分ける方法は
$_9C_4\times{}_5C_4=126\times5=630$（通り）

ここで，AとBの区別をなくすと，同じ分け方が2!通りずつできる。よって，求める分け方は　630÷2!=315(通り)

テスト対策

組分けの問題では，まず組を区別して考え，個数が同じで**区別できない組の入れかえの数で割る**。

答　**560通り**

検討　8個の空所を用意する。8個の空所から3個の1の目の空所の選び方は${}_8C_3$通り，残った5個の空所から3個の2の目の空所の選び方は${}_5C_3$通り，残りの2個の空所から3の目の空所の選び方は${}_2C_2$通りある。よって

${}_8C_3\times{}_5C_3\times{}_2C_2=56\times10\times1=560$(通り)

答　**28通り**

検討　3個のものから重複を許して6個とる重複組合せの数を求めればよい。

${}_{3+6-1}C_6={}_8C_6={}_8C_2=28$(通り)

または，6個の○と2個の｜の順列の総数と考えて${}_8C_2=28$(通り)としてもよい。

答　**10通り**

検討　3つの鉢に，はじめからりんごを1個ずつ盛っておけば，残った3個のりんごをa, b, cの3つの鉢に盛ることになるので，3個のものから重複を許して3個とる重複組合せの数を求めればよい。

${}_{3+3-1}C_3={}_5C_3=10$(通り)

答　**231通り**

検討　3個のものから重複を許して20個とる重複組合せの数を求めればよい。

${}_{3+20-1}C_{20}={}_{22}C_{20}={}_{22}C_2=231$(通り)

テスト対策

投票の問題では，**記名投票は重複順列，無記名投票は重複組合せ**になる。

答　**順に330通り，15通り**

検討　問題の前半は，5個のものから重複を許して7個とる重複組合せの数を求めればよい。

${}_{5+7-1}C_7={}_{11}C_7={}_{11}C_4=330$(通り)

問題の後半は，5つの学級から，はじめに1名ずつ選んでおくと，残りの2人を5つの学級から選ぶことになるので，5個のものから重複を許して2個とる重複組合せの数を求めればよい。

${}_{5+2-1}C_2={}_6C_2=15$(通り)

答　**220通り**

検討　はじめに4人に10円硬貨を1枚ずつ与えておいて，残りの9枚を4人に分配すると考えると，4個のものから重複を許して9個とる重複組合せの数を求めればよい。

${}_{4+9-1}C_9={}_{12}C_9={}_{12}C_3=220$(通り)

答　**66通り**

検討　かき，なし，りんごをそれぞれA，B，Cで表すと，A，B，Cの3個のものから重複を許して10個とる重複組合せの数を求めればよい。

${}_{3+10-1}C_{10}={}_{12}C_{10}={}_{12}C_2=66$(通り)

答　**15個**

検討　x, y, zの3個のものから重複を許して4個とる重複組合せの数を求めればよい。

${}_{3+4-1}C_4={}_6C_4={}_6C_2=15$(個)

応用問題 本冊 p. 79

答　**560 通り**

検討　(i) 女子生徒 2 人を 4 人の組に入れる場合
4 人の組に女子 2 人を除いた 2 人の生徒を選ぶ選び方は ${}_8C_2$ 通り。
次に，残った 6 人を 2 つの組に 3 人ずつ分ける。組は区別しないので
$\dfrac{{}_6C_3 \times {}_3C_3}{2!} = 10$(通り)
よって　${}_8C_2 \times 10 = 280$(通り)
(ii) 女子生徒 2 人を 3 人の組に入れる場合
4 人の組の生徒の選び方は ${}_8C_4$ 通り。
この 4 人と女子生徒 2 人除いた 4 人を女子生徒がいるほうの組に 1 人入れる場合の数は ${}_4C_1$ 通りで，残った 3 人は自動的に 3 人の組に入る。
よって　${}_8C_4 \times {}_4C_1 \times {}_3C_3 = 280$(通り)
(i)，(ii)より　$280 + 280 = 560$(通り)

答　**165 個**

検討　$x+y+z+u=12$　……①
正の整数解であるから，x，y，z，u は 1 以上となる。そこで，$x-1=x'$，$y-1=y'$，$z-1=z'$，$u-1=u'$ とおくと
$x'+y'+z'+u'=8$　$(0 \leqq x' \leqq 8$，$0 \leqq y' \leqq 8$，$0 \leqq z' \leqq 8$，$0 \leqq u' \leqq 8)$　……②
たとえば，②の整数解 $x'=2$，$y'=0$，$z'=5$，$u'=1$ には，x'，y'，z'，u' の中から重複を許して x' を 2 個，y' を 0 個，z' を 5 個，u' を 1 個の合計 8 個とる重複組合せに対応させることができる。これより①の正の整数解の個数は，異なる 4 個から重複を許して 8 個とる重複組合せの数となるから，
求める正の整数解の個数は
${}_{4+8-1}C_8 = {}_{11}C_8 = {}_{11}C_3 = 165$(個)

答　**826 通り**

検討　5 人を A，B，C，D，E とすると，10 本の鉛筆を 5 人に分配するしかたの数は，A，B，C，D，E の 5 個のものから重複を許して 10 個とる重複組合せの数と等しく，
${}_{5+10-1}C_{10} = {}_{14}C_{10}$(通り)ある。
このうち，A が 7 本以上受け取る場合の数は，A が 7 本受け取り，残った 3 本を A，B，C，D，E の 5 人に分配すると考えると，5 個のものから重複を許して 3 個とる重複組合せの数と等しく，${}_{5+3-1}C_3 = {}_7C_3$ (通り)ある。
B，C，D，E がそれぞれ 7 本以上受け取る場合についても ${}_7C_3$ 通りある。
ゆえに，求める場合の数は
${}_{14}C_{10} - {}_7C_3 \times 5 = {}_{14}C_4 - {}_7C_3 \times 5$
$= 1001 - 35 \times 5 = 826$(通り)

答　${}_{m-1}C_{m-n}$ **個(または，**${}_{m-1}C_{n-1}$ **個)**

検討　正の整数解であるから，x_1，x_2，…，x_n は 1 以上である。そこで，x_1，x_2，…，x_n にそれぞれ 1 を与えておいて，残りの $m-n$ 個の 1 を x_1，x_2，…，x_n に分けると考えると，求める正の整数解の個数は，n 個のものから重複を許して $m-n$ 個とる重複組合せの数となるから，解は
${}_{n+(m-n)-1}C_{m-n} = {}_{m-1}C_{m-n}$(個)となる。
または，${}_{m-1}C_{m-n} = {}_{m-1}C_{(m-1)-(m-n)}$
$= {}_{m-1}C_{n-1}$(個)としてもよい。

答　**組合せ 3 通り，順列 7 通り**

検討　(i) 同じものが 3 個あるとき
b が 3 個の場合だけで，組合せも順列もそれぞれ 1 通りである。
(ii) 同じものが 2 個あるとき
a が 2 個のときはもう 1 個は b であり，b が 2 個のときはもう 1 個は a である。
よって，組合せは 2 通り，順列は
$\dfrac{3!}{2!} \times 2 = 6$(通り)である。
(i)，(ii)より，組合せは $1+2=3$(通り)。順列は $1+6=7$(通り)。

答　**組合せ 46 通り，順列 2275 通り**

検討　この10個のものをa, a, a, a, b, b, c, d, e, fとする。この中から一度に5個とるとき，次の場合を考える。

(i) 同じものが4個あるとき

aが4個で，残りの1個はb, c, d, e, fのどれかであるから，組合せは5通り。

順列は $\frac{5!}{4!}\times5=25$(通り)

(ii) 同じものが3個あるとき

aが3個で，残りの2個が同じものであるときはbが2個であるから，組合せは1通り。順列は $\frac{5!}{3!2!}=10$(通り)

aが3個で，残りの2個が異なるものであるときは，b, c, d, e, fの中から2個とるので，組合せは ${}_5C_2=10$(通り)。

順列は $\frac{5!}{3!}\times10=200$(通り)

(iii) 同じものが2個あるとき

2個の同じものが1組あって残りの3個が異なるもののときは，2個の同じものは，a, bのどちらかを2個とり，残った5個のものから3個とるから，そのとり方は ${}_5C_3$(通り)

よって，組合せは $2\times{}_5C_2=20$ (通り)

順列は $\frac{5!}{2!}\times20=1200$(通り)

2個の同じものが2組あるときは，a 2個，b 2個とり，残った4個のものから1個とるから，組合せは4通り。

順列は $\frac{5!}{2!2!}\times4=120$(通り)

(iv) 同じものがないとき

a, b, c, d, e, fの中から5個とるので，組合せは ${}_6C_5=6$(通り)

順列は ${}_6P_5=720$(通り)

(i)～(iv)より，組合せは

$5+1+10+20+4+6=46$(通り)

順列は

$25+10+200+1200+120+720=2275$(通り)

32 場合の数と確率

基本問題　本冊 p.80

答　$\frac{28}{55}$

検討　男女合わせた12人の中から3人を選ぶ方法は ${}_{12}C_3$ 通りある。そのうち，男子8人の中から2人を選ぶ方法は ${}_8C_2$ 通り，女子4人の中から1人を選ぶ方法は ${}_4C_1$ 通りある。

よって，求める確率は

$$\frac{{}_8C_2\times{}_4C_1}{{}_{12}C_3}=\frac{28\times4}{220}=\frac{28}{55}$$

答　$\frac{13}{15}$

検討　30個の球から4個の球の取り出し方は ${}_{30}C_4$ 通りある。そのうち，赤球を含まないような取り出し方は，残りの29個の中から4個取り出せばよいので ${}_{29}C_4$ 通りある。

よって，求める確率は

$$\frac{{}_{29}C_4}{{}_{30}C_4}=\frac{29\cdot28\cdot27\cdot26}{30\cdot29\cdot28\cdot27}=\frac{26}{30}=\frac{13}{15}$$

テスト対策

確率の計算では，いくつかのさいころや同じ色の球は，すべて**区別**して考えること。

答　$\frac{1}{10}$

検討　どの男子も隣り合わないのは，まず，女子が円形に並び，女子と女子の間に男子が並ぶと考えればよい。6人が円陣をつくる方法は，6個のものの円順列で，$(6-1)!$ 通りある。そのうち，女子3人が円陣をつくる方法は $(3-1)!$ 通りあり，女子と女子の間の3か所に男子3人が1人ずつ入る方法は $3!$ 通りある。

ゆえに，求める確率は

$$\frac{(3-1)!\times3!}{(6-1)!}=\frac{2!\times3!}{5!}=\frac{1}{10}$$

答　$\dfrac{5}{108}$

検討　3 個のさいころを A，B，C とすると，全部の場合の数は $6^3=216$(通り) ある。そのうち，目の和が 15 になるのは，次の 10 通りある。

A	3	4	4	5	5	5	6	6	6	6
B	6	5	6	4	5	6	3	4	5	6
C	6	6	5	6	5	4	6	5	4	3

よって，求める確率は　$\dfrac{10}{216}=\dfrac{5}{108}$

答　$\dfrac{1}{4}$

検討　全部の場合の数は $6^2=36$ (通り) ある。そのうち，A が 5 以上で B より大きい目の出方は
A が 5 で B が 1，2，3，4
A が 6 で B が 1，2，3，4，5
の 9 通りある。

よって，求める確率は　$\dfrac{9}{36}=\dfrac{1}{4}$

答　$\dfrac{1}{12}$

検討　$240=2^4\times3\times5$
これより 240 の約数は
$(4+1)\times(1+1)\times(1+1)=20$(個) ある。

よって，求める確率は　$\dfrac{20}{240}=\dfrac{1}{12}$

答　$\dfrac{22}{51}$

検討　全部の場合の数は ${}_{18}C_4$ 通りある。そのうち，取り出した 4 個の球が，白球が 3 個で赤球が 1 個である場合は，${}_{12}C_3\times{}_6C_1$(通り) ある。

よって，求める確率は

$$\frac{{}_{12}C_3\times{}_6C_1}{{}_{18}C_4}=\frac{220\times6}{3060}=\frac{22}{51}$$

答　$\dfrac{5}{14}$

検討　全部の場合の数は ${}_9C_5$ 通りある。そのうち，取り出した 5 個の球の中に赤球が 3 個含まれている場合の数は，残りの 2 個の球を白球，青球の合計 6 個の中から取り出せばよいので ${}_6C_2$ 通りある。
したがって，同じ色の球が 3 個含まれている場合の数は，${}_6C_2\times3$(通り) ある。
よって，求める確率は

$$\frac{{}_6C_2\times3}{{}_9C_5}=\frac{15\times3}{126}=\frac{5}{14}$$

答　$\dfrac{2}{9}$

検討　特定の 2 人を A，B とする。全部の場合の数は，A の位置を固定したとき，他の人が円形に並ぶ並び方だから，$(10-1)!=9!$ (通り) ある。そのうち，A の隣りに B が並ぶ並び方は 2 通り，他の人が円形に並ぶ並び方は $8!$ 通りある。

よって，求める確率は　$\dfrac{2\times8!}{9!}=\dfrac{2}{9}$

答　$\dfrac{1}{4}$

検討　全部の場合の数は $6^2=36$(通り) ある。そのうち，目の和が 4 の倍数となる場合を考える。目の数の和が 4 になるのは，(1，3)，(2，2)，(3，1) の 3 通り，目の和が 8 になるのは，(2，6)，(3，5)，(4，4)，(5，3)，(6，2) の 5 通り，目の和が 12 になるのは，(6，6) の 1 通りある。
よって，求める確率は

$$\frac{3+5+1}{36}=\frac{9}{36}=\frac{1}{4}$$

33 確率の基本性質

基本問題 本冊 p. 82

答 $\frac{3}{4}$

検討 表が1枚，裏が1枚出る事象を A_1，表が2枚出る事象を A_2 とすると，少なくとも1枚表が出る事象は $A_1 \cup A_2$ となる。全事象を U とすると，$n(U)=2\times2=4$

$n(A_1)=2$，$n(A_2)=1$ であるから

$P(A_1)=\frac{2}{4}$，$P(A_2)=\frac{1}{4}$

A_1，A_2 は互いに排反であるから

$P(A_1\cup A_2)=P(A_1)+P(A_2)=\frac{2}{4}+\frac{1}{4}=\frac{3}{4}$

(別解) 余事象を考えると，裏が2枚出る確率は $\frac{1}{4}$ であるから　$1-\frac{1}{4}=\frac{3}{4}$

答 $\frac{49}{60}$

検討 全部の場合の数は ${}_{10}C_3$ 通りある。

白球2個，黒球1個を取り出す事象を A とすると，$n(A)={}_7C_2\times{}_3C_1$ だから

$P(A)=\frac{{}_7C_2\times{}_3C_1}{{}_{10}C_3}=\frac{21\times3}{120}=\frac{63}{120}$

白球3個を取り出す事象を B とすると，

$n(B)={}_7C_3$ だから

$P(B)=\frac{{}_7C_3}{{}_{10}C_3}=\frac{35}{120}$

A，B は互いに排反であるから，確率の加法定理により，求める確率は

$$P(A\cup B)=P(A)+P(B)=\frac{63}{120}+\frac{35}{120}=\frac{98}{120}=\frac{49}{60}$$

答 $\frac{3}{10}$

検討 1等が当たる確率は $\frac{1}{100}$，2等が当たる確率は $\frac{10}{100}$，3等が当たる確率は $\frac{19}{100}$ で，これらの事象は互いに排反である。

よって，求める確率は

$$\frac{1}{100}+\frac{10}{100}+\frac{19}{100}=\frac{30}{100}=\frac{3}{10}$$

答 $\frac{5}{6}$

検討 奇数の目または4以下の目が出る事象を A とすると

$A=\{1,\ 3,\ 5\}\cup\{1,\ 2,\ 3,\ 4\}=\{1,\ 2,\ 3,\ 4,\ 5\}$

よって，求める確率は　$P(A)=\frac{5}{6}$

310

答 $\frac{2}{33}$

検討 取り出された4個の石が同じ色であるのは

A：白石が4個となる事象

B：黒石が4個となる事象

の2つの場合がある。

A，B の確率はそれぞれ

$P(A)=\frac{{}_5C_4}{{}_{11}C_4}=\frac{5}{330}$，$P(B)=\frac{{}_6C_4}{{}_{11}C_4}=\frac{15}{330}$

A，B は互いに排反であるから，加法定理により，求める確率は

$$P(A\cup B)=P(A)+P(B)=\frac{5}{330}+\frac{15}{330}=\frac{20}{330}=\frac{2}{33}$$

311

答 **0.84**

検討 当たる確率が0.16だから，当たらない確率は余事象の確率より

$1-0.16=0.84$

312

答 (1) $\frac{267}{1078}$　(2) $\frac{67}{245}$

検討 (1) 求める確率は，3 本中 1 本当たり，2 本はずれる確率だから

$$\frac{{}_{10}C_1 \times {}_{90}C_2}{{}_{100}C_3} = \frac{10 \times 45 \cdot 89}{50 \cdot 33 \cdot 98} = \frac{267}{1078}$$

(2) 少なくとも 1 本は当たる事象は，3 本ともはずれる事象の余事象であるから，求める確率は

$$1 - \frac{{}_{90}C_3}{{}_{100}C_3} = 1 - \frac{90 \cdot 89 \cdot 88}{100 \cdot 99 \cdot 98} = 1 - \frac{178}{245} = \frac{67}{245}$$

答 $\dfrac{\mathbf{15}}{\mathbf{16}}$

検討 硬貨を投げて，4 枚とも裏が出る確率は

$$\left(\frac{1}{2}\right)^4 = \frac{1}{16}$$

少なくとも 1 枚表が出る事象は，4 枚とも裏が出る事象の余事象であるから，求める確率は　$1 - \dfrac{1}{16} = \dfrac{15}{16}$

答 $\dfrac{\mathbf{7}}{\mathbf{8}}$

検討 硬貨を投げて，3 枚とも裏が出る確率は

$$\left(\frac{1}{2}\right)^3 = \frac{1}{8}$$

少なくとも 1 枚表が出る事象は，3 枚とも裏が出る事象の余事象だから，求める確率は

$$1 - \frac{1}{8} = \frac{7}{8}$$

答 $\dfrac{\mathbf{11}}{\mathbf{26}}$

検討 絵札(J，Q，K)が 1 枚も入っていない確率は

$$\frac{{}_{10}C_2}{{}_{13}C_2} = \frac{45}{78} = \frac{15}{26}$$

よって，絵札が少なくとも 1 枚入っている確率は，余事象の確率より

$$1 - \frac{15}{26} = \frac{11}{26}$$

> **テスト対策**
>
> **少なくとも 1 つ**というような事象の確率を考えるときは，**余事象の確率**を利用すると求めやすい。

応用問題 本冊 p. 84

316

答 $\dfrac{\mathbf{19}}{\mathbf{20}}$

検討 A が問題を解くという事象を A，B が問題を解くという事象を B とすると，求める確率は

$$P(A \cup B) = P(A) + P(B) - P(A \cap B)$$
$$= \frac{3}{5} + \frac{3}{4} - \frac{2}{5} = \frac{12 + 15 - 8}{20} = \frac{19}{20}$$

答 (1) $\dfrac{\mathbf{7}}{\mathbf{15}}$　(2) $\dfrac{\mathbf{8}}{\mathbf{15}}$

検討 (1) 2 個とも良品となるのは，不良品を除いた 7 個から 2 個とる場合だから

$$\frac{{}_7C_2}{{}_{10}C_2} = \frac{21}{45} = \frac{7}{15}$$

(2) 求める確率は，2 個とも良品である事象の余事象の確率であるから

$$1 - \frac{7}{15} = \frac{8}{15}$$

答 $\dfrac{\mathbf{5}}{\mathbf{6}}$

検討 2 個の目の数が異なるという事象を A とすると，その余事象 $\overline{A}$ は 2 個の目の数が同じであるという事象である。

2 個の目の数が同じである場合は (1，1)，(2，2)，(3，3)，(4，4)，(5，5)，(6，6) の 6 通りあるから，その確率は　$P(\overline{A}) = \dfrac{6}{36} = \dfrac{1}{6}$

よって，求める確率は

$$P(A) = 1 - P(\overline{A}) = 1 - \frac{1}{6} = \frac{5}{6}$$

答 $\dfrac{671}{1296}$

検討 1の目が1回以上出るという事象を A とすると，その余事象 $\overline{A}$ は1の目が1回も出ない，すなわち，4回とも2から6までの目が出るという事象である。

$P(\overline{A})=\dfrac{5^4}{6^4}=\dfrac{625}{1296}$

よって　$P(A)=1-P(\overline{A})=1-\dfrac{625}{1296}=\dfrac{671}{1296}$

34 確率の計算

基本問題　本冊 p. 85

答 (1) (a) $\dfrac{1}{6}$　(b) $\dfrac{5}{9}$　(c) $\dfrac{5}{18}$　(2) $\dfrac{305}{648}$

検討 (1) (a) $\dfrac{{}_4C_2}{{}_9C_2}=\dfrac{6}{36}=\dfrac{1}{6}$

(b) $\dfrac{{}_4C_1\times{}_5C_1}{{}_9C_2}=\dfrac{4\times5}{36}=\dfrac{5}{9}$

(c) $\dfrac{{}_5C_2}{{}_9C_2}=\dfrac{10}{36}=\dfrac{5}{18}$

(2) 題意に適するのは，次の(i)，(ii)，(iii)の場合である。

(i) Aから白球2個を取り出してBに入れ，次にBから白球2個を取り出してAに入れる。このときの確率は

$\dfrac{{}_4C_2\times{}_5C_2}{{}_9C_2\times{}_9C_2}=\dfrac{1}{6}\times\dfrac{5}{18}=\dfrac{5}{108}$

(ii) Aから白球，赤球を1個ずつ取り出してBに入れ，次にBから白球，赤球を1個ずつ取り出してAに入れる。

このときの確率は

$\dfrac{{}_4C_1\times{}_5C_1\times{}_4C_1\times{}_5C_1}{{}_9C_2\times{}_9C_2}=\dfrac{5}{9}\times\dfrac{5}{9}=\dfrac{25}{81}$

(iii) Aから赤球2個を取り出してBに入れ，次にBから赤球2個を取り出してAに入れる。このときの確率は

$\dfrac{{}_5C_2\times{}_6C_2}{{}_9C_2\times{}_9C_2}=\dfrac{5}{18}\times\dfrac{5}{12}=\dfrac{25}{216}$

これらの事象は互いに排反であるから，求める確率は

$\dfrac{5}{108}+\dfrac{25}{81}+\dfrac{25}{216}=\dfrac{30+200+75}{648}=\dfrac{305}{648}$

答 $\dfrac{23}{36}$

検討 全部の場合の数は ${}_9C_2$ 通りある。和が2の倍数になるのは，2数とも奇数または2数とも偶数の場合である。1から9までの数の中に，奇数が5個，偶数が4個ある。

したがって，和が2の倍数となる場合の数は

${}_5C_2+{}_4C_2=10+6=16$(通り)

また，和が3の倍数になるのは

1と2，1と5，1と8，2と4，2と7，3と6，3と9，4と5，4と8，5と7，6と9，7と8の12通りあるが，この中で和が2の倍数になるのは1と5，2と4，3と9，4と8，5と7の5通りある。

したがって，求める確率は

$\dfrac{16}{{}_9C_2}+\dfrac{12-5}{{}_9C_2}=\dfrac{23}{36}$

答 $\dfrac{2}{3}$

検討 だれがどの手で勝つかを考える。

全部の場合の数は $3^3=27$(通り)ある。

1人が勝つ場合，だれがただ1人の勝者となるかで ${}_3C_1$ 通り，どの手で勝つかで3通りある。よって，1人が勝つ場合の確率は

$\dfrac{{}_3C_1\times3}{27}=\dfrac{1}{3}$

2人が勝つ場合，どの2人が勝者となるかで ${}_3C_2$ 通り，どの手で勝つかで3通りある。よって，2人が勝つ場合の確率は

$\dfrac{{}_3C_2\times3}{27}=\dfrac{1}{3}$

2つの場合は互いに排反であるから，求める確率は　$\dfrac{1}{3}+\dfrac{1}{3}=\dfrac{2}{3}$

答　(1) $\dfrac{3}{10}$　(2) $\dfrac{7}{20}$

検討　全部の場合の数は 20 通りある。取り出したカードが 3 の倍数であるという事象を A，2 の倍数であるという事象を B とする。

(1) $n(A)=6$ より，$P(A)=\dfrac{6}{20}=\dfrac{3}{10}$

(2) $n(B)=10$，$n(A\cap B)=3$ より，

$P(B)=\dfrac{10}{20}$，$P(A\cap B)=\dfrac{3}{20}$

求める確率は，$P(\overline{A}\cap\overline{B})$ であり，ド・モルガンの法則より　$\overline{A}\cap\overline{B}=\overline{A\cup B}$

よって，求める確率は

$$P(\overline{A}\cap\overline{B})=P(\overline{A\cup B})=1-P(A\cup B)$$
$$=1-\{P(A)+P(B)-P(A\cap B)\}$$
$$=1-\left(\frac{6}{20}+\frac{10}{20}-\frac{3}{20}\right)$$
$$=1-\frac{13}{20}=\frac{7}{20}$$

答　$\dfrac{5}{6}$

検討　全部の場合の数は ${}_9C_2$ 通りある。取り出した 2 個の球の少なくとも 1 個は白球であるという事象を A とすると，その余事象 $\overline{A}$ は 2 個とも赤球であるという事象である。

$$P(\overline{A})=\frac{{}_4C_2}{{}_9C_2}=\frac{6}{36}=\frac{1}{6}$$

よって，求める確率は

$$P(A)=1-P(\overline{A})=1-\frac{1}{6}=\frac{5}{6}$$

答　(1) $\dfrac{4}{9}$　(2) $\dfrac{1}{6}$　(3) $\dfrac{1}{3}$　(4) $\dfrac{7}{12}$　(5) $\dfrac{5}{12}$

検討　(1) $\dfrac{{}_4C_1}{{}_9C_1}=\dfrac{4}{9}$　(2) $\dfrac{{}_4C_2}{{}_9C_2}=\dfrac{6}{36}=\dfrac{1}{6}$

(3) $\dfrac{{}_4C_1\times{}_3C_1}{{}_9C_2}=\dfrac{4\times3}{36}=\dfrac{1}{3}$

(4) 2 個とも青球とならないのは，青球を除いた 7 個の中から 2 個取り出す場合であるから，求める確率は

$$\frac{{}_7C_2}{{}_9C_2}=\frac{21}{36}=\frac{7}{12}$$

(5) 少なくとも 1 個が青球となる事象は 2 個とも青球でないという事象の余事象であるから，

求める確率は，(4)より　$1-\dfrac{7}{12}=\dfrac{5}{12}$

答　$\dfrac{37}{42}$

検討　全部の場合の数は ${}_9C_3$ 通りある。そのうち，3 枚とも奇数となるのは ${}_5C_3$ 通りあるから，その確率は　$\dfrac{{}_5C_3}{{}_9C_3}=\dfrac{10}{84}=\dfrac{5}{42}$

3 つの数の積が偶数となる事象は，3 つの数がすべて奇数となるという事象の余事象であるから，求める確率は　$1-\dfrac{5}{42}=\dfrac{37}{42}$

応用問題

本冊 p. 87

327

答　(1) $\dfrac{1}{7}$　(2) $\dfrac{1}{28}$

検討　(1) A と 1 回戦で当たるチームの組み合わせは，(A，B)，(A，C)，(A，D)，(A，E)，(A，F)，(A，G)，(A，H) の 7 通りある。そのうち A と B が 1 回戦で当たるのは 1 通りだから，求める確率は $\dfrac{1}{7}$

(2) 決勝戦で当たる 2 チームの組み合わせは ${}_8C_2=28$(通り) である。そのうち，A と B が当たるのは 1 通りだから，求める確率は $\dfrac{1}{28}$

328

答　(1) $\dfrac{37}{216}$　(2) $\dfrac{61}{216}$

検討　全部の場合の数は 6^3 通りある。

(1) 最大値が 4 となる事象は，すべて 4 以下の目が出る事象から，すべて 3 以下の目が出る事象を除けばよい。

よって　$\dfrac{4^3-3^3}{6^3}=\dfrac{64-27}{216}=\dfrac{37}{216}$

(2) 最小値が2となる事象は，すべて2以上の目が出る事象から，すべて3以上の目が出る事象を除けばよい。

よって　$\dfrac{5^3-4^3}{6^3}=\dfrac{125-64}{216}=\dfrac{61}{216}$

答　$\dfrac{2}{3}$

検討　2個とも異なる色であるという事象は，2個とも同じ色であるという事象の余事象で，赤球2個または黒球2個または白球2個取り出す場合である。

したがって，求める確率は

$1-\left(\dfrac{{}_6C_2}{{}_{12}C_2}+\dfrac{{}_4C_2}{{}_{12}C_2}+\dfrac{{}_2C_2}{{}_{12}C_2}\right)$

$=1-\left(\dfrac{15}{66}+\dfrac{6}{66}+\dfrac{1}{66}\right)=1-\dfrac{22}{66}=\dfrac{44}{66}=\dfrac{2}{3}$

35 試行の独立と確率

基本問題 本冊 p. 88

答　(1) $\dfrac{1}{4}$　(2) $\dfrac{3}{4}$

検討　(1) 1回の試行で，偶数の目が出る確率は $\dfrac{3}{6}=\dfrac{1}{2}$ だから，求める確率は $\left(\dfrac{1}{2}\right)^2=\dfrac{1}{4}$

(2) 目の積が偶数となるのは，2回の目の数の組が(偶数，偶数)，(偶数，奇数)，(奇数，偶数)となる場合だから，求める確率は $\left(\dfrac{1}{2}\right)^2+\dfrac{1}{2}\times\left(1-\dfrac{1}{2}\right)\times2=\dfrac{3}{4}$

答　$\dfrac{15}{112}$

検討　3個とも赤球となるのは，Aから赤球2個，Bから赤球1個を取り出す場合で，それらは独立な試行であるから，求める確率は

$\dfrac{{}_5C_2}{{}_8C_2}\times\dfrac{{}_3C_1}{{}_8C_1}=\dfrac{10}{28}\times\dfrac{3}{8}=\dfrac{15}{112}$

答　$\dfrac{27}{1000}$

検討　1回の試行で当たりくじを引く確率は $\dfrac{3}{10}$

くじを3回引くことは，それぞれ独立な試行であるから，求める確率は $\left(\dfrac{3}{10}\right)^3=\dfrac{27}{1000}$

応用問題 本冊 p. 88

333

答　(1) $\dfrac{1}{48}$　(2) $\dfrac{241}{288}$

検討　(1) 5人が問題を解くことは，それぞれ独立な試行であるから，求める確率は

$\dfrac{3}{4}\times\dfrac{2}{3}\times\dfrac{1}{2}\times\dfrac{1}{3}\times\dfrac{1}{4}=\dfrac{6}{288}=\dfrac{1}{48}$

(2) 問題を解けない確率は，それぞれ

$1-\dfrac{3}{4}=\dfrac{1}{4}$，$1-\dfrac{2}{3}=\dfrac{1}{3}$，$1-\dfrac{1}{2}=\dfrac{1}{2}$，

$1-\dfrac{1}{3}=\dfrac{2}{3}$，$1-\dfrac{1}{4}=\dfrac{3}{4}$

だから，

5人すべてが問題を解けない確率は

$\dfrac{1}{4}\times\dfrac{1}{3}\times\dfrac{1}{2}\times\dfrac{2}{3}\times\dfrac{3}{4}=\dfrac{6}{288}$

1人だけが問題を解く確率は

$\dfrac{3}{4}\times\dfrac{1}{3}\times\dfrac{1}{2}\times\dfrac{2}{3}\times\dfrac{3}{4}+\dfrac{1}{4}\times\dfrac{2}{3}\times\dfrac{1}{2}\times\dfrac{2}{3}\times\dfrac{3}{4}$

$+\dfrac{1}{4}\times\dfrac{1}{3}\times\dfrac{1}{2}\times\dfrac{2}{3}\times\dfrac{3}{4}$

$+\dfrac{1}{4}\times\dfrac{1}{3}\times\dfrac{1}{2}\times\dfrac{1}{3}\times\dfrac{3}{4}$

$+\dfrac{1}{4}\times\dfrac{1}{3}\times\dfrac{1}{2}\times\dfrac{2}{3}\times\dfrac{1}{4}$

$=\dfrac{18}{288}+\dfrac{12}{288}+\dfrac{6}{288}+\dfrac{3}{288}+\dfrac{2}{288}=\dfrac{41}{288}$

したがって，少なくとも2人が問題を解く確率は，余事象の確率より

$1-\left(\dfrac{6}{288}+\dfrac{41}{288}\right)=1-\dfrac{47}{288}=\dfrac{241}{288}$

334

答　(1) **晴 0.51，曇 0.32，雨 0.17**
(2) **0.215**

検討　(1) 5 月 5 日が晴となるのは，晴 → 晴 → 晴，晴 → 曇 → 晴，晴 → 雨 → 晴となる場合がある。
5 月 5 日が曇となるのは，晴 → 晴 → 曇，晴 → 曇 → 曇，晴 → 雨 → 曇となる場合がある。
5 月 5 日が雨となるのは，晴 → 晴 → 雨，晴 → 曇 → 雨，晴 → 雨 → 雨となる場合がある。
よって
晴：$0.6\times0.6+0.3\times0.4+0.1\times0.3=0.51$
曇：$0.6\times0.3+0.3\times0.3+0.1\times0.5=0.32$
雨：$0.6\times0.1+0.3\times0.3+0.1\times0.2=0.17$
(2) 同じ天気が 3 日間続くのは，晴 → 晴 → 晴，曇 → 曇 → 曇，雨 → 雨 → 雨となる場合がある。よって
$0.5\times0.6\times0.6+0.3\times0.3\times0.3+0.2\times0.2\times0.2$
$=0.215$

335

答　(1) **0.09**　(2) **0.162**

検討　(1) B が 4 連勝するのは，1 回戦から 4 回戦までに，A，C，A，C に勝つ場合であるから，求める確率は
$(1-0.4)\times0.5\times(1-0.4)\times0.5=0.09$
(2) C が 3 連勝するのは，1 回戦で A が B に勝ち，2 回戦から 4 回戦までに，C が A，B，A に勝つ場合と，1 回戦で B が A に勝ち，2 回戦から 4 回戦までに，C が B，A，B に勝つ場合がある。
よって，求める確率は
$0.4\times0.6\times(1-0.5)\times0.6$
$\quad+(1-0.4)\times(1-0.5)\times0.6\times(1-0.5)$
$=0.072+0.09=0.162$

336

答　$\boldsymbol{\dfrac{17}{81}}$

検討　3 連勝して A が勝者となる確率は
$\left(\dfrac{1}{3}\right)^3=\dfrac{1}{27}$
4 試合目で A が勝者となるのは，3 試合目までに A が 2 勝 1 敗となり，4 試合目に A が勝つ場合である。その確率は
${}_3C_2\left(\dfrac{1}{3}\right)^2\left(\dfrac{2}{3}\right)\times\dfrac{1}{3}=\dfrac{2}{27}$
5 試合目で A が勝者となるのは，4 試合目までに A が 2 勝 2 敗となり，5 試合目に A が勝つ場合である。その確率は
${}_4C_2\left(\dfrac{1}{3}\right)^2\left(\dfrac{2}{3}\right)^2\times\dfrac{1}{3}=\dfrac{8}{81}$
よって，求める確率は
$\dfrac{1}{27}+\dfrac{2}{27}+\dfrac{8}{81}=\dfrac{17}{81}$

337

答　(1) **105 通り**　(2) **15 通り**　(3) $\boldsymbol{\dfrac{4}{7}}$

検討　(1) 1 回戦の第 1 試合の対戦の組み合わせは ${}_8C_2$ 通り，第 2 試合の対戦の組み合わせは ${}_6C_2$ 通り，第 3 試合の対戦の組み合わせは ${}_4C_2$ 通りで，残った 2 チームが第 4 試合の組み合わせとなる。試合の順序は考えないから，求める対戦の組み合わせは
$\dfrac{{}_8C_2\times{}_6C_2\times{}_4C_2\times{}_2C_2}{4!}=\dfrac{28\times15\times6\times1}{24}$
$=105$(通り)
(2) B が 1 回戦で負けるのは，B は A 以外のすべてのチームに勝つので，A と B が 1 回戦で対戦する場合である。これは A が 7 チームある中で，B と対戦する場合であるから
$105\div7=15$(通り)
(3) B が決勝戦に進出するのは，1 回戦，2 回戦ともに勝つ場合で，B が 1 回戦で勝つ確率は，A 以外の 6 チームと対戦すればよいので $\dfrac{6}{7}$
B が 2 回戦で勝つ確率は，2 回戦に進出した 3 チームの中で A 以外の 2 チームと対戦すればよいので $\dfrac{2}{3}$
したがって，求める確率は　$\dfrac{6}{7}\times\dfrac{2}{3}=\dfrac{4}{7}$

36 反復試行の確率

基本問題　本冊 *p.* 90

338

答　(1) $\mathbf{\frac{80}{243}}$　(2) $\mathbf{\frac{40}{243}}$　(3) $\mathbf{\frac{131}{243}}$

検討　1 回の試行で 1 または 2 の目が出る確率は $\frac{2}{6}=\frac{1}{3}$，1 または 2 の目が出ない確率は $1-\frac{1}{3}=\frac{2}{3}$ である。

(1) ${}_5C_2\left(\frac{1}{3}\right)^2\left(\frac{2}{3}\right)^3=10\times\frac{2^3}{3^5}=\frac{80}{243}$

(2) ${}_5C_3\left(\frac{1}{3}\right)^3\left(\frac{2}{3}\right)^2=10\times\frac{2^2}{3^5}=\frac{40}{243}$

(3) 1 または 2 の目が少なくとも 2 回出るという事象の余事象は，1 または 2 の目が 0 回または 1 回出る事象だから，求める確率は

$1-\left\{{}_5C_0\left(\frac{1}{3}\right)^0\left(\frac{2}{3}\right)^5+{}_5C_1\left(\frac{1}{3}\right)\left(\frac{2}{3}\right)^4\right\}$

$=1-\left(1\times\frac{2^5}{3^5}+5\times\frac{2^4}{3^5}\right)$

$=1-\frac{32+80}{243}=\frac{131}{243}$

339

答　(1) $\mathbf{\frac{5}{16}}$　(2) $\mathbf{\frac{5}{16}}$　(3) $\mathbf{\frac{13}{16}}$

検討　1 回の試行で表が出る確率は $\frac{1}{2}$，裏が出る確率は $1-\frac{1}{2}=\frac{1}{2}$ である。

(1) ${}_5C_2\left(\frac{1}{2}\right)^2\left(\frac{1}{2}\right)^3={}_5C_2\left(\frac{1}{2}\right)^5=\frac{10}{2^5}=\frac{5}{16}$

(2) ${}_5C_3\left(\frac{1}{2}\right)^3\left(\frac{1}{2}\right)^2={}_5C_3\left(\frac{1}{2}\right)^5=\frac{10}{2^5}=\frac{5}{16}$

(3) 5 回の試行で，表が 0 回，1 回出る確率はそれぞれ

${}_5C_0\left(\frac{1}{2}\right)^0\left(\frac{1}{2}\right)^5={}_5C_0\left(\frac{1}{2}\right)^5=\frac{1}{32}$

${}_5C_1\left(\frac{1}{2}\right)\left(\frac{1}{2}\right)^4={}_5C_1\left(\frac{1}{2}\right)^5=\frac{5}{32}$

であるから，少なくとも 2 回表が出る確率は，余事象の確率より

$1-\left(\frac{1}{32}+\frac{5}{32}\right)=\frac{26}{32}=\frac{13}{16}$

340

答　$\mathbf{\frac{144}{625}}$

検討　1 回の試行で赤球が出る確率は $\frac{4}{10}=\frac{2}{5}$，白球が出る確率は $1-\frac{2}{5}=\frac{3}{5}$ であるから，5 回の試行で赤球が 3 回出る確率は

${}_5C_3\left(\frac{2}{5}\right)^3\left(\frac{3}{5}\right)^2=10\times\frac{2^3\times3^2}{5^5}=\frac{144}{625}$

341

答　(1) $\mathbf{\frac{5}{16}}$　(2) $\mathbf{\frac{5}{16}}$　(3) $\mathbf{\frac{3}{16}}$　(4) $\mathbf{\frac{131}{243}}$

(5) $\mathbf{\frac{232}{243}}$

検討　(1) 1 回の試行で奇数の目が出る確率は $\frac{3}{6}=\frac{1}{2}$，偶数の目が出る確率は $\frac{3}{6}=\frac{1}{2}$ であるから，5 回のうち，奇数の目が 3 回出る確率は

${}_5C_3\left(\frac{1}{2}\right)^3\left(\frac{1}{2}\right)^2=\frac{10}{2^5}=\frac{5}{16}$

(2) 偶数の目が 5 回中 2 回出る確率は

${}_5C_2\left(\frac{1}{2}\right)^2\left(\frac{1}{2}\right)^3=\frac{10}{2^5}=\frac{5}{16}$

(3) 偶数の目が 5 回中 4 回出る確率は

${}_5C_4\left(\frac{1}{2}\right)^4\left(\frac{1}{2}\right)=\frac{5}{32}$

偶数の目が 5 回出る確率は

${}_5C_5\left(\frac{1}{2}\right)^5=\frac{1}{32}$

よって，偶数の目が 4 回以上出る確率は

$\frac{5}{32}+\frac{1}{32}=\frac{6}{32}=\frac{3}{16}$

(4) 1 回の試行で 3 の倍数の目が出る確率は $\frac{2}{6}=\frac{1}{3}$ であるから，3 の倍数の目が 5 回中 1 回も出ない確率は

${}_5C_0\left(1-\frac{1}{3}\right)^5={}_5C_0\left(\frac{2}{3}\right)^5=\frac{32}{243}$

3 の倍数の目が 5 回中 1 回出る確率は

$$_5C_1\left(\frac{1}{3}\right)\left(1-\frac{1}{3}\right)^4={}_5C_1\left(\frac{1}{3}\right)\left(\frac{2}{3}\right)^4=\frac{80}{243}$$

よって，3の倍数の目が2回以上出る確率は，余事象の確率より

$$1-\left(\frac{32}{243}+\frac{80}{243}\right)=\frac{131}{243}$$

(5) 偶数または5以上の目が出る確率は $\frac{4}{6}=\frac{2}{3}$ であるから，偶数または5以上の目が5回中1回も出ない確率は

$$_5C_0\left(1-\frac{2}{3}\right)^5={}_5C_0\left(\frac{1}{3}\right)^5=\frac{1}{243}$$

偶数または5以上の目が5回中1回出る確率は

$$_5C_1\left(\frac{2}{3}\right)\left(1-\frac{2}{3}\right)^4={}_5C_1\left(\frac{2}{3}\right)\left(\frac{1}{3}\right)^4=\frac{10}{243}$$

よって，偶数または5以上の目が2回以上出る確率は，余事象の確率より

$$1-\left(\frac{1}{243}+\frac{10}{243}\right)=\frac{232}{243}$$

応用問題

本冊 p. 91

342

答 (1) $\frac{65}{81}$ (2) $\frac{1}{1296}$ (3) $\frac{1}{324}$ (4) $\frac{5}{648}$

検討 (1) 1回の試行で，1または6の目が出る確率は $\frac{2}{6}=\frac{1}{3}$ であるから，4回とも1または6の目が出ない確率は

$$_4C_0\left(1-\frac{1}{3}\right)^4={}_4C_0\left(\frac{2}{3}\right)^4=\frac{16}{81}$$

よって，1個のさいころを4回投げるとき，1または6の目が少なくとも1回出る確率は，余事象の確率より

$$1-\frac{16}{81}=\frac{65}{81}$$

(2) 目の数の和が4になるのは，1の目が4回出る場合だから

$$_4C_4\left(\frac{1}{6}\right)^4=\frac{1}{1296}$$

(3) 目の数の和が5になるのは，1の目が3回，2の目が1回出る場合だから

$$_4C_3\left(\frac{1}{6}\right)^3\left(\frac{1}{6}\right)=\frac{1}{324}$$

(4) 目の数の和が6になるのは，次の2つの場合である。

(i) 1の目が2回，2の目が2回出る。

(ii) 1の目が3回，3の目が1回出る。

よって，(i)，(ii)より，求める確率は

$$_4C_2\left(\frac{1}{6}\right)^2\left(\frac{1}{6}\right)^2+{}_4C_3\left(\frac{1}{6}\right)^3\left(\frac{1}{6}\right)$$

$$=\frac{6}{1296}+\frac{4}{1296}=\frac{10}{1296}=\frac{5}{648}$$

343

答 順に $\frac{1}{2}$，$\frac{7}{8}$

検討 和 $x+y+z$ が偶数となるのは，2つの場合がある。

3回とも偶数の目が出るとき，その確率は

$$\left(\frac{1}{2}\right)^3=\frac{1}{8}$$

奇数の目が2回，偶数の目が1回出るとき，

その確率は $_3C_2\left(\frac{1}{2}\right)^2\left(\frac{1}{2}\right)=\frac{3}{8}$

よって，求める確率は $\frac{1}{8}+\frac{3}{8}=\frac{4}{8}=\frac{1}{2}$

次に x，y，z の少なくとも1つが偶数であるという事象は，3回とも奇数の目が出るという事象の余事象であるから，求める確率は

$$1-\left(\frac{1}{2}\right)^3=1-\frac{1}{8}=\frac{7}{8}$$

344

答 (1) $\frac{1}{2}$ (2) $\frac{15}{16}$

検討 (1) 和 $a+b+c+d$ が偶数となるのは，次の3つの場合がある。

(i) a，b，c，d がすべて偶数

(ii) a，b，c，d のうちどれか2つが偶数で，他の2つが奇数

(iii) a，b，c，d がすべて奇数

偶数の目，奇数の目が出る確率はどちらも $\frac{1}{2}$ であるから，(i)，(ii)，(iii)の起こる確率は，それぞれ $_4C_0\left(\frac{1}{2}\right)^4=\frac{1}{16}$，

$_4C_2\left(\frac{1}{2}\right)^2\left(\frac{1}{2}\right)^2=\frac{6}{16}$，$_4C_4\left(\frac{1}{2}\right)^4=\frac{1}{16}$

したがって，求める確率は

$\frac{1}{16}+\frac{6}{16}+\frac{1}{16}=\frac{8}{16}=\frac{1}{2}$

(2) 積 $abcd$ が偶数となるという事象の余事象は，積 $abcd$ が奇数となるという事象である。$abcd$ が奇数となるのは，a，b，c，d がすべて奇数のときであるから，求める確率は

$1-\left(\frac{1}{2}\right)^4=1-\frac{1}{16}=\frac{15}{16}$

答　$\mathbf{\frac{64}{81}}$

検討　A が優勝するのは，A が 3 勝，3 勝 1 敗，3 勝 2 敗の 3 つの場合がある。

A が 3 勝する確率は　${}_3C_3\left(\frac{2}{3}\right)^3=\frac{8}{27}$

A が 3 勝 1 敗となる確率は，例題研究より $\frac{8}{27}$

A が 3 勝 2 敗で優勝するのは，4 ゲーム目までに 2 勝 2 敗で，5 ゲーム目に A が勝つときなので

${}_4C_2\left(\frac{2}{3}\right)^2\left(\frac{1}{3}\right)^2\times\frac{2}{3}=6\times\frac{2^3}{3^5}=\frac{2^4}{3^4}=\frac{16}{81}$

よって，求める確率は　$\frac{8}{27}+\frac{8}{27}+\frac{16}{81}=\frac{64}{81}$

テスト対策

先に 3 勝したほうが優勝というような問題で，A が 3 勝 1 敗で優勝する確率は，**3 試合目までに A が 2 勝 1 敗**となる確率に，4 試合目に A が勝つ確率を掛ければよい。

答　(1) $\mathbf{\frac{8}{27}}$　(2) $\mathbf{\frac{37}{216}}$

検討　(1) $m\geqq3$ となるのは，3 回とも 3 以上の目が出るときであるから，求める確率は

$\left(\frac{4}{6}\right)^3=\left(\frac{2}{3}\right)^3=\frac{8}{27}$

(2) $m=3$ となるのは，3 回とも 3 以上の目が出る場合から，3 回とも 4 以上の目が出る場合を除いたものである。

よって，求める確率は

$\left(\frac{4}{6}\right)^3-\left(\frac{3}{6}\right)^3=\frac{64}{216}-\frac{27}{216}=\frac{37}{216}$

答　$\mathbf{\frac{2133}{3125}}$

検討　この生徒は 5 題のうち 3 題の割合で問題を解くから，1 題解く確率は $\frac{3}{5}$

よって，求める確率は，5 題中 3 題または 4 題または 5 題解く確率で

${}_5C_3\left(\frac{3}{5}\right)^3\left(\frac{2}{5}\right)^2+{}_5C_4\left(\frac{3}{5}\right)^4\left(\frac{2}{5}\right)+{}_5C_5\left(\frac{3}{5}\right)^5$

$=\frac{10\cdot3^3\cdot2^2}{5^5}+\frac{5\cdot3^4\cdot2}{5^5}+\frac{3^5}{5^5}=\frac{2133}{3125}$

答　$\mathbf{\frac{45}{1024}}$

検討　硬貨を 10 回投げたとき，表が x 回出たとすると，もらった金額の合計から

$10x+5(10-x)=60$

これより　$x=2$

よって，求める確率は，硬貨を 10 回投げるとき，表が 2 回出る確率だから

${}_{10}C_2\left(\frac{1}{2}\right)^2\left(\frac{1}{2}\right)^8=\frac{45}{1024}$

答　$\mathbf{\frac{80}{243}}$

検討　X から北へ 2 区画，東へ 4 区画進めば Y に到達する。1 回の試行で北へ 1 区画進む確率は $\frac{2}{6}=\frac{1}{3}$，東へ 1 区画進む確率は $\frac{4}{6}=\frac{2}{3}$ だから，求める確率は

${}_6C_2\left(\frac{1}{3}\right)^2\left(\frac{2}{3}\right)^4=15\times\frac{2^4}{3^6}=\frac{80}{243}$

37 条件つき確率と乗法定理

基本問題　本冊 *p.* 93

350

答　$\dfrac{2}{11}$

検討　$P_A(B)$ は，12 枚のカードの中から 1 回目にスペードを引き，その状態で 2 回目にスペードを引く確率を表している。1 回目にスペードを引くと，残りの 11 枚のカードの中にスペードが 2 枚残っている。

よって　$P_A(B)=\dfrac{2}{11}$

351

答　(1) $\dfrac{1}{6}$　(2) $\dfrac{2}{3}$　(3) $\dfrac{1}{3}$

検討　(1) $A\cap B=\{6\}$ だから　$P(A\cap B)=\dfrac{1}{6}$

(2) $A=\{2,\ 4,\ 6\}$，$B=\{3,\ 6\}$ だから

$P(A)=\dfrac{3}{6}$，$P(B)=\dfrac{2}{6}$

よって　$P(A\cup B)=P(A)+P(B)-P(A\cap B)$

$=\dfrac{3}{6}+\dfrac{2}{6}-\dfrac{1}{6}=\dfrac{4}{6}=\dfrac{2}{3}$

(3) $P_A(B)=\dfrac{P(A\cap B)}{P(A)}=\dfrac{1}{6}\div\dfrac{3}{6}=\dfrac{1}{3}$

352

答　(1) $\dfrac{5}{18}$　(2) $\dfrac{5}{9}$

検討　1 回目に赤球が出るという事象を A，2 回目に赤球が出るという事象を B とする。

(1) 1 回目に白球が出て，2 回目に赤球が出る事象は $\overline{A}\cap B$ だから，乗法定理により，求める確率は

$P(\overline{A}\cap B)=P(\overline{A})\cdot P_{\overline{A}}(B)=\dfrac{4}{9}\times\dfrac{5}{8}=\dfrac{5}{18}$

(2) 2 回目に赤球が出るのは，1 回目に白球が出て 2 回目に赤球が出る場合と，1 回目に赤球が出て 2 回目も赤球が出る場合で，2 つの事象は互いに排反だから，求める確率は

$P(B)=P(\overline{A}\cap B)+P(A\cap B)$

$=P(\overline{A})\cdot P_{\overline{A}}(B)+P(A)\cdot P_A(B)$

$=\dfrac{5}{18}+\dfrac{5}{9}\times\dfrac{4}{8}=\dfrac{5}{9}$

353

答　(1) $\dfrac{1}{2}$　(2) $\dfrac{2}{3}$

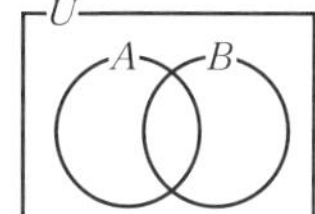

検討　選んだ生徒が音楽が好きであるという事象を A，体育が好きであるという事象を B とすると

$P(A)=\dfrac{80}{100}$，$P(B)=\dfrac{60}{100}$，

$P(A\cap B)=\dfrac{40}{100}$ だから，乗法定理により

(1) $P_A(B)=\dfrac{P(A\cap B)}{P(A)}=\dfrac{40}{100}\div\dfrac{80}{100}=\dfrac{1}{2}$

(2) $P_B(A)=\dfrac{P(A\cap B)}{P(B)}=\dfrac{40}{100}\div\dfrac{60}{100}=\dfrac{2}{3}$

応用問題　本冊 *p.* 94

354

答　$\dfrac{2}{5}$

検討　C が当たるのは次の 4 つの場合である。

(i) A，B が当たり，C が当たる

(ii) A が当たり，B が当たらないで，C が当たる

(iii) A が当たらないで，B が当たり，C が当たる

(iv) A，B が当たらないで，C が当たる

(i)の場合の確率は　$\dfrac{4}{10}\times\dfrac{3}{9}\times\dfrac{2}{8}=\dfrac{1}{30}$

(ii)の場合の確率は　$\dfrac{4}{10}\times\dfrac{6}{9}\times\dfrac{3}{8}=\dfrac{3}{30}$

(iii)の場合の確率は　$\dfrac{6}{10}\times\dfrac{4}{9}\times\dfrac{3}{8}=\dfrac{3}{30}$

(iv)の場合の確率は　$\dfrac{6}{10}\times\dfrac{5}{9}\times\dfrac{4}{8}=\dfrac{5}{30}$

(i)～(iv)はどの 2 つの事象も互いに排反だから，C が当たる確率は

$\dfrac{1}{30}+\dfrac{3}{30}+\dfrac{3}{30}+\dfrac{5}{30}=\dfrac{12}{30}=\dfrac{2}{5}$

答 (1) $\dfrac{11}{15}$ (2) $\dfrac{3}{10}$

検討 乗法定理 $P(A\cap B)=P(A)\cdot P_A(B)$ $=P(B)\cdot P_B(A)$ を用いる。

(1) $P(A\cap B)=P(A)\cdot P_A(B)=\dfrac{1}{2}\times\dfrac{1}{5}=\dfrac{1}{10}$

よって

$$P(A\cup B)=P(A)+P(B)-P(A\cap B)$$
$$=\frac{1}{2}+\frac{1}{3}-\frac{1}{10}=\frac{11}{15}$$

(2) $P_B(A)=\dfrac{P(A\cap B)}{P(B)}=\dfrac{1}{10}\div\dfrac{1}{3}=\dfrac{3}{10}$

答 (1) $\dfrac{1}{8}$ (2) $\dfrac{2}{9}$

検討 (1) $P(B)=\dfrac{3^3}{6^3}=\left(\dfrac{1}{2}\right)^3=\dfrac{1}{8}$

(2) 目の数の和が 10 で，3 個とも偶数の目が出るのは，右の表のように 6 通りである。よって

大	中	小
2	2	6
2	4	4
2	6	2
4	2	4
4	4	2
6	2	2

$P(A\cap B)=\dfrac{6}{6^3}=\dfrac{1}{36}$

したがって

$P_B(A)=\dfrac{P(A\cap B)}{P(B)}=\dfrac{1}{36}\div\dfrac{1}{8}=\dfrac{2}{9}$

357

答 (1) $\dfrac{37}{1000}$ (2) $\dfrac{35}{74}$

検討 取り出した 1 個の製品が A の製品であるという事象を X，不良品であるという事象を Y とすると，

$P(X)=\dfrac{35}{100}$，$P(\overline{X})=\dfrac{65}{100}$，

$P_X(Y)=\dfrac{5}{100}$，$P_{\overline{X}}(Y)=\dfrac{3}{100}$ である。

(1) 不良品には A で製造された不良品と，B で製造された不良品の 2 つの場合があり，これらは互いに排反である。

$P(X\cap Y)=P(X)\cdot P_X(Y)=\dfrac{35}{100}\times\dfrac{5}{100}$

$P(\overline{X}\cap Y)=P(\overline{X})\cdot P_{\overline{X}}(Y)=\dfrac{65}{100}\times\dfrac{3}{100}$

よって，求める確率は

$$P(Y)=P(X\cap Y)+P(\overline{X}\cap Y)$$
$$=\frac{35\times5+65\times3}{10000}=\frac{37}{1000}$$

(2) 選んだ製品が不良品であったとき，それが A の製品である確率は $P_Y(X)$ である。よって

$P_Y(X)=\dfrac{P(X\cap Y)}{P(Y)}=\dfrac{175}{10000}\div\dfrac{37}{1000}=\dfrac{35}{74}$

答 $\dfrac{5}{9}$

検討 A の袋を選ぶという事象を X，白球を 1 個取り出すという事象を Y とすると，求める確率は $P_Y(X)$ である。乗法定理により

白 5 赤 3 (A)　白 4 赤 4 (B)

$P(X\cap Y)$
$=P(X)\cdot P_X(Y)$
$=\dfrac{1}{2}\times\dfrac{5}{8}=\dfrac{5}{16}$

$P(\overline{X}\cap Y)$
$=P(\overline{X})\cdot P_{\overline{X}}(Y)=\dfrac{1}{2}\times\dfrac{4}{8}=\dfrac{4}{16}$

よって　$P(Y)=P(X\cap Y)+P(\overline{X}\cap Y)$
$=\dfrac{5}{16}+\dfrac{4}{16}=\dfrac{9}{16}$

したがって，求める確率は

$P_Y(X)=\dfrac{P(X\cap Y)}{P(Y)}=\dfrac{5}{16}\div\dfrac{9}{16}=\dfrac{5}{9}$

答 $\dfrac{13}{35}$

検討 赤玉の個数がはじめより増加する場合を考える。A の袋から取り出した球の個数と色について

<table>
<tr><th></th><th>A→B</th><th>B→A</th></tr>
<tr><td>(i)</td><td>赤 1，白 1</td><td>赤 2</td></tr>
<tr><td rowspan="2">(ii)</td><td rowspan="2">白 2</td><td>赤 1，白 1</td></tr>
<tr><td>赤 2</td></tr>
</table>

(i) 赤 1，白 1 (残りは赤 2，白 1)
(ii) 白 2 (残りは赤 3，白 0)
のどちらかが起こり，これらは互いに排反である。(i)，(ii)が起こったとき，B の袋の球の個数と色は，それぞれ次のようになる。

(i) 赤5，白2　(ii) 赤4，白3

次に，Bの袋から2個の球を取り出してAの袋に戻すとき，Aの袋の球の個数がはじめより増加するのは，Bの袋から2個の球を次のように取り出すときである。

(i) 赤2　(ii) 赤1，白1または赤2

よって，求める確率は

$$\frac{{}_3C_1\times{}_2C_1}{{}_5C_2}\times\frac{{}_5C_2}{{}_7C_2}+\frac{{}_2C_2}{{}_5C_2}\times\frac{{}_4C_1\times{}_3C_1}{{}_7C_2}+\frac{{}_2C_2}{{}_5C_2}\times\frac{{}_4C_2}{{}_7C_2}$$

$$=\frac{6}{10}\times\frac{10}{21}+\frac{1}{10}\times\frac{12}{21}+\frac{1}{10}\times\frac{6}{21}=\frac{78}{210}=\frac{13}{35}$$

38 期待値

基本問題 本冊 p. 95

答 7

検討 さいころの出た目の数の和を X とすると，X の値とその確率の表は，次のようになる。

X	2	3	4	5	6	7	8	9	10	11	12	計
確率	$\frac{1}{36}$	$\frac{2}{36}$	$\frac{3}{36}$	$\frac{4}{36}$	$\frac{5}{36}$	$\frac{6}{36}$	$\frac{5}{36}$	$\frac{4}{36}$	$\frac{3}{36}$	$\frac{2}{36}$	$\frac{1}{36}$	1

よって，求める期待値は

$$2\times\frac{1}{36}+3\times\frac{2}{36}+4\times\frac{3}{36}+5\times\frac{4}{36}$$

$$+6\times\frac{5}{36}+7\times\frac{6}{36}+8\times\frac{5}{36}+9\times\frac{4}{36}$$

$$+10\times\frac{3}{36}+11\times\frac{2}{36}+12\times\frac{1}{36}=\frac{252}{36}=7$$

答 $\frac{3}{2}$ 枚

検討 全部の場合の数は $2^3=8$(通り)ある。表が出た硬貨の枚数を X とすると，X のとりうる値は $X=0,\ 1,\ 2,\ 3$ である。

$X=0$ となるのは，裏が3枚出たときで，その確率は　${}_3C_0\left(\frac{1}{2}\right)^3=\frac{1}{8}$

$X=1$ となるのは，表が1枚，裏が2枚出たときで，その確率は　${}_3C_1\left(\frac{1}{2}\right)\left(\frac{1}{2}\right)^2=\frac{3}{8}$

$X=2$ となるのは，表が2枚，裏が1枚出たときで，その確率は　${}_3C_2\left(\frac{1}{2}\right)^2\left(\frac{1}{2}\right)=\frac{3}{8}$

$X=3$ となるのは，表が3枚出たときで，その確率は　${}_3C_3\left(\frac{1}{2}\right)^3=\frac{1}{8}$

X	0	1	2	3	計
確率	$\frac{1}{8}$	$\frac{3}{8}$	$\frac{3}{8}$	$\frac{1}{8}$	1

よって，求める期待値は

$$0\times\frac{1}{8}+1\times\frac{3}{8}+2\times\frac{3}{8}+3\times\frac{1}{8}=\frac{12}{8}=\frac{3}{2}\text{(枚)}$$

答 250円

検討 もらえる賞金とその確率の表は，次のようになる。

賞金	0円	200円	600円	1000円	計
確率	$\frac{7}{20}$	$\frac{8}{20}$	$\frac{4}{20}$	$\frac{1}{20}$	1

よって，求める期待値は

$$0\times\frac{7}{20}+200\times\frac{8}{20}+600\times\frac{4}{20}+1000\times\frac{1}{20}$$

$$=\frac{5000}{20}=250\text{(円)}$$

答 (1) $\frac{1}{12}$　(2) $\frac{1}{4}$　(3) $\frac{15}{4}$

検討 (1) $X=1$ となるのは，1回目に奇数の目が出て，2回目に1の目が出る場合だから，求める確率は　$\frac{3}{6}\times\frac{1}{6}=\frac{1}{12}$

(2) $X=2$ となるのは，1回目に2の目が出る，または，1回目に奇数の目が出て，2回目に2の目が出る場合である。これらは，互いに排反だから，求める確率は

$$\frac{1}{6}+\frac{3}{6}\times\frac{1}{6}=\frac{1}{4}$$

(3) 同様にして，$X=3,\ 4,\ 5,\ 6$ となる確率は，それぞれ　$\frac{1}{12},\ \frac{1}{4},\ \frac{1}{12},\ \frac{1}{4}$

Xの値とその確率の表は，次のようになる。

X	1	2	3	4	5	6	計
確率	$\frac{1}{12}$	$\frac{3}{12}$	$\frac{1}{12}$	$\frac{3}{12}$	$\frac{1}{12}$	$\frac{3}{12}$	1

よって，求める期待値は

$$1\times\frac{1}{12}+2\times\frac{3}{12}+3\times\frac{1}{12}+4\times\frac{3}{12}+5\times\frac{1}{12}$$
$$+6\times\frac{3}{12}=\frac{45}{12}=\frac{15}{4}$$

答　$\frac{9}{5}$個

検討　全部の場合の数は　${}_5C_3$(通り)

取り出した白球の個数をXとすると，Xのとりうる値は$X=1$，2，3である。

$X=1$となる確率は　$\frac{{}_3C_1\times{}_2C_2}{{}_5C_3}=\frac{3}{10}$

$X=2$となる確率は　$\frac{{}_3C_2\times{}_2C_1}{{}_5C_3}=\frac{6}{10}$

$X=3$となる確率は　$\frac{{}_3C_3}{{}_5C_3}=\frac{1}{10}$

X	1個	2個	3個	計
確率	$\frac{3}{10}$	$\frac{6}{10}$	$\frac{1}{10}$	1

したがって，求める期待値は

$$1\times\frac{3}{10}+2\times\frac{6}{10}+3\times\frac{1}{10}=\frac{18}{10}=\frac{9}{5}\text{(個)}$$

答　$\frac{14}{3}$

検討　全部の場合の数は　${}_6C_2$(通り)

Xのとりうる値は$X=2$，3，4，5，6である。

$X=2$となるのは，1と2の1通りで，その確率は　$\frac{1}{{}_6C_2}=\frac{1}{15}$

$X=3$となるのは，1と3，2と3の2通りで，その確率は　$\frac{2}{{}_6C_2}=\frac{2}{15}$

$X=4$となるのは，1と4，2と4，3と4の3通りで，その確率は　$\frac{3}{{}_6C_2}=\frac{3}{15}$

$X=5$となるのは，1と5，2と5，3と5，4と5の4通りで，その確率は　$\frac{4}{{}_6C_2}=\frac{4}{15}$

$X=6$となるのは，1と6，2と6，3と6，4と6，5と6の5通りで，その確率は

$\frac{5}{{}_6C_2}=\frac{5}{15}$

X	2	3	4	5	6	計
確率	$\frac{1}{15}$	$\frac{2}{15}$	$\frac{3}{15}$	$\frac{4}{15}$	$\frac{5}{15}$	1

したがって，求める期待値は

$$2\times\frac{1}{15}+3\times\frac{2}{15}+4\times\frac{3}{15}+5\times\frac{4}{15}+6\times\frac{5}{15}$$
$$=\frac{70}{15}=\frac{14}{3}$$

366

答　①

検討　すべての場合の数は，

1+2+3+4+5=15(通り)

①において，もらえる金額とその確率の表は，次のようになる。

金額	100円	200円	300円	400円	500円	計
確率	$\frac{1}{15}$	$\frac{2}{15}$	$\frac{3}{15}$	$\frac{4}{15}$	$\frac{5}{15}$	1

よって，もらえる金額の期待値は

$$100\times\frac{1}{15}+200\times\frac{2}{15}+300\times\frac{3}{15}+400\times\frac{4}{15}$$
$$+500\times\frac{5}{15}=\frac{5500}{15}=366.6\cdots\text{(円)}$$

②において，もらえる金額とその確率の表は，次のようになる。

金額	0円	850円	計
確率	$\frac{9}{15}$	$\frac{6}{15}$	1

よって，もらえる金額の期待値は

$$0\times\frac{9}{15}+850\times\frac{6}{15}=\frac{5100}{15}=340\text{(円)}$$

①，②より，366.6…>340だから，①のほうが得であると考えられる。

367

答　(1) **225円**　(2) $\boldsymbol{n=17}$**，18**

検討　(1) $n=10$のとき，受け取ることができる金額とその確率の表は，次のようになる。

金額	200円	300円	計
確率	$\frac{30}{40}$	$\frac{10}{40}$	1

よって，受け取ることができる金額の期待値は

$200\times\dfrac{30}{40}+300\times\dfrac{10}{40}=\dfrac{9000}{40}=225$（円）

(2)　受け取ることができる金額とその確率の表は，次のようになる。

金額	200 円	300 円	計
確率	$\dfrac{30}{30+n}$	$\dfrac{n}{30+n}$	1

よって，受け取ることができる金額の期待値は

$200\times\dfrac{30}{30+n}+300\times\dfrac{n}{30+n}=\dfrac{300n+6000}{30+n}$（円）

不等式 $235\leqq\dfrac{300n+6000}{30+n}\leqq238$ を解けばよい。

$235\leqq\dfrac{300n+6000}{30+n}$ より

$235(30+n)\leqq300n+6000$

$47(30+n)\leqq60n+1200$

これを解くと，$210\leqq13n$ より

$\dfrac{210}{13}\leqq n$　……①

$\dfrac{300n+6000}{30+n}\leqq238$ より

$300n+6000\leqq238(30+n)$

$150n+3000\leqq119(30+n)$

これを解くと，$31n\leqq570$ より

$n\leqq\dfrac{570}{31}$　……②

①，②より　$\dfrac{210}{13}\leqq n\leqq\dfrac{570}{31}$

$\dfrac{210}{13}=16.1\cdots$，$\dfrac{570}{31}=18.3\cdots$

n は正の整数だから　$n=17$，18

39 三角形の辺と角の大小

基本問題　本冊 p. 97

368

答　(1) **$\angle B>\angle A>\angle C$**
(2) **$\angle A>\angle B>\angle C$**

検討　(1) 大きい辺の対角が大きい。
(2) $\angle A$ は鈍角だから最大角である。

369

答　(1) **$4<x<10$**　(2) **$2<x<4$**

検討　a，b が具体的な数値のときはどちらが大きいかわかるから，$|a-b|<c<a+b$ を用いる。文字だと，

$c<a+b$

$a-b<c$

$b-a<c$

の 3 つを同時に成り立たせる範囲を求めればよい。

(1) $7-3<x<3+7$　　よって　$4<x<10$

(2) $\begin{cases}7<2x+(5-x)\\2x-(5-x)<7\\(5-x)-2x<7\end{cases}$

より

$\begin{cases}2<x & \cdots\cdots①\\x<4 & \cdots\cdots②\\-\dfrac{2}{3}<x & \cdots\cdots③\end{cases}$

①，②，③の共通部分を求めて　$2<x<4$

370

答　**最小値 17，$CP=\dfrac{75}{8}$**

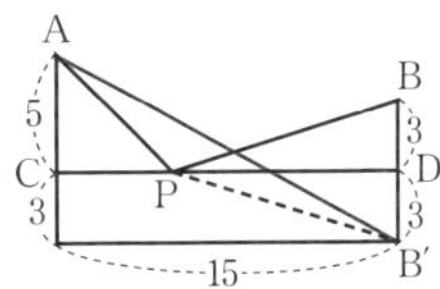

検討　右の図のように，線分 CD に関する B の対称点を B′ とすると，PB＝PB′ より A，P，B′ が一直線上にあるとき，AP＋PB が最小となる。

したがって，最小値は　$\sqrt{8^2+15^2}=17$

また，5：CP＝8：15 より　$CP=\dfrac{75}{8}$

371

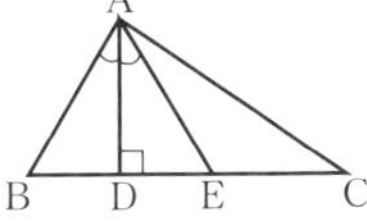

答　**AD は BC に垂直だから**

$\angle ADB=\angle ADC$
$=90°$

AC＞AB より $\angle B>\angle C$

△ABD，△ADC において

$\angle DAB=90°-\angle B$

∠DAC＝90°－∠C

よって　∠DAC＞∠DAB

このとき，図のように ∠DAE＝∠DAB となる点 E が DC 上にとれて　DB＝DE

よって，DC＞DE だから　DC＞DB

答　AB を A の方に延長して AC＝AC′ となる点 C′ をとると，

△APC≡△APC′

より　PC＝PC′

よって　PB＋PC＝PB＋PC′　……①

また，AB＋AC＝AB＋AC′＝BC′　……②

一方，△PBC′ で PB＋PC′＞BC′ だから，

①，②より　PB＋PC＞AB＋AC

40 角の二等分線と対辺の分割

基本問題

本冊 p. 98

答　(1) $\frac{8}{3}$　(2) $\frac{15}{2}$

検討　(1) 線分 AD は，∠BAC の二等分線だから　BD：DC＝AB：AC

すなわち，BD：2＝4：3 となり　3BD＝8

よって　BD＝$\frac{8}{3}$

(2) 線分 AP は，∠BAC の二等分線だから

BP：PC＝AB：AC＝5：3

PC＝$\frac{3}{8}$BC　……①

また，線分 AQ は，∠BAC の外角の二等分線だから BQ：QC＝AB：AC＝5：3 より

BC：CQ＝2：3　CQ＝$\frac{3}{2}$BC　……②

①，②より

$$PQ=PC+CQ=\frac{3}{8}BC+\frac{3}{2}BC=\frac{15}{8}BC$$

$$=\frac{15}{8}\times4=\frac{15}{2}$$

テスト対策

三角形の**内角の二等分線**は，対辺を，角をはさむ **2 辺の比に内分**し，**外角の二等分線**は，対辺を，外角に隣接する内角をはさむ **2 辺の比に外分**する。

答　BD＝7，CE＝30

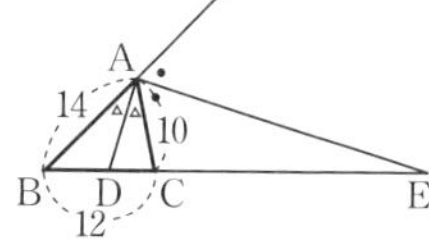

検討　BD：DC

＝AB：AC

＝14：10＝7：5

よって　BD＝BC×$\frac{7}{12}$＝12×$\frac{7}{12}$＝7

BE：EC＝AB：AC＝14：10＝7：5

CE＝x とおくと，$(12+x):x=7:5$

$60+5x=7x$　　よって　$x=30$

したがって　CE＝30

答　EC＝$\frac{4}{3}$，CD＝5

検討　BE は ∠ABC の二等分線だから

AE：EC＝AB：BC＝6：4＝3：2

よって，2：EC＝3：2 より　EC＝$\frac{4}{3}$

また　AC＝AE＋EC＝2＋$\frac{4}{3}$＝$\frac{10}{3}$

AD は ∠CAG の二等分線だから

BD：DC＝AB：AC＝6：$\frac{10}{3}$＝9：5

CD＝x とおくと　$(4+x):x=9:5$

$20+5x=9x$　　よって　$x=5$

したがって　CD＝5

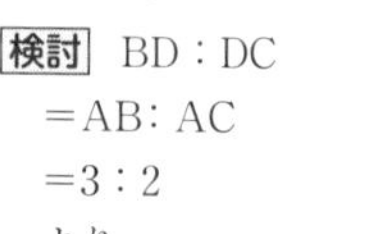

答　$\frac{24}{5}$

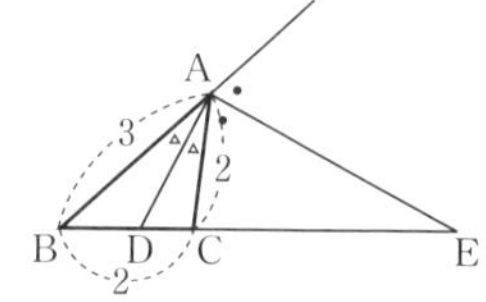

検討　BD：DC

＝AB：AC

＝3：2

より

$CD=BC\times\frac{2}{5}=2\times\frac{2}{5}=\frac{4}{5}$

BE：EC＝AB：AC＝3：2

CE＝x とおくと　$(2+x):x=3:2$

$4+2x=3x$　　よって　$x=4$

したがって　$DE=CD+CE=\frac{4}{5}+4=\frac{24}{5}$

377

答　**DE は ∠ADB の二等分線だから**

AE：EB＝AD：DB　……①

また，DF は ∠ADC の二等分線だから

AF：FC＝AD：DC　……②

ここで，D は BC の中点だから

DB＝DC　……③

よって，①，②，③より

AE：EB＝AF：FC

ゆえに　EF // BC

41 三角形の重心・外心・内心・垂心

基本問題

本冊 p. 99

378

答　(1) $\alpha=30°$，$\beta=60°$

(2) $\alpha=30°$，$\beta=110°$

検討　(1) 右の図より

$\beta=20°+40°=60°$

$\alpha=\frac{180°-(20°+40°)\times2}{2}$

$=30°$

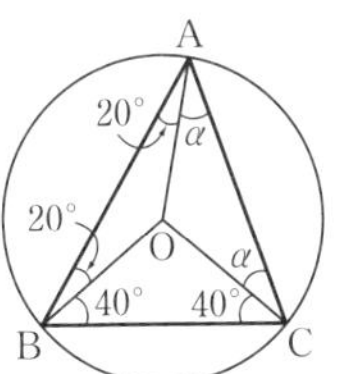

(2) $\beta=180°-35°\times2=110°$

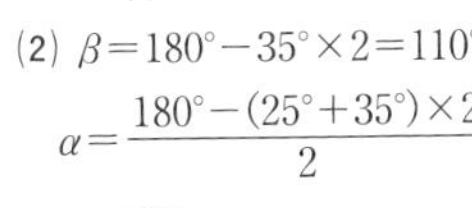

$\alpha=\frac{180°-(25°+35°)\times2}{2}$

$=30°$

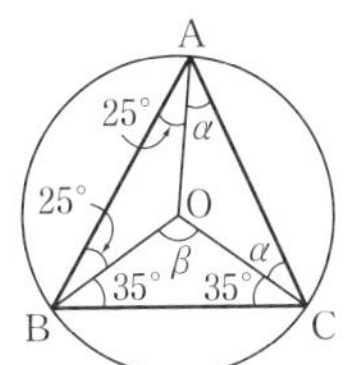

379

答　(1) $\alpha=80°$，$\beta=130°$

(2) $\alpha=65°$，$\beta=100°$

検討　AI，BI，CI はそれぞれ ∠A，∠B，∠C の内角の二等分線である

(1) $\angle B=20°\times2=40°$，$\angle C=30°\times2=60°$

よって　$\alpha=180°-(40°+60°)=80°$

$\beta=180°-(20°+30°)=130°$

(2) $\angle A=30°\times2=60°$，$\angle C=35°\times2=70°$

よって　$\angle B=180°-(60°+70°)=50°$

$\beta=180°-(30°+50°)=100°$

$\alpha+35°=\beta$　よって　$\alpha=100°-35°=65°$

380

答　(1) **4**　(2) **2：1**

検討　(1) AD は ∠BAC の二等分線だから，

BD：DC＝AB：AC＝8：4＝2：1

よって　$BD=BC\times\frac{2}{3}=6\times\frac{2}{3}=4$

(2) B と I を結ぶ。BI は ∠ABD の二等分線だから　AI：ID＝AB：BD＝8：4＝2：1

381

答　**∠BHC＝125°，∠DEB＝25°**

検討　H は △ABC の垂心だから，

∠CDA＝90° より，△ACD において

∠A＋∠ACD＝90°

ゆえに　∠ACD＝90°－55°＝35°

同様に，∠BEC＝90° より，△CEH において

∠BHC＝90°＋35°＝125°

∠BDC＝∠BEC＝90° だから，円周角の定理の逆により，D，E は BC を直径とする円周上にある。

よって，△BCD において

∠DEB＝∠DCB＝90°－65°＝25°

382

A

I

B　　C

答　**△BIC において**

∠BIC＋∠IBC＋∠ICB

＝180°　……①

△ABC において，

∠A＋∠B＋∠C＝180°

であるから　$\frac{1}{2}\angle A+\frac{1}{2}\angle B+\frac{1}{2}\angle C=90°$

I が △ABC の内心であることより

$$\frac{1}{2}\angle B+\frac{1}{2}\angle C=\angle IBC+\angle ICB$$

$$=90^\circ-\frac{1}{2}\angle A \quad \cdots\cdots②$$

①，②より

$$\angle BIC+90^\circ-\frac{1}{2}\angle A=180^\circ$$

$$\angle BIC=90^\circ+\frac{1}{2}\angle A$$

応用問題

本冊 *p. 100*

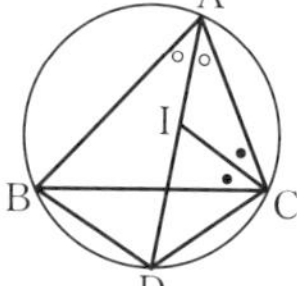

答　**AI**，**CI** はそれぞれ $\angle A$，$\angle C$ を 2 等分するから　$\angle BAD=\angle CAD$，$\angle ACI=\angle BCI$

弧 **BD** に対する円周角は等しいから，$\angle BAD=\angle BCD$ より

$\angle DAC+\angle ACI=\angle BCD+\angle BCI$

三角形の内角と外角の関係より

$\angle DIC=\angle DCI$

ゆえに　$DI=DC$　……①

また，**AD** は $\angle A$ の二等分線だから，**D** は弧 **BC** の中点である。

よって　$DB=DC$　……②

①，②より　$DI=DB=DC$

答　$\angle ADC=90^\circ$ だから

$\angle CAD=90^\circ-\angle C$

$\angle BFC=90^\circ$ だから

$\angle CBF=90^\circ-\angle C$

よって

$\angle CAD=\angle CBF$　……①

また，$\angle CAD=\angle CBE$　……②

（弧 **CE** に対する円周角）

①，②より　$\angle HBD=\angle EBD$

また，$\angle BDH=\angle BDE=90^\circ$，**BD** 共通

よって，**1** 組の辺とその両端の角がそれぞれ等しいから

$\triangle BHD\equiv\triangle BED$

ゆえに　$HD=DE$

42 三角形の比の定理

基本問題

本冊 *p. 101*

答　(1) **6：5**　(2) **21：4**　(3) **2：5**

検討　(1) △ABC において，チェバの定理により　$\frac{5}{4}\cdot\frac{BP}{PC}\cdot\frac{2}{3}=1$　$\frac{BP}{PC}=\frac{6}{5}$

よって　BP：PC=6：5

(2) △ABC と直線 PQ において，メネラウスの定理により　$\frac{3}{2}\cdot\frac{7}{2}\cdot\frac{CR}{RA}=1$　$\frac{CR}{RA}=\frac{4}{21}$

よって　AR：CR=21：4

(3) △RCP と直線 QB において，メネラウスの定理により　$\frac{RA}{AC}\cdot\frac{1}{2}\cdot\frac{5}{1}=1$　$\frac{RA}{AC}=\frac{2}{5}$

よって　RA：AC=2：5

> **テスト対策**
>
> **メネラウスの定理**を用いるときは，どの三角形とどの直線について使っているのかはっきり書くこと。**チェバの定理**のときも，どの三角形で使うのか書くこと。

答　(1) **1：2**　(2) **5：6**　(3) **8：5**

検討　(1) △ABC において，チェバの定理により

$\frac{AQ}{QC}\cdot\frac{2}{3}\cdot\frac{3}{1}=1$　$\frac{AQ}{QC}=\frac{1}{2}$

よって　AQ：QC=1：2

(2) △APC と直線 BQ において，メネラウスの定理により

$\frac{AD}{DP}\cdot\frac{3}{5}\cdot\frac{2}{1}=1$　$\frac{AD}{DP}=\frac{5}{6}$

よって　AD：DP=5：6

(3) (2)より，PD：DA=6：5 だから，

△ABP=S とおくと，

△BDP=$\frac{6}{11}S$，△BDA=$\frac{5}{11}S$

BR：RA=3：1 より

$\triangle BDR=\frac{3}{4}\triangle BDA=\frac{3}{4}\times\frac{5}{11}S=\frac{15}{44}S$

よって　$\triangle BDP:\triangle BDR=\frac{6}{11}S:\frac{15}{44}S$
$=8:5$

答　(1) **1：1**　(2) **3：2**　(3) **5：1**

検討　(1) △ABCにおいて，チェバの定理により

$\frac{CQ}{QA}\cdot\frac{2}{3}\cdot\frac{3}{2}=1$　$\frac{CQ}{QA}=1$

よって　CQ：QA＝1：1

(2) △ABC と直線 RP において，メネラウスの定理により

$\frac{BP}{PC}\cdot\frac{1}{1}\cdot\frac{2}{3}=1$　$\frac{BP}{PC}=\frac{3}{2}$

よって　BP：PC＝3：2

(3) (2)より，BP：PC＝3：2 から

BC：CP＝1：2

△PBR と直線 AC において，メネラウスの定理により

$\frac{PQ}{QR}\cdot\frac{2}{5}\cdot\frac{1}{2}=1$　$\frac{PQ}{QR}=\frac{5}{1}$

よって　PQ：QR＝5：1

答　**15：41**

検討　$\frac{\triangle PBC}{\triangle ABC}=\frac{\triangle PBC}{\triangle DBC}\cdot\frac{\triangle DBC}{\triangle ABC}$

$=\frac{CP}{CD}\cdot\frac{BD}{AB}$　……①

△ACD と直線 BE において，メネラウスの定理により

$\frac{CP}{PD}\cdot\frac{DB}{BA}\cdot\frac{AE}{EC}=1$　よって　$\frac{CP}{PD}\cdot\frac{3}{7}\cdot\frac{2}{5}=1$

$\frac{CP}{PD}=\frac{35}{6}$　ゆえに　$\frac{CP}{CD}=\frac{35}{35+6}=\frac{35}{41}$

よって，①より　$\frac{\triangle PBC}{\triangle ABC}=\frac{35}{41}\cdot\frac{3}{7}=\frac{15}{41}$

したがって　△PBC：△ABC＝15：41

応用問題 ……　本冊 p. 102

答　**BA の延長と ED の延長との交点を G とする。△ABC と直線 GE において，メネラウスの定理により**

$\frac{BE}{EC}\cdot\frac{CD}{DA}\cdot\frac{AG}{GB}=1$

ここで，$\frac{BE}{EC}=\frac{2}{1}$，

$\frac{CD}{DA}=\frac{2}{1}$ より　$\frac{AG}{GB}=\frac{1}{4}$

よって　$\frac{AG}{AB}=\frac{1}{4-1}=\frac{1}{3}$　……①

次に △**BEG** と直線 **AC** において，

メネラウスの定理により　$\frac{BC}{CE}\cdot\frac{ED}{DG}\cdot\frac{GA}{AB}=1$

ここで　$\frac{BC}{CE}=\frac{3}{1}$　また，①より　$\frac{GA}{AB}=\frac{1}{3}$

よって，$\frac{ED}{DG}=1$ より　**ED＝DG**

したがって，$EP=\frac{1}{2}ED$ より

EP：PG＝1：3　……②

一方，$FB=\frac{1}{2}BC$

$EF=FC-EC=\frac{1}{2}BC-\frac{1}{3}BC=\frac{1}{6}BC$

よって　$EF:FB=\frac{1}{6}BC:\frac{1}{2}BC$
$=1:3$　……③

②，③より，**EF：FB＝EP：PG** なので

FP∥BG

すなわち　**PF∥AB**

答　△**ABC** の **3** つの垂線を **AD**，**BE**，**CF** とすると，

∠**BEC**＝∠**BFC**＝**90°**

であるから，

△**AFC**∽△**AEB** より

AF：AE＝AC：AB

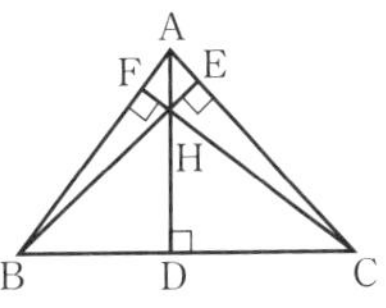

よって　$\dfrac{AF}{AE}=\dfrac{AC}{AB}$　……①

△ABD∽△CBF より，同様にして

$\dfrac{BD}{BF}=\dfrac{BA}{BC}$　……②

△CBE∽△CAD より，同様にして

$\dfrac{CE}{CD}=\dfrac{CB}{CA}$　……③

①，②，③より

$$\frac{AF}{FB}\cdot\frac{BD}{DC}\cdot\frac{CE}{EA}=\frac{AF}{AE}\cdot\frac{BD}{BF}\cdot\frac{CE}{CD}$$
$$=\frac{AC}{AB}\cdot\frac{BA}{BC}\cdot\frac{CB}{CA}=1$$

よって，チェバの定理の逆により，AD，BE，CF は1点で交わる。

391

答　∠A，∠B，∠C の外角の二等分線

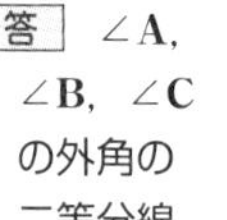

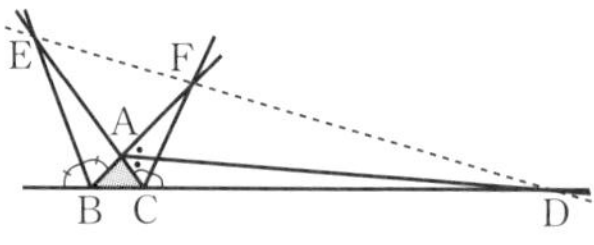

が BC，CA，AB の延長と交わる点をそれぞれ D，E，F とすると

$\dfrac{BD}{DC}=\dfrac{AB}{AC}$，　$\dfrac{CE}{EA}=\dfrac{BC}{BA}$，　$\dfrac{BF}{FA}=\dfrac{CB}{CA}$ より

$\dfrac{AF}{FB}=\dfrac{CA}{CB}$

よって

$$\frac{BD}{DC}\cdot\frac{CE}{EA}\cdot\frac{AF}{FB}=\frac{AB}{AC}\cdot\frac{BC}{BA}\cdot\frac{CA}{CB}=1$$

ゆえに，メネラウスの定理の逆により，D，E，F は一直線上にある。

43 円に内接する四角形

基本問題

本冊 p. 103

392

答　(1) $x=140°$　(2) $x=55°$　(3) $x=125°$

検討　中心角の大きさは円周角の大きさの2倍である。

393

答　40°

検討　$\angle AOB=\dfrac{2}{2+3+4}\times 360°=80°$

よって　$\angle ACB=\dfrac{1}{2}\angle AOB=\dfrac{1}{2}\times 80°=40°$

394

答　(1) 45°　(2) 70°

検討　(1) △OAC は OA＝OC の二等辺三角形だから

$\angle CAO=\angle ACO=(180°-40°)\div 2=70°$

よって　$\angle CDE=\angle CAE=\angle CAO-\angle BAE$
$=70°-25°=45°$

(2) $\angle AED=\dfrac{1}{2}\angle AOD=\dfrac{1}{2}\times(180°-40°)$
$=\dfrac{1}{2}\times 140°=70°$

395

答　∠BDC＝∠BEC＝90° だから，点 E，D はどちらも BC を直径とする円の周上にある。すなわち，4点 B，C，D，E は同一円周上にある。

396

答　(1) $x=105°$，$y=100°$　(2) $x=77°$　(3) $x=49°$

検討　(1) 円に内接する四角形の対角の和は 180° であるから，$x+75°=180°$

よって　$x=180°-75°=105°$

$y+80°=180°$　よって，$y=180°-80°=100°$

(2) 円周角は中心角の半分だから

$\angle BAD=\dfrac{1}{2}\times 154°=77°$

円に内接する四角形の外角は，それと隣り合う内角の対角に等しいから

$x=\angle BAD=77°$

(3) 円周角の定理から，$\angle DAC=\angle DBC=69°$

$\angle BDC=\angle BAC=37°$

△ADC で　$x+69°+(25°+37°)=180°$

よって　$x=180°-(69°+25°+37°)=49°$

> **テスト対策**
> 円に内接する四角形において，
> ① **対角の和は 180°** である。
> ② **1 つの外角は，それと隣り合う内角の対角に等しい。**

答 **∠A＝60°，∠B＝90°，∠C＝120°，∠D＝90°**

検討 ∠A＝$2a$ とすると，∠B＝$3a$，∠C＝$4a$
四角形 ABCD は円に内接するから
∠A＋∠C＝180°
よって　$2a+4a=180°$　$6a=180°$　$a=30°$
よって　∠A＝60°，∠B＝90°，∠C＝120°
また，∠B＋∠D＝180° だから
∠D＝180°－90°＝90°

答 **∠A＝∠B＝∠C＝∠D＝90°**

検討 円に内接する平行四辺形を ABCD とすると　∠A＝∠C　……①
また　∠A＋∠C＝180°　……②
①，②より　∠A＝∠C＝90°
同様にして　∠B＝∠D＝90°

答 (1) **65°**　(2) **25°**

検討 (1) O と B を結ぶ。PA⊥OA，PB⊥OB だから，∠PAO＝∠PBO＝90° より，四角形 PBOA は円に内接する。
よって　∠AOB＝180°－50°＝130°
したがって　∠ACB＝$\frac{1}{2}$×130°＝65°

(2) △OAB は OA＝OB の二等辺三角形より
∠OAB＝$\frac{180°-130°}{2}$＝25°

答 **AE は ∠BAD の二等分線だから，**
∠DAE＝∠BAE　……①
∠DAE＝∠DCE（弧 DE に対する円周角）　……②
∠BAE＝∠ECF（円に内接する四角形の性質）　……③
よって，①，②，③より　∠DCE＝∠ECF
したがって，線分 CE は頂点 C における外角 ∠DCF を 2 等分する。

応用問題　本冊 p. 105

答 **弦 MN と辺 AB，AC との交点をそれぞれ P，Q とする。△ABC は正三角形だから弧 AB＝弧 AC，M，N は弧 AB，弧 AC の中点だから**
弧 AM＝弧 BM＝弧 AN＝弧 CN
また，これらの弧に対する円周角は
360°÷3÷2÷2＝30° で等しい。
ゆえに　∠PAM＝∠PMA＝30°
よって，△PAM は二等辺三角形で
PA＝PM　……①
また，∠APQ
＝∠PAM＋∠PMA
＝30°＋30°＝60°
同様にして，△QAN は二等辺三角形だから
QA＝QN　……②
また，∠AQP＝∠QAN＋∠QNA＝60°
つまり，△APQ は正三角形である。
よって　AP＝PQ＝QA　……③
①，②，③より　MP＝PQ＝QN
すなわち，弦 MN は辺 AB，AC によって 3 等分される。

44 円と直線

基本問題　本冊 p. 106

答 **円 O の外の点 P から，この円に引いた接線を PA，PB とする。**
△PAO と △PBO で，AO＝BO（半径）
PO は共通

∠PAO＝∠PBO＝90°
ゆえに，**△PAO≡△PBO**　よって　**PA＝PB**
したがって，円外の**1**点から，この円に引いた**2**つの接線の長さは等しい。

403

答　**30**

検討　接線の長さの性質から　PA＝PB
（P からの接線の長さ）
DA＝DC
（D からの接線の長さ）
EC＝EB
（E からの接線の長さ）

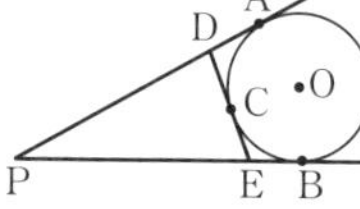

よって，PD＋DE＋PE
＝PD＋DC＋EC＋PE＝(PD＋DA)＋(EB＋PE)
＝PA＋PB＝2PA
したがって，△DPE の周の長さは　2×15＝30

404

答　右の図のように，円に外接する四角形 **ABCD** の各辺と円との接点をそれぞれ **P，Q，R，S** とする。

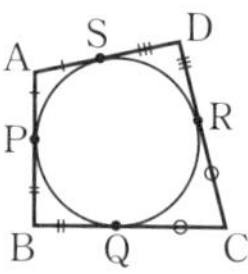

円外の**1**点から円に引いた**2**つの接線の長さは等しいから
AP＝AS，BP＝BQ，CR＝CQ，DR＝DS
各式の左辺どうし，右辺どうしをそれぞれ加えると
AP＋BP＋CR＋DR＝AS＋BQ＋CQ＋DS
よって，**(AP＋BP)＋(CR＋DR)**
＝(AS＋DS)＋(BQ＋CQ)
ゆえに，**AB＋CD＝AD＋BC**
よって，円に外接する四角形の**2**組の対辺の長さの和は等しい。

405

答　(1) $\boldsymbol{x=30°}$，$\boldsymbol{y=75°}$
(2) $\boldsymbol{x=68°}$，$\boldsymbol{y=34°}$
(3) $\boldsymbol{x=25°}$，$\boldsymbol{y=50°}$

検討　円周角の定理，接線と弦のつくる角の定理（接弦定理）を利用する。
(1) $x=\angle ACB=30°$
$y=x+\angle ATB=30°+45°=75°$
(2) $\angle ADB=\angle BAT=38°$
$x=180°-\angle ADB-74°=180°-38°-74°$
$=68°$
$y=\angle ACD=74°-40°=34°$
(3) $y=\angle ACD=50°$
$x=\angle BAT=y-\angle ATB=50°-25°=25°$

406

答　条件から
AB＝OA＝OB
したがって，**△OAB** は正三角形となる。

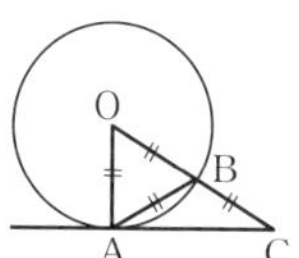

よって　**∠OAB＝∠OBA**
＝60°
また，**BC＝OB＝AB** だから，**△ABC** は二等辺三角形となる。
よって，**∠BAC＝∠BCA**
ここで，**∠BAC＋∠BCA＝∠OBA**
よって　$\boldsymbol{\angle BAC=\frac{1}{2}\angle OBA=\frac{1}{2}\times 60°=30°}$
ゆえに　**∠OAC＝∠OAB＋∠BAC**
＝60°＋30°＝90°
したがって，直線 **AC** は円 **O** の接線である。

407

答　(1) **6**　(2) $\boldsymbol{\frac{191}{13}}$　(3) $\boldsymbol{\frac{37}{3}}$

検討　方べきの定理を利用する。
(1) PA・PB＝PC・PD より　$4\cdot 9=6\cdot x$　　$x=6$
(2) PA・PB＝PC・PD より
$15\cdot(15+9)=13\cdot(13+y)$
$360=169+13y$　$13y=191$　$y=\frac{191}{13}$
(3) ∠APD＝∠CPB，∠ADP＝∠CBP より，△PAD∽△PCB だから
PA：PC＝AD：CB から　PA：14＝15：18
よって　$PA=\frac{14\cdot 15}{18}=\frac{35}{3}$
PA・PB＝PC・PD より
$\frac{35}{3}\cdot\left(\frac{35}{3}+z\right)=14\cdot(14+6)$
$35(35+3z)=9\cdot 14\cdot 20$　$35+3z=72$　$z=\frac{37}{3}$

答 (1) $\dfrac{29}{4}$　(2) $3\sqrt{5}$

検討 (1) 方べきの定理より

$3\cdot(3+6+6)=4\cdot(4+x)$

$45=4(4+x)$

$x+4=\dfrac{45}{4}$　$x=\dfrac{45}{4}-4=\dfrac{29}{4}$

(2) 左の円Oで方べきの定理により

$3\cdot(3+6+6)=PQ\cdot PR$

$PQ\cdot PR=45$　……①

右の円O′で方べきの定理により

$PQ\cdot PR=x^2$　……②

①，②より　$x^2=45$

$x>0$ より　$x=3\sqrt{5}$

答 方べきの定理により　$\boldsymbol{x(x+a)=b^2}$

よって　$\boldsymbol{x^2+ax-b^2=0}$

(注) この2次方程式の解は1つが正，1つが負である。

答 (1) $30°$　(2) $2\sqrt{7}$　(3) $\dfrac{30\sqrt{7}}{7}$

検討 (1) BCは円Oの直径だから，

$\angle CAB=90°$

また，$CB:BA=12:6=2:1$

ゆえに　$\angle C=30°$　よって　$\angle E=\angle C=30°$

(2) $CB=12$，$CD:DB=2:1$ より

$CD=12\times\dfrac{2}{3}=8$，$DB=12\times\dfrac{1}{3}=4$

$\angle ABC=60°$ だから，△ABDにおいて余弦定理により　$AD^2=6^2+4^2-2\cdot6\cdot4\cos60°=28$

$AD>0$ より　$AD=2\sqrt{7}$

余弦定理をまだ習っていない人は，DからABに垂線DHを引く。

$AH:HB=CD:DB=2:1$ より

$AH=6\times\dfrac{2}{3}=4$

$CA:DH=3:1$ より

$6\sqrt{3}:DH=3:1$　$DH=2\sqrt{3}$

△ADHで，三平方の定理より

$AD^2=AH^2+DH^2=4^2+(2\sqrt{3})^2=28$

から求めてもよい。

(3) 方べきの定理により　$AD\cdot DE=CD\cdot DB$

$2\sqrt{7}\cdot DE=8\cdot4$　$DE=\dfrac{16}{\sqrt{7}}=\dfrac{16\sqrt{7}}{7}$

よって　$AE=AD+DE$

$=2\sqrt{7}+\dfrac{16\sqrt{7}}{7}=\dfrac{30\sqrt{7}}{7}$

答 APの延長とBCとの交点をMとすると，$\angle$BAP$=\angle$PBMとなる。よって，接弦定理の逆により，BMは△ABPの外接円に接する。

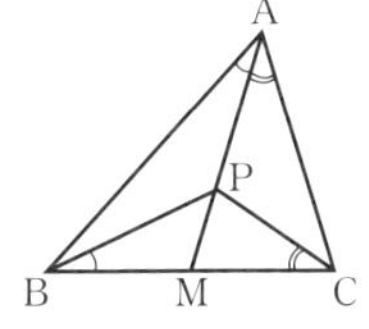

よって，方べきの定理により

$\boldsymbol{MB^2=MP\cdot MA}$　……①

$\angle$CAP$=\angle$PCMより，同様にして

$\boldsymbol{MC^2=MP\cdot MA}$　……②

①，②より　$\boldsymbol{MB^2=MC^2}$

MB>0，MC>0 より　**MB=MC**

よって，直線APは辺BCの中点を通る。

応用問題

本冊 p.108

412

答 EからABに垂線EFを引くと，ABは円の直径より，

$\boldsymbol{\angle ACB=90°}$

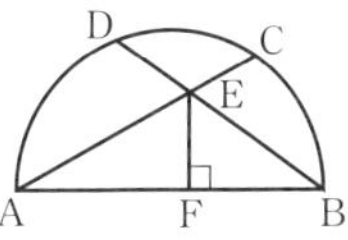

よって，$\boldsymbol{\angle ACB+\angle BFE=180°}$ であるから，**E，F，B，C** は同一円周上にある。

したがって，方べきの定理により

$\boldsymbol{AE\cdot AC=AF\cdot AB}$　……①

$\boldsymbol{\angle ADB=\angle AFE=90°}$ より，同様にして，**A，F，E，D** も同一円周上にあるから

$\boldsymbol{BE\cdot BD=BF\cdot AB}$　……②

①，② を辺ごとに加えると

$\boldsymbol{AE\cdot AC+BE\cdot BD=AF\cdot AB+BF\cdot AB}$

$\boldsymbol{=AB(AF+BF)=AB^2}$

45　2つの円の位置関係

基本問題 ……………… 本冊 p. 109

答　(1) 内接する　(2) **2** 点で交わる
(3) 外接する　(4) 互いに外部にある

検討　2つの円の半径と，中心間の距離がわかれば，2つの円の位置関係も決まる。
(1) 5＝12－7 だから，2つの円は内接する。
(2) 12－7＜7＜12＋7 だから，2つの円は2点で交わる。
(3) 19＝12＋7 だから，2つの円は外接する。
(4) 20＞12＋7 だから，2つの円は互いに外部にある。

テスト対策
　2つの円の位置関係は，**中心間の距離**と**半径の和と差**の大小関係を調べる。

答　(1) 共通外接線 **2** 本，共通内接線 **0** 本
(2) 共通外接線 **2** 本，共通内接線 **1** 本

検討　(1) 13－5＜10＜13＋5 だから，2つの円は2点で交わる。共通接線は2本ある。
(2) 9＝6＋3 だから，2つの円は外接する。共通接線は3本ある。

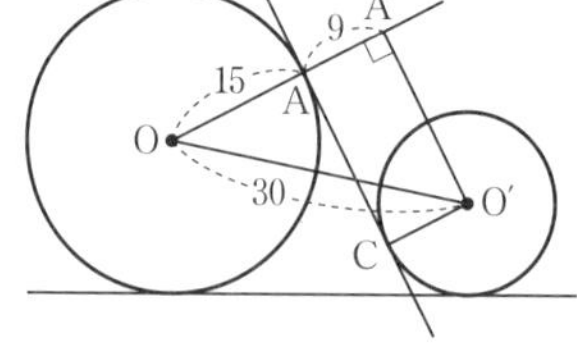

答　(1) **18**
(2) $\mathbf{12\sqrt{6}}$
(3) $\mathbf{6\sqrt{6}-9}$

検討　(1) OA の延長上に O′ から引いた垂線を O′A′ とすると
$AC=A'O'=\sqrt{30^2-(15+9)^2}=\sqrt{324}=18$
(2) O′ から OB に引いた垂線を O′B′ とすると
$BD=B'O'=\sqrt{30^2-(15-9)^2}=\sqrt{864}=12\sqrt{6}$
(3) 円の接線の長さの定理により，$ED=EC=x$ とおく。
$EB=BD-ED=12\sqrt{6}-x$
$EA=AC+EC=18+x$
EB＝EA だから　$12\sqrt{6}-x=18+x$
$x=6\sqrt{6}-9$

答　**3 : 5 : 4**

検討　AB : BC : CA＝(1＋2) : (2＋3) : (3＋1)
＝3 : 5 : 4

46　作図

基本問題 ……………… 本冊 p. 111

答　(1) **A，B をそれぞれ中心とする等しい半径の円を 2 点で交わるようにかく。2 つの交点を P，Q とし，直線 PQ を引く。直線 PQ が線分 AB の垂直二等分線である。**

(2) **O を中心とする円をかき，半直線 OA，OB との交点をそれぞれ P，Q とする。P，Q をそれぞれ中心とする等しい半径の円を 2 点で交わるようにかく。∠AOB 内の交点の 1 つを R とし，半直線 OR を引く。半直線 OR が ∠AOB の二等分線である。**

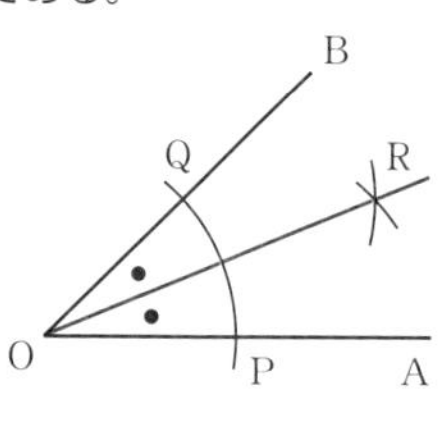

(3) **A を中心とする円を ℓ と 2 点で交わるようにかき，2 つの交点を P，Q とする。P，Q をそれぞれ中心とする等しい半径の円を 2 点で交わるようにかき，交点の 1 つを R として直線 AR を引く。直線 AR が求める垂線である。**

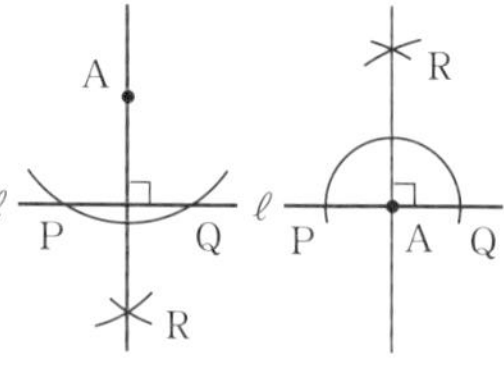

(4) ℓ 上に点 **P** をとり，中心が **P**，半径が **AP** となる円をかき，ℓ との交点の **1** つを **Q** とする。中心がそれぞれ **A**，**Q**，半径が **AP** となる円をかき，**P** と異なる交点を **R** として直線 **AR** を引く。直線 **AR** が点 **A** を通り，直線 ℓ に平行な直線である。

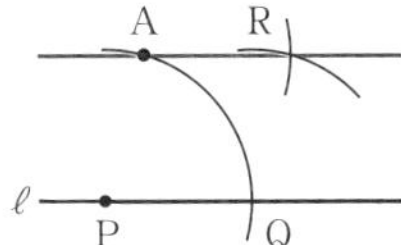

(5) **O′** を中心とする円をかき，半直線 **O′X**，**O′Y** との交点をそれぞれ **P**，**Q** とする。次に，中心が **O**，半径が **O′P** の円をかき，半直線 **OA** との交点を **R** とする。中心が **O**，半径が **O′P** の円と，中心が **R**，半径が **PQ** の円の **2** つの交点を **S**，**S′** として，半直線 **OS**，**OS′** を引く。半直線 **OS**，**OS′** が求めるものである。

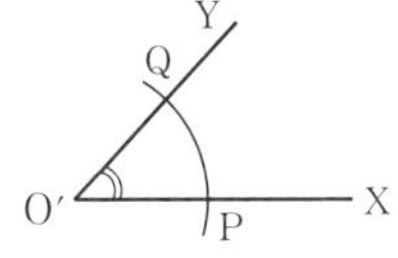

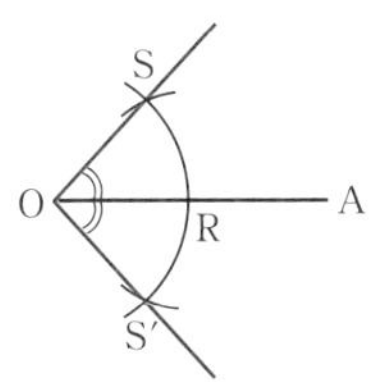

答　(1) **A** を通り **AB** とは異なる半直線 ℓ を引く。**A** から等間隔に **3** つの点をとり，**1** つ目の点を **P**，**3** つ目の点を **Q** とする。**P** を通り **BQ** に平行な直線を引き，**AB** との交点が求める点である。

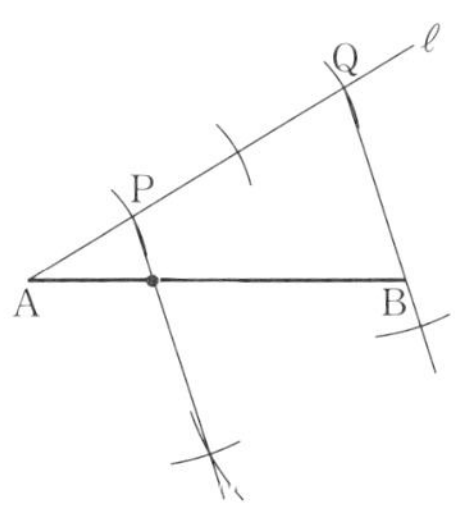

(2) **A** を通り **AB** とは異なる半直線 ℓ を引く。**A** から等間隔に **5** つの点をとり，**4** つ目の点を **Q**，**5** つ目の点を **P** とする。**P** を通り **BQ** に平行な直線を引く。この直線と **AB** の延長との交点が求める点である。

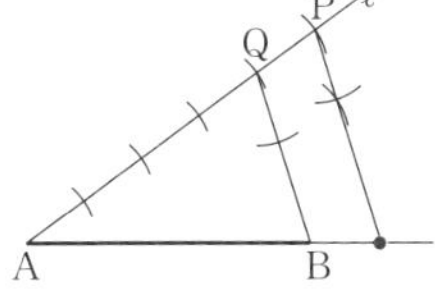

答　**2** つの辺(たとえば **AB**，**BC**)の垂直二等分線の交点が △**ABC** の外心である。

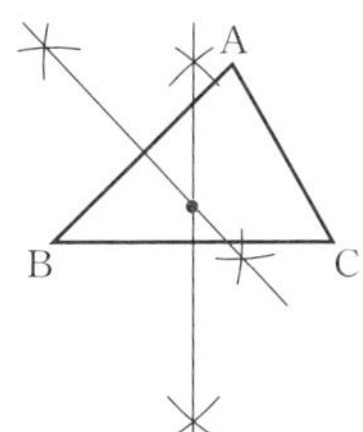

420

答　半直線 **OX** 上に **OA**=**1**，**AB**=$\boldsymbol{a}$ となるように点 **A**，**B** をとる。ただし，**B** は **A** に関して，**O** と反対側にとる。**OB** を直径とする円をかく。次に，**A** を通り **OB** に垂直な直線を引き，円との **2** つの交点を **C**，**D** とすると，**AC**(**AD**)が長さ $\sqrt{a}$ の線分である。

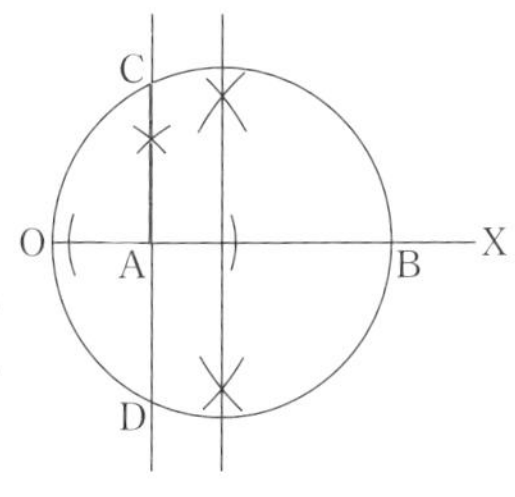

[証明]　方べきの定理より

OA・**AB**=**AC**・**AD**

ゆえに　$AC^2=a$　よって　$AC=\sqrt{a}$

すなわち，線分 **AC**(**AD**)は長さ $\sqrt{a}$ の線分である。

応用問題

本冊 p. 111

421

答　∠**A** の二等分線と ∠**B** の二等分線の交点を **I** とすると，**I** が △**ABC** の内心である。**I** を通り **BC** に垂直な直線を引き，**BC** との交点を **D** とする。**I** を中心とする半径 **ID** の円をかく。この円が △**ABC** の内接円である。

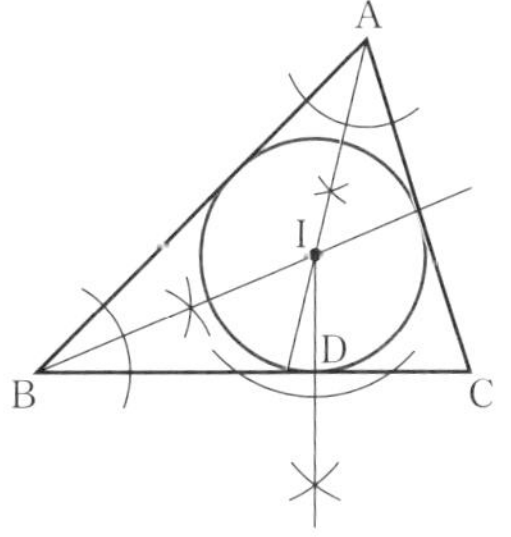

答　円周上にAの他に2点B, Cをとり，AB, ACの垂直二等分線を引き，その交点をOとすると，

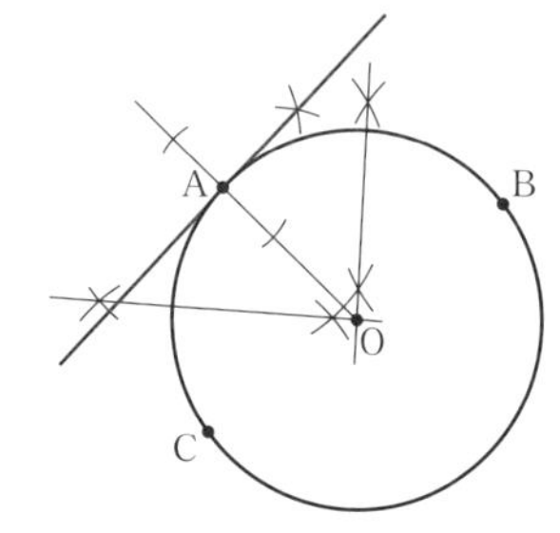

Oが円の中心である。次に，半直線OAを引き，Aを通りOAに垂直な直線を引く。この直線が点Aを通る円の接線である。

答　長方形ABCDでBCよりもABの方が長いとする。辺AB上にAD＝AEとなる点Eをとる。EBの中点Oをとり，

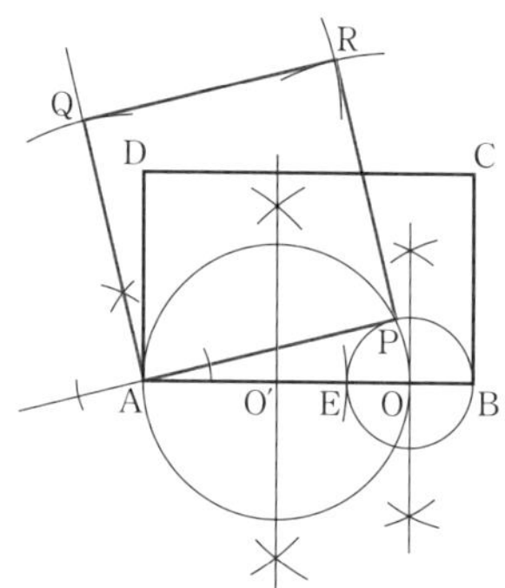

Oを中心とする半径OBの円Oをかく。また，AOの中点O′をとり，O′を中心とする半径O′Aの円O′をかく。円Oと円O′の交点の1つをPとする。APを1辺とする正方形を次のようにかく。Aを通り直線APに垂直な直線を引き，その直線上にAP＝AQとなる点Qをとる。P, Qをそれぞれ中心とする半径APの円をかき，その交点のAでない方をRとする。

このときできた正方形APRQが求める正方形である。

［証明］　方べきの定理より $AE\cdot AB=AP^2$,

すなわち　$AD\cdot AB=AP^2$

だから，正方形の面積は長方形の面積に等しい。

47 空間図形

基本問題 本冊 p. 113

答　(1) 辺BC，辺FG，辺EH

(2) 辺DH，辺BF，辺EF，辺FG，辺GH，辺EH

(3) 面ABCD，面EFGH

(4) 辺EF，辺FG，辺GH，辺EH

(5) 3組

答　(1) $243\sqrt{2}$　(2) $\dfrac{3\sqrt{6}}{2}$

検討　(1) 正八面体を，合同な2つの正四角錐A-BCDE，F-BCDEに分けて，一方の体積を2倍して求める。

正方形BCDEの対角線の交点をOとすると，AOは正四角錐A-BCDEの高さになる。

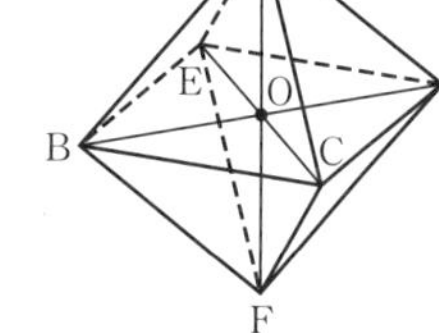

$$BO=\frac{1}{2}BD$$

$$=\frac{1}{2}\times\sqrt{2}BC=\frac{9\sqrt{2}}{2}$$

△AOBは直角三角形だから，三平方の定理により　$AO=\sqrt{9^2-\left(\dfrac{9\sqrt{2}}{2}\right)^2}=\dfrac{9\sqrt{2}}{2}$

よって，四角錐A-BCDEの体積は

$$\frac{1}{3}\times9^2\times\frac{9\sqrt{2}}{2}=\frac{243\sqrt{2}}{2}$$

したがって，正八面体ABCDEFの体積は

$$\frac{243\sqrt{2}}{2}\times2=243\sqrt{2}$$

(2) 正八面体に内接する球の中心をOとすると，正八面体は，合同な8つの四面体O-ABC，O-ACD，O-ADE，O-ABE，O-FBC，O-FCD，O-FDE，O-FBEに分けられる。内接球の半径をrとすると，rは四面体O-ABCの高さに等しい。

四面体 O-ABC の体積を V_1 とすると

$$V_1=\frac{1}{3}\times\left(\frac{1}{2}\times9\times\frac{9\sqrt{3}}{2}\right)\times r=\frac{27\sqrt{3}}{4}r$$

正八面体 ABCDEF の体積を V とすると，$V=8V_1$ だから，(1)より

$$243\sqrt{2}=8\times\frac{27\sqrt{3}}{4}r$$

$$r=\frac{243\sqrt{2}}{2\times27\sqrt{3}}=\frac{9\sqrt{2}}{2\sqrt{3}}=\frac{3\sqrt{6}}{2}$$

426

答 **三角形である 1 つの面には辺が 3 本あるから，三角形である面が f 個あるとき，辺の数は $3f$ 本であるが，1 つの辺を 2 つの面で共有しているから，辺の数 e は**

$$e=3f\div2=\frac{3}{2}f \quad \text{すなわち} \quad 2e=3f$$

応用問題 本冊 p. 113

答 **1 辺の長さ $2\sqrt{2}$，体積 $\frac{32}{3}$**

検討 立方体を真横から見たときの正方形 ABFD の 1 辺 AB の長さがこの正八面体の 1 辺の長さとなる。AF＝BD＝4 より，三平方の定理から

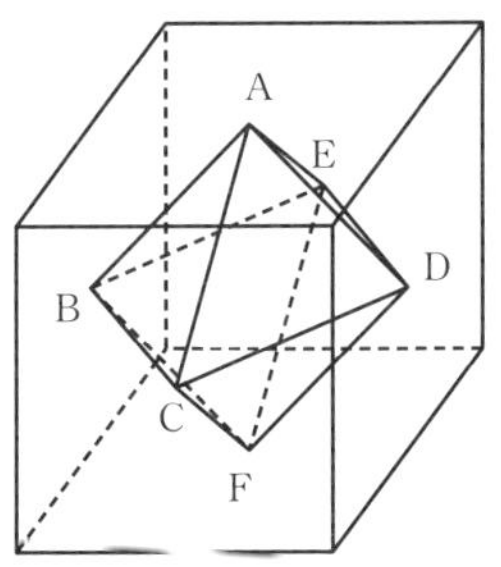

$$AB=\sqrt{(4\div2)^2+(4\div2)^2}=2\sqrt{2}$$

正八面体ABCDEFの体積は，正八面体を合同な 2 つの正四角錐 A-BCDE，F-BCDE に分けて，一方の体積を 2 倍して求めると

$$\left\{\frac{1}{3}\times(2\sqrt{2})^2\times2\right\}\times2=\frac{32}{3}$$

答 (1) **正 n 角形の 1 つの外角は $\frac{360°}{n}$**

よって，1 つの内角は $180°-\frac{360°}{n}$

正六角形のとき，1 つの内角は 120°

多面体の 1 つの頂点には，3 つ以上の面が集まっているから，$n\geqq6$ のとき，1 つの頂点に集まる正 n 角形の角の和が $120°\times3=360°$ 以上になって，正多面体はできない。

したがって，正多面体の各面は，正三角形，正方形，正五角形以外にはない。

(2) **正三角形の 1 つの内角は 60° だから，1 つの頂点に集まる面の数が 6 以上になると，角の和は $60°\times6=360°$ 以上となって，正多面体ができない。**

したがって，1 つの頂点に集まる正三角形の個数は，3，4，5 のいずれかである。

(3) **1 つの頂点に集まる正三角形の個数が，3 のとき正四面体，4 のとき正八面体，5 のとき正二十面体**

検討 (3) オイラーの多面体定理により

$v-e+f=2$ …①

・1 つの頂点に集まる正三角形の個数が 3 のとき

1 つの面には頂点が 3 個あり，1 つの頂点を 3 つの面で共有しているから，

$v=3f\div3=f$

1 つの面には辺が 3 本あり，1 つの辺を 2 つの面で共有しているから，

$e=3f\div2=\frac{3}{2}f$

よって，①より $f-\frac{3}{2}f+f=2$

$\frac{1}{2}f=2$ ゆえに $f=4$

よって，正四面体である。

・1 つの頂点に集まる正三角形の個数が 4 のとき

同様にして，

$v=3f\div4=\frac{3}{4}f$ $e=3f\div2=\frac{3}{2}f$

よって，①より $\frac{3}{4}f-\frac{3}{2}f+f=2$

$\frac{1}{4}f=2$ ゆえに $f=8$

よって，正八面体である。

・1つの頂点に集まる正三角形の個数が5のとき
同様にして，

$v=3f\div5=\frac{3}{5}f\quad e=3f\div2=\frac{3}{2}f$

よって，①より　$\frac{3}{5}f-\frac{3}{2}f+f=2$

$\frac{1}{10}f=2$　ゆえに　$f=20$

よって，正二十面体である。

答　**12個**

検討　オイラーの多面体定理により，
$v-e+f=2$　…①
五角形の面が x 個，六角形の面が y 個あるとする。
面の数について $f=x+y$
辺の数は，それぞれの面ごとに数えると $5x+6y$ であるが，1つの辺を2つの面で共有しているから　$e=\frac{5x+6y}{2}$
頂点の数は，それぞれの面ごとに数えると $5x+6y$ であるが，1つの頂点を3つの面で共有しているから　$v=\frac{5x+6y}{3}$
よって，①より

$\frac{5x+6y}{3}-\frac{5x+6y}{2}+(x+y)=2$

$2(5x+6y)-3(5x+6y)+6(x+y)=12$

よって　$x=12$
ゆえに，五角形の面は12個ある。

48 約数と倍数

基本問題

本冊 p. 114

430

答　(1) **1，2，3，6，9，18**　(2) **12個**

検討　(1) $18=2\times3^2$ より，正の約数は，1，2，3，2×3，3^2，2×3^2

(2) $72=2^3\times3^2$
よって，正の約数の個数は
$(3+1)\times(2+1)=12$(個)

> テスト対策
> (1)のように約数をすべて書くときも，素因数分解から，約数の個数を $2\times3=6$ と確認しておくと書きおとしがない。

答　(1) **a，b がともに5の倍数であるとき，$a=5m$，$b=5n$ (m，n は整数)とすると**
$2a+3b=10m+15n=5(2m+3n)$
$2m+3n$ は整数であるから，$2a+3b$ は5の倍数である。

(2) **$b=am$，$c=bn$ (m，n は整数)とすると**
$c=bn=amn$
mn は整数であるから，c は a の倍数である。

答　(1) **4**　(2) **2，6**

検討　(1) □を x とおくと，9の倍数のとき
$3+4+x+5+2=14+x$ が9の倍数となる。
$0\leqq x\leqq9$ より，$14\leqq14+x\leqq23$ だから
$14+x=18$
よって　$x=4$

(2) 4の倍数のとき，下2桁の数が4の倍数となるから，2または6

答　(1) **12個**　(2) **1092**

検討　(1) $500=2^2\times5^3$ だから
$(2+1)\times(3+1)=12$(個)

(2) $(1+2+2^2)\times(1+5+5^2+5^3)$
$=7\times156=1092$

答　(1) **48**　(2) **60，72，84，90，96**

検討　(1) $10=1\times10=2\times5$
よって，正の約数の個数が10個である自然数は，素数 p，q を用いて，p^9 または $p^4\times q$ の形で表される。

求める自然数は，$24=2^3\times3$ の倍数だから，

$p^4\times q$ の形である。

よって　$2^4\times3=48$

(2) $12=1\times12=2\times6=3\times4=3\times2\times2$

よって，正の約数の個数が 12 個である自然数は素数 p，q，r を用いて，次の 4 つの形で表される。

p^{11}　… $2^{11}=2048>100$ より，不適

$p\times q^5$　… $3\times2^5=96$

$2\times3^5=486>100$ より，不適

$p^2\times q^3$　… $3^2\times2^3=72$

$2^2\times3^3=108>100$ より，不適

$p^2\times q\times r$ … $2^2\times3\times5=60$

$2^2\times3\times7=84$

$2^2\times3\times11=132>100$ より，不適

$2^2\times5\times7=140>100$ より，不適

$3^2\times2\times5=90$

$3^2\times2\times7=126>100$ より，不適

$5^2\times2\times3=150>100$ より，不適

435

答　(1) $\boldsymbol{n=6,\ 24,\ 150,\ 600}$　(2) $\boldsymbol{n=35}$

検討　(1) $600=2^3\times3\times5^2=6\times2^2\times5^2$

よって，$\sqrt{\dfrac{600}{n}}$ が自然数になるのは，

$n=6$，6×2^2，6×5^2，$6\times2^2\times5^2$ のときであり

$n=6$，24，150，600

(2) $7875=3^2\times5^3\times7=35\times3^2\times5^2$

よって，$\sqrt{7875n}$ が自然数になるのは，

$n=35\times m^2$ の形のときである。

$m=1$ のとき　$n=35$

$m=2$ のとき　$n=35\times4=140>100$ より，不適

したがって　$n=35$

応用問題

本冊 p. 115

答　$\boldsymbol{n=2,\ 6}$

検討　$n^2-8n+15=(n-3)(n-5)$ より，

$n^2-8n+15$ が素数となるためには，2 数のうちの一方が ±1 であることが必要である。

よって　$n-3=\pm1$ または $n-5=\pm1$

これより　$n=2$，4，6

$n=4$ のとき，$n^2-8n+15=-1$ となり，不適。

$n=2$，6 のとき，$n^2-8n+15=3$ で，素数となり適する。

したがって　$n=2$，6

答　**47 個**

検討　素因数 2 は，2 の倍数だけがもつ。

$2^6=64>50$ だから，2，2^2，…，2^5 の倍数の個数を数えればよい。

2^2の倍数は，素因数 2 を 2 個もつが，2 の倍数として 1 個，2^2 の倍数として 1 個数えればよい。

1 から50までの自然数のうち

2 の倍数の個数は　$50\div2=25$(個)

2^2 の倍数の個数は

$50\div2^2=12$ 余り 2 より　12(個)

2^3 の倍数の個数は

$50\div2^3=6$ 余り 2 より　6(個)

2^4 の倍数の個数は

$50\div2^4=3$ 余り 2 より　3(個)

2^5 の倍数の個数は

$50\div2^5=1$ 余り 18 より　1(個)

よって，素因数 2 の個数は

$25+12+6+3+1=47$(個)

答　**960**

検討　$28=1\times28=2\times14=4\times7=2\times2\times7$

よって，正の約数の個数が 28 個である自然数は，素数 p，q，r を用いて，次の 4 つの形で表される。

p^{27}…最小のものは 2^{27}

$p^{13}\times q$…最小のものは $2^{13}\times3$

$p^6\times q^3$…最小のものは $2^6\times3^3=2^6\times27$

$p^6\times q\times r$…最小のものは $2^6\times3\times5=2^6\times15$

よって，求める最小のものは　$2^6\times15=960$

答　$10=11-1$

$100=9\times11+1$

$1000=1001-1=91\times11-1$

$10000=909\times11+1$

これらを用いて，5 桁の自然数 n は

$$n=10000a+1000b+100c+10b+a$$
$$=(909\times11+1)a+(91\times11-1)b+(9\times11+1)c+(11-1)b+a$$
$$=11(909a+91b+9c+b)+2a-2b+c$$

$11(909a+91b+9c+b)$ は 11 の倍数だから，

n が 11 で割り切れる

$\iff 2a-2b+c$ が 11 で割り切れる

49 最大公約数と最小公倍数

基本問題　本冊 p. 116

答　(1) 最大公約数 60，最小公倍数 1800

(2) 最大公約数 2，最小公倍数 88200

検討　(1) $180=2^2\cdot3^2\cdot5$，$600=2^3\cdot3\cdot5^2$

よって　最大公約数…$2^2\cdot3\cdot5=60$

最小公倍数…$2^3\cdot3^2\cdot5^2=1800$

(2) $90=2\cdot3^2\cdot5$，$150=2\cdot3\cdot5^2$，$392=2^3\cdot7^2$

よって　最大公約数…2

最小公倍数…$2^3\cdot3^2\cdot5^2\cdot7^2=88200$

答　$n=72$，504

検討　$84=2^2\cdot3\cdot7$，$504=2^3\cdot3^2\cdot7$

よって，84 との最小公倍数が 504 である自然数 n は，$n=2^3\cdot3^2\cdot7^k$　($k=0$，1)　の形で表される。

したがって　$n=72$，504

答　$n+2$ が 5 の倍数，$n+3$ が 7 の倍数であるとき，$n+2=5k$，$n+3=7l$ (k，l は整数) とおける。

$n+17=(5k-2)+17=5k+15=5(k+3)$

よって，$n+17$ は 5 の倍数である。

一方，$n+17=(7l-3)+17=7l+14=7(l+2)$

よって，$n+17$ は 7 の倍数である。

5 と 7 は互いに素であるから，$n+17$ は $5\times7=35$ の倍数である。

答　n と $n+1$ の最大公約数を d とすると，$n=dk$，$n+1=dl$ (k，l は互いに素である自然数) と表せる。

$dk+1=dl$　$1=d(l-k)$

これを満たすのは，$d=1$，$l-k=1$ のみである。

よって，n と $n+1$ は互いに素である。

答　(1) $(a,\ b)=(6,\ 252)$，$(12,\ 126)$，$(18,\ 84)$，$(36,\ 42)$

(2) $(a,\ b)=(14,\ 1176)$，$(42,\ 392)$，$(56,\ 294)$，$(98,\ 168)$

検討　(1) 最大公約数が 6 だから，$a=6m$，$b=6n$ (m，n は互いに素である自然数で，$m<n$) と表される。最小公倍数が 252 だから

$6mn=252$　$mn=42$

よって　$(m,\ n)=(1,\ 42)$，$(2,\ 21)$，$(3,\ 14)$，$(6,\ 7)$

したがって

$$(a,\ b)=(6\times1,\ 6\times42),\ (6\times2,\ 6\times21),\ (6\times3,\ 6\times14),\ (6\times6,\ 6\times7)$$
$$=(6,\ 252),\ (12,\ 126),\ (18,\ 84),\ (36,\ 42)$$

(2)　最大公約数が14だから，$a=14m$，$b=14n$ (m，n は互いに素である自然数で，$m<n$) と表される。最小公倍数が 1176 だから

$14mn=1176$　$mn=84$

よって　$(m,\ n)=(1,\ 84)$，$(3,\ 28)$，$(4,\ 21)$，$(7,\ 12)$

したがって

$$(a,\ b)=(14\times1,\ 14\times84),\ (14\times3,\ 14\times28),\ (14\times4,\ 14\times21),\ (14\times7,\ 14\times12)$$
$$=(14,\ 1176),\ (42,\ 392),\ (56,\ 294),\ (98,\ 168)$$

テスト対策

a, b の最大公約数を g, 最小公倍数を l とすると　$ab=gl$
また, $a=ga'$, $b=gb'$ と表すと,
a', b' は互いに素であり　$l=ga'b'$

445

答　(1) $\dfrac{72}{5}$　(2) $\dfrac{392}{3}$

検討　(1) 求める分数を $\dfrac{n}{m}$ とおくと,

$\dfrac{25}{8}\times\dfrac{n}{m}$, $\dfrac{35}{18}\times\dfrac{n}{m}$ は自然数となるから,
m は 25 と 35 の公約数
n は 8 と 18 の公倍数
となる。

$\dfrac{n}{m}$ が最小になるのは, m が最大, n が最小となるとき, すなわち, m が 25 と 35 の最大公約数 5, n が 8 と 18 の最小公倍数 72 であるときである。

よって　$\dfrac{72}{5}$

(2) 求める分数を $\dfrac{n}{m}$ とおくと, (1)と同様にして, $\dfrac{n}{m}$ が最小になるのは, m が 21, 15, 6 の最大公約数 3, n が 8, 14, 49 の最小公倍数 392 のときである。

よって　$\dfrac{392}{3}$

446

答　$7a+8b$ と $6a+7b$ の最大公約数を d とすると $7a+8b=dk$, $6a+7b=dl$ (k, l は互いに素である自然数) と表せる。a, b を d, k, l で表すと
$a=d(7k-8l)$　$b=d(7l-6k)$
よって, d は a と b の公約数となるが, a と b は互いに素であるから　$d=1$
したがって, $7a+8b$ と $6a+7b$ は互いに素である。

応用問題 本冊 p. 117

447

答　(1) $a+b$ と ab が互いに素でないとすると, $a+b$, ab の公約数となる素数 p が存在し, $a+b=kp$　……①, $ab=lp$　……②
(k, l は互いに素である自然数) と表せる。
p は素数であるから, ②より, p は a または b の約数である。
p が a の約数のとき, $a=pm$ (mは自然数) と表され, ①より　$b=kp-a=p(k-m)$
ゆえに, p は b の約数であり, p は a と b の公約数となり, a と b が互いに素であることに矛盾する。
p が b の約数のときも同様である。
これより, 題意が成り立つ。
したがって, $a+b$ と ab は互いに素である。

(2) $a+b$ と ab は互いに素であるとき, a と b の最大公約数を d とすると, $a=a'd$, $b=b'd$ (a', b' は互いに素である自然数) と表せる。
よって　$a+b=(a'+b')d$, $ab=a'b'd^2$
したがって, d は $a+b$ と ab の公約数である。ところが, $a+b$ と ab は互いに素であるから　$d=1$
したがって, a と b は互いに素である。

答　$(m,\ n)=(11,\ 1),\ (9,\ 3),\ (7,\ 5)$

検討　$m+n$ と $m+4n$ の最大公約数が 3 であるから,
$m+n=3k$　……①
$m+4n=3l$　……② (k, l は互いに素である自然数) と表せる。
$m+n$ と $m+4n$ の最小公倍数が $4m+16n$ であるから,
$3kl=4m+16n$　$3kl=4(m+4n)$　$3kl=4\cdot 3l$
よって　$k=4$
したがって, ①より
$m+n=12$　$m=12-n$　……③
$m\geqq n>0$ より　$12-n\geqq n$　$n\leqq 6$
n は自然数だから　$n=1,\ 2,\ 3,\ 4,\ 5,\ 6$
③を②に代入すると　$12+3n=3l$　$4+n=l$

$n=2,\ 4,\ 6$ のとき，l は偶数となり，$k=4$ であることから，k と l は互いに素であることに反する。
$n=1$ のとき，③より $m=11$
$n=3$ のとき，③より $m=9$
$n=5$ のとき，③より $m=7$

50 整数の割り算と商および余り

基本問題 本冊 p. 118

答 (1) 商 **5**，余り **3**　(2) 商 **13**，余り **2**
(3) 商 **−11**，余り **1**　(4) 商 **−18**，余り **3**

検討 $a=bq+r\ (0\leqq r<b)$ の形をつくる。
(1) $23=4\times5+3$
(2) $93=7\times13+2$
(3) $-65=6\times(-11)+1$
(4) $-87=5\times(-18)+3$

答 (1) **5**　(2) **4**　(3) **5**　(4) **6**

検討 a を 7 で割ると 3 余り，b を 7 で割ると 5 余るから，$a=7k+3$，$b=7l+5$（k，l は整数）と表せる。
(1) $a-b=7k+3-(7l+5)=7k+3-7l-5$
$\quad=7(k-l-1)+5$
よって，求める余りは 5
(2) $2a+b=2(7k+3)+7l+5=14k+6+7l+5$
$\quad=7(2k+l+1)+4$
よって，求める余りは 4
(3) $2a-3b=2(7k+3)-3(7l+5)$
$\quad=14k+6-21l-15$
$\quad=7(2k-3l-2)+5$
よって，求める余りは 5
(4) $a^2+b^2=(7k+3)^2+(7l+5)^2$
$\quad=49k^2+42k+9+49l^2+70l+25$
$\quad=7(7k^2+7l^2+6k+10l+4)+6$
よって，求める余りは 6

テスト対策
$a=7q+r\ (0\leqq r<7)$ の形をつくる。

451

答 (1) n を奇数とすると，$n=2k+1$（k は整数）と表せる。
$n^2=(2k+1)^2$
$\quad=4k^2+4k+1$
$\quad=4(k^2+k)+1$
k^2+k は整数だから，奇数 n の 2 乗を 4 で割ると 1 余る。
(2) 連続する 2 つの偶数を $2n$，$2(n+1)$（n は整数）とおくと
$\{2(n+1)\}^3-(2n)^3$
$=8(n^3+3n^2+3n+1)-8n^3$
$=8(3n^2+3n+1)$
$=8\{3n(n+1)+1\}$
$n(n+1)$ は偶数だから，$3n(n+1)+1$ は奇数である。
よって，連続する 2 つの偶数の 3 乗の差は 8 の倍数であるが，16 の倍数ではない。

検討 文章で表されたものを文字式で表す。

答 n が 3 の倍数でないとすると，
$n=3m+1$ または $n=3m+2$（m は整数）と表せる。
$n=3m+1$ のとき
$(3m+1)^2+2=9m^2+6m+1+2$
$\quad=3(3m^2+2m+1)$
$n=3m+2$ のとき
$(3m+2)^2+2=9m^2+12m+4+2$
$\quad=3(3m^2+4m+2)$
よって，どちらの場合も 3 の倍数である。

答 (1) $N=n^2+7n+2$ とおくと，
$N=n^2+7n+2$
$\quad=n^2+7n+12-10$
$\quad=(n+3)(n+4)-10$
$(n+3)(n+4)$ は，連続する 2 つの整数の積だから偶数である。
よって，偶数から偶数を引いた差は偶数である。
したがって，N は偶数である。

(2) $N=n^3-7n$ とおくと，

$N=n^3-7n$

$=n^3-n-6n$

$=n(n^2-1)-6n$

$=n(n+1)(n-1)-6n$

$n(n+1)(n-1)=(n-1)n(n+1)$ は，連続する 3 つの整数の積だから 6 の倍数である。6 の倍数から 6 の倍数を引いた差は 6 の倍数である。

よって，N は 6 の倍数である。

応用問題

本冊 p. 119

答 (1) n を奇数とすると，$n=2m+1$ (m は整数) と表せる。

$n^2-1=(2m+1)^2-1=4m^2+4m+1-1$

$=4m(m+1)$

$m(m+1)$ は偶数だから，$4m(m+1)$ は 8 の倍数である。よって，n^2-1 は 8 の倍数である。

(2) m を整数とする。

(i) $n=2m+1$ (奇数) のとき

$n^2+2=(2m+1)^2+2=4m^2+4m+1+2$

$=4(m^2+m)+3$

よって，4 の倍数でない。

(ii) $n=2m$ (偶数) のとき

$n^2+2=(2m)^2+2=4m^2+2$

よって，4 の倍数でない。

(i)，(ii)より，n^2+2 は 4 の倍数でない。

455

答 $28n+5$ と $21n+4$ の最大公約数を d とすると，互いに素である自然数 k，l を用いて

$28n+5=kd$ ……① $21n+4=ld$ ……②

と表せる。

②×4－①×3 より $1=4ld-3kd$

よって $(4l-3k)d=1$

これを満たすのは，$d=1$，$4l-3k=1$ のみである。

したがって，$28n+5$ と $21n+4$ は互いに素である。

答 n が 3 の倍数でないとすると，

$n\equiv1 \pmod 3$ または $n\equiv2 \pmod 3$ より，いずれの場合も $n^2\equiv1 \pmod 3$ が成り立つ。

d は 3 の倍数でないから $d^2\equiv1 \pmod 3$

よって，$a^2+b^2+c^2\equiv1 \pmod 3$ となるのは，a^2，b^2，c^2 のどれか 2 つが 3 の倍数で，1 つが 3 の倍数でない場合である。

よって，a，b，c の中に，3 の倍数がちょうど 2 つある。

457

答 (1) 1 (2) 3 (3) 3 (4) 1 (5) 01

検討 $a^k\equiv1 \pmod n$ となる k を見つける。

(1) $22\equiv1 \pmod 7$

$22^{100}\equiv1^{100}=1 \pmod 7$

よって，求める余りは 1

(2) $2^4=16\equiv1 \pmod 5$

$2^{2011}=2^{4\cdot502+3}=(2^4)^{502}\cdot2^3\equiv2^3\equiv3 \pmod 5$

よって，求める余りは 3

(3) $3^3=27\equiv1 \pmod{13}$

$3^{100}=3^{3\cdot33+1}=(3^3)^{33}\cdot3\equiv3 \pmod{13}$

よって，求める余りは 3

(4) 37^{100} の一の位の数は，37^{100} を 10 で割った余りに等しい。

$37\equiv7 \pmod{10}$ であり，

$7^2=49\equiv9 \pmod{10}$，

$7^3=343\equiv3 \pmod{10}$，

$7^4=2401\equiv1 \pmod{10}$

よって $37^{100}\equiv7^{100}=(7^4)^{25}\equiv1 \pmod{10}$

したがって，一の位の数は 1

(5) 7^{200} の下 2 桁の数は，7^{200} を 100 で割った余りに等しい。

$7^2=49$，$7^3=343\equiv43 \pmod{100}$，

$7^4=2401\equiv1 \pmod{100}$

よって $7^{200}=(7^4)^{50}\equiv1 \pmod{100}$

したがって，下 2 桁の数は 01

答 $2^4=16\equiv1 \pmod{15}$

よって $2^{4n}-1=(2^4)^n-1\equiv1-1=0 \pmod{15}$

したがって，$2^{4n}-1$ は 15 の倍数である。

答 (1) **1** (2) **4**

(3) n が偶数のとき **1**，n が奇数のとき **3**

検討 (1) $3^2=9\equiv1 \pmod 8$

よって $3^{2n}=(3^2)^n=9^n\equiv1 \pmod 8$

(2) $3^{2n-1}+1=3^{2(n-1)+1}+1$

$=3^{2(n-1)}\cdot3+1$

$\equiv1\cdot3+1$

$=4 \pmod 8$

(3) (1)，(2)より

$n=2m$（m は自然数）のとき，余りは1

$n=2m-1$（m は自然数）のとき，余りは $4-1=3$

答 (1) **4**

(2) 2次方程式 $x^2+4x-5p+2=0$ を満たす整数 x が存在すると仮定すると

$x^2+4x+4=5p+2$

$(x+2)^2=5p+2$ ……①

①の右辺は $5p+2\equiv2 \pmod 5$

①の左辺において，5で割ったときの余りで分類すると

(i) $x+2\equiv0 \pmod 5$ のとき

$(x+2)^2\equiv0 \pmod 5$

(ii) $x+2\equiv1 \pmod 5$ または $x+2\equiv4 \pmod 5$ のとき

$(x+2)^2\equiv1 \pmod 5$

(iii) $x+2\equiv2 \pmod 5$ または $x+2\equiv3 \pmod 5$ のとき

$(x+2)^2\equiv4 \pmod 5$

よって，(i)，(ii)，(iii)より，

$(x+2)^2\equiv2 \pmod 5$ とはならないので矛盾する。

したがって，整数 x は存在しない。

検討 (1) n を5で割ったときの余りが3のとき $n\equiv3 \pmod 5$

よって $n^2\equiv9\equiv4 \pmod 5$

したがって，n^2 を5で割ったときの余りは4である。

答 (1) m を整数とすると

$n=2m$ のとき $n^2=(2m)^2=4m^2$

$n=2m+1$ のとき

$n^2=(2m+1)^2=4m^2+4m+1=4(m^2+m)+1$

よって，n^2 を4で割った余りは **0** または **1** である。

(2) a，b がともに奇数であるとすると，(1)の結果より $a^2+b^2\equiv1+1=2 \pmod 4$

しかし，(1)の結果より，

$c^2\equiv0 \pmod 4$ または $c^2\equiv1 \pmod 4$

だから，$c^2\equiv2 \pmod 4$ とはならないので矛盾する。

したがって，a，b の少なくとも一方は偶数である。

答 (1) a，b がともに奇数であるとすると，

$a^2\equiv1 \pmod 4$，$b^2\equiv1 \pmod 4$ より

$a^2-3b^2\equiv1-3=-2\equiv2 \pmod 4$

一方，$c^2\equiv0 \pmod 4$ または

$c^2\equiv1 \pmod 4$ であるので，矛盾する。

よって，a，b の少なくとも一方は偶数である。

(2) a，b はともに偶数なので，

$a=2a'$，$b=2b'$（a'，b' は整数）と表せる。

$a^2-3b^2=c^2$ より $4a'^2-3\cdot4b'^2=c^2$

よって，左辺は偶数だから，c^2 は偶数で，c も偶数となり，$c=2c'$（c' は整数）と表せる。

ゆえに $4a'^2-3\cdot4b'^2=4c'^2$

$a'^2-3b'^2=c'^2$

(1)の結果より，a'，b' の少なくとも一方は偶数である。

したがって，a，b の少なくとも一方は4の倍数である。

(3) a が奇数ならば，(1)より，b は偶数である。

a は奇数だから，$a\equiv1, 3, 5, 7 \pmod 8$ より $a^2\equiv1 \pmod 8$

b が4の倍数でないとすると，b は4の倍数でない偶数なので

$b\equiv2, 6 \pmod 8$ より $b^2\equiv4 \pmod 8$

よって $a^2-3b^2\equiv1-3\cdot4=1-12=-11$

$\equiv-11+16=5 \pmod 8$

一方，c が奇数のとき　$c^2\equiv1 \pmod 8$
c が偶数のとき，$c\equiv0,\ 2,\ 4,\ 6 \pmod 8$
より　$c^2\equiv0,\ 4 \pmod 8$
よって，$c^2\equiv5 \pmod 8$ とならないので矛盾する。
したがって，b は 4 の倍数である。

検討 (3) 4 を法としてうまくいかないとき，8 を法として考えるとよい。

51 ユークリッドの互除法

基本問題　本冊 p.121

答 (1) **11**　(2) **14**　(3) **6**　(4) **102**

検討 a を b で割った余りが r ならば，さらに b を r で割る。これを繰り返して $r=0$ となったときの b が求める最大公約数である。

(1) $187=143\times1+44$

$143=44\times3+11$

$44=11\times4$

よって，187 と 143 の最大公約数は 11 である。

(2) $238=182\times1+56$

$182=56\times3+14$

$56=14\times4$

よって，238 と 182 の最大公約数は 14 である。

(3) $1374=288\times4+222$

$288=222\times1+66$

$222=66\times3+24$

$66=24\times2+18$

$24=18\times1+6$

$18=6\times3$

よって，1374 と 288 の最大公約数は 6 である。

(4) $1734=612\times2+510$

$612=510\times1+102$

$510=102\times5$

よって，1734 と 612 の最大公約数は 102 である。

464

答 (1) $(x,\ y)=(-5,\ 11)$
(2) $(x,\ y)=(-1,\ 6)$
(3) $(x,\ y)=(14,\ -29)$
(4) $(x,\ y)=(-85,\ 163)$

検討 (1)では $a=112,\ b=51$ とおいて，互除法と同じことを行う方がわかりやすい。

(1) $a=112,\ b=51$ とおく。
$112=51\times2+10$ より
$10=112-51\times2=a-2b$
$51=10\times5+1$ より
$1=51-10\times5=b-(a-2b)\times5=-5a+11b$
よって　$(x,\ y)=(-5,\ 11)$

(2) $a=231,\ b=39$ とおく。
$231=39\times5+36$ より
$36=231-39\times5=a-5b$
$39=36\times1+3$ より
$3=39-36\times1=b-(a-5b)=-a+6b$
よって　$(x,\ y)=(-1,\ 6)$

(3) $a=429,\ b=207$ とおく。
$429=207\times2+15$ より
$15=429-207\times2=a-2b$
$207=15\times13+12$ より
$12=207-15\times13=b-(a-2b)\times13$
$\quad=-13a+27b$
$15=12\times1+3$ より
$3=15-12\times1=(a-2b)-(-13a+27b)$
$\quad=14a-29b$
よって　$(x,\ y)=(14,\ -29)$

(4) $a=1001,\ b=522$ とおく。
$1001=522\times1+479$ より
$479=1001-522\times1=a-b$
$522=479\times1+43$ より
$43=522-479\times1=b-(a-b)=-a+2b$
$479=43\times11+6$ より

$6=479-43\times11=(a-b)-(-a+2b)\times11$
$=12a-23b$
$43=6\times7+1$ より
$1=43-6\times7=(-a+2b)-(12a-23b)\times7$
$=-85a+163b$
よって　$(x,\ y)=(-85,\ 163)$

465

答　(1) $\boldsymbol{x=7n+3,\ y=-5n-2}$
(2) $\boldsymbol{x=3n+1,\ y=7n+2}$
(3) $\boldsymbol{x=13n+6,\ y=-11n-5}$
(4) $\boldsymbol{x=7n-3,\ y=6n-3}$
(以上，n は整数)

検討　(1) $5x+7y=1$　……①
$5\times3+7\times(-2)=1$　……②
①，②を辺ごとに引くと
$5(x-3)+7(y+2)=0$
$5(x-3)=-7(y+2)$
5 と 7 は互いに素であるから，$x-3$ は 7 の倍数である。
$x-3=7n$ (n は整数) とおくと
$5\cdot7n+7(y+2)=0$
$5n+y+2=0$
したがって　$x=7n+3,\ y=-5n-2$
(2) $7x-3y=1$　……①
$7\times1-3\times2=1$　……②
①，②を辺ごとに引くと
$7(x-1)-3(y-2)=0$
$7(x-1)=3(y-2)$
7 と 3 は互いに素であるから，$x-1$ は 3 の倍数である。
$x-1=3n$ (n は整数) とおくと
$7\cdot3n-3(y-2)=0$
$7n-y+2=0$
したがって　$x=3n+1,\ y=7n+2$
(3) $11x+13y=1$　……①
$11\times6+13\times(-5)=1$　……②
①，②を辺ごとに引くと
$11(x-6)+13(y+5)=0$
$11(x-6)=-13(y+5)$
11 と 13 は互いに素であるから，$x-6$ は 13 の倍数である。
$x-6=13n$ (n は整数) とおくと
$11\cdot13n+13(y+5)=0$
$11n+y+5=0$
したがって　$x=13n+6,\ y=-11n-5$
(4) $6x-7y=3$　……①
$6\times(-1)-7\times(-1)=1$
両辺を 3 倍して
$6\times(-3)-7\times(-3)=3$　……②
①，②を辺ごとに引くと
$6(x+3)-7(y+3)=0$
$6(x+3)=7(y+3)$
6 と 7 は互いに素であるから，$x+3$ は 7 の倍数である。
$x+3=7n$ (n は整数) とおくと
$6\cdot7n-7(y+3)=0$
$6n-y-3=0$
したがって　$x=7n-3,\ y=6n-3$

466

答　$\boldsymbol{n=2,\ 7,\ 12,\ 17}$

検討　ユークリッドの互除法の原理を用いる。
a と b の最大公約数を $(a,\ b)$ と表すことにする。
$4n+17=(3n+14)\cdot1+n+3$
$3n+14=(n+3)\cdot3+5$
よって，
$(4n+17,\ 3n+14)=(3n+14,\ n+3)$
$=(n+3,\ 5)$
よって，$4n+17,\ 13n+4$ の最大公約数と $n+3,\ 5$ の最大公約数は一致し，$n+3$ が 5 の倍数となる。
$1\leqq n\leqq20$ より $4\leqq n+3\leqq23$ だから，次の表のようになる。

$n+3$	5	10	15	20
n	2	7	12	17

応用問題

本冊 p. 122

467

答　(1) **50 個**　(2) **33 個**　(3) **7 個**

検討　a と b の最大公約数を $(a,\ b)$ と表すことにする。
(1) $8n+20=(7n+18)\cdot1+n+2$
$7n+18=(n+2)\cdot7+4$

よって，

$(8n+20,\ 7n+18)=(7n+18,\ n+2)$

$=(n+2,\ 4)$

$8n+20$，$7n+18$ の最大公約数と $n+2$，4 の最大公約数は一致し，$8n+20$，$7n+18$ が互いに素であるとき，$n+2$，4 も互いに素である。よって，$n+2$ が奇数となるような n の個数を求めればよい。

$1\leqq n\leqq 100$ より，$3\leqq n+2\leqq 102$

$n+2=3(=2\cdot 1+1)$，5，7，…，

$101(=2\cdot 50+1)$

よって，奇数は 50 個ある。

(2) (1)と同様に考える。

$(6n+18,\ 5n+16)=(5n+16,\ n+2)$

$=(n+2,\ 6)$

$6n+18$，$5n+16$ が互いに素であるとき，$n+2$，6 も互いに素である。

よって，$n+2$ が 2 の倍数でも 3 の倍数でもないものの個数を求める。

$3\leqq n+2\leqq 102$ において，

$\begin{cases} A：2 \text{ の倍数の集合} \\ B：3 \text{ の倍数の集合} \end{cases}$

とする。

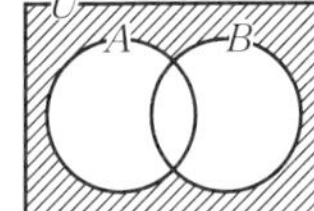

$n(A)=102\div 2-1=50$

$n(B)=102\div 3=34$

$n(A\cap B)=102\div 6=17$

よって

$n(A\cup B)=n(A)+n(B)-n(A\cap B)$

$=50+34-17=67$

よって

$n(\overline{A}\cap\overline{B})=n(\overline{A\cup B})=n(U)-n(A\cup B)$

$=100-67=33$(個)

(3) $(5n+19,\ 4n+18)=(4n+18,\ n+1)$

$=(n+1,\ 14)$

$5n+19$，$4n+18$ の最大公約数と $n+1$，14 の最大公約数は一致する。よって，$n+1$ が 7 の倍数であるが 14 の倍数でないものの個数を求める。

$2\leqq n+1\leqq 101$ において，

$101\div 7=14$ 余り 3

$101\div 14=7$ 余り 3

よって　$14-7=7$(個)

答　**1，2，3，6**

検討　$n^2+4n+9=(n+3)(n+1)+6$

よって，n^2+4n+9，$n+3$ の最大公約数と $n+3$，6 の最大公約数は一致する。

したがって，最大公約数として考えられる数は，6 の約数だから　1，2，3，6

答　(1) $(x,\ y)=(3,\ 3),\ (1,\ 6)$

(2) $(x,\ y)=(8,\ 3),\ (4,\ 6)$

(3) $(x,\ y)=(5,\ 6),\ (10,\ 2)$

(4) $(x,\ y,\ z)=(3,\ 3,\ 1),\ (1,\ 6,\ 1),$

$(2,\ 2,\ 2),\ (1,\ 1,\ 3)$

検討　不等式を用いて，x または y の範囲を絞り込む。

(1) $3x+2y=15$　$2y=15-3x$

$2y=3(5-x)$　……①

2 と 3 は互いに素であるから，y は 3 の倍数である。

①において $x\geqq 1$ より　$5-x\leqq 4$

よって　$2y\leqq 3\times 4=12$

$y\geqq 1$ であるから　$1\leqq y\leqq 6$

y は 3 の倍数より　$y=3,\ 6$

このとき方程式より　$x=3,\ 1$

よって　$(x,\ y)=(3,\ 3),\ (1,\ 6)$

(2) $3x+4y=36$　$4y=36-3x$

$4y=3(12-x)$　……①

3 と 4 は互いに素であるから，y は 3 の倍数である。

①において $x\geqq 1$ より　$12-x\leqq 11$

よって　$4y\leqq 3\times 11=33$　　$y\leqq 8.25$

$y\geqq 1$ であるから　$1\leqq y\leqq 8$

y は 3 の倍数より　$y=3,\ 6$

このとき方程式より　$x=8,\ 4$

よって　$(x,\ y)=(8,\ 3),\ (4,\ 6)$

(3) $4x+5y=50$　$4x=50-5y$

$4x=5(10-y)$　……①

4 と 5 は互いに素であるから，x は 5 の倍数である。

①において $y\geqq 1$ より　$10-y\leqq 9$

よって　$4x\leqq 5\times 9=45$　　$x\leqq 11.25$

$x \geqq 1$ であるから　$1 \leqq x \leqq 11$

x は5の倍数より　$x=5,\ 10$

このとき方程式より　$y=6,\ 2$

よって　$(x,\ y)=(5,\ 6),\ (10,\ 2)$

(4) $3x+2y+5z=20$　$5z=20-(3x+2y)$

ここで，$x \geqq 1$，$y \geqq 1$ であるから

$5z=20-(3x+2y) \leqq 20-5=15$　　$z \leqq 3$

z は自然数だから　$z=1,\ 2,\ 3$

(i) $z=1$ のとき方程式は　$3x+2y=15$

(1)の結果より　$(x,\ y)=(3,\ 3),\ (1,\ 6)$

(ii) $z=2$ のとき方程式は　$3x+2y=10$

$3x=10-2y$　　$3x=2(5-y)$　……①

2と3は互いに素であるから，x は2の倍数である。

①において $y \geqq 1$ より　$5-y \leqq 4$

よって　$3x \leqq 2\times4=8$　　$x \leqq 2.6\cdots$

$x \geqq 1$ であるから　$1 \leqq x \leqq 2$

x は2の倍数より　$x=2$

このとき方程式より　$y=2$

よって　$(x,\ y)=(2,\ 2)$

(iii) $z=3$ のとき方程式は　$3x+2y=5$

$3x=5-2y$　……②

②において $y \geqq 1$ より　$5-2y \leqq 3$

よって　$3x \leqq 3$　　$x \leqq 1$

$x \geqq 1$ であるから　$x=1$

このとき方程式より　$y=1$

よって　$(x,\ y)=(1,\ 1)$

(i)，(ii)，(iii)より

$(x,\ y,\ z)=(3,\ 3,\ 1),\ (1,\ 6,\ 1),$
$(2,\ 2,\ 2),\ (1,\ 1,\ 3)$

470

答　(1) **79**　(2) **146**

検討　(1) 求める2桁の自然数を n とすると，5で割ると4余り，7で割ると2余るから，

$n=5k+4$，$n=7l+2$　(k，l は整数)

と表せる。

よって，$5k+4=7l+2$ より

$7l-5k=2$　……①

また　$7\times1-5\times1=2$　……②

①，②を辺ごとに引くと

$7(l-1)-5(k-1)=0$

$7(l-1)=5(k-1)$

7と5は互いに素であるから，$l-1$ は5の倍数である。よって，$l-1=5m$ (mは整数) と表せる。

このとき　$k-1=7m$

ゆえに　$l=5m+1$，$k=7m+1$

$n=5k+4=5(7m+1)+4=35m+9$

$n=35m+9<100$ となる m の最大値は2

したがって　$n=35\times2+9=79$

(2) 求める3桁の自然数を n とすると，(1)と同様にして

$$\begin{cases} n=3x+2 & \cdots\cdots① \\ n=5y+1 & \cdots\cdots② \\ n=7z+6 & \cdots\cdots③ \end{cases} \quad (x,\ y,\ z \text{ は整数})$$

と表せる。

②，③より

$5y+1=7z+6$　$5y-7z=5$

また　$5\times1-7\times0=5$

2式の両辺を辺ごとに引くと

$5(y-1)-7z=0$

$7z=5(y-1)$

7と5は互いに素であるから，z は5の倍数である。よって，$z=5k$ (k は整数) と表せる。

このとき　$y-1=7k$　　ゆえに　$y=7k+1$

②より

$n=5y+1=5(7k+1)+1=35k+6$　……④

①，④より

$3x+2=35k+6$　$3x-35k=4$　……⑤

また　$3\times12-35\times1=1$

この式の両辺を4倍して

$3\times48-35\times4=4$　……⑥

⑤，⑥を辺ごとに引くと

$3(x-48)-35(k-4)=0$

$35(k-4)=3(x-48)$

よって，$k-4=3m$ (m は整数) と表せる。

このとき　$x-48=35m$

ゆえに　$x=35m+48$

したがって

$n=3x+2=3(35m+48)+2=105m+146$

$n=105m+146 \geqq 100$ となる m の最小値は0

したがって　$n=105\times0+146=146$

答　$\boldsymbol{n=891}$

検討　$9x+11y=n$　……①

$9\times5+11\times(-4)=1$

この式の両辺を n 倍して

$9\times5n+11\times(-4n)=n$　……②

①，②を辺ごとに引くと

$9(x-5n)+11(y+4n)=0$

$9(x-5n)=-11(y+4n)$

9 と 11 は互いに素であるから，$x-5n$ は 11 の倍数である。よって，$x-5n=11k$（k は整数）と表せる。

このとき　$y+4n=-9k$

ゆえに　$x=11k+5n$，$y=-9k-4n$

$x=11k+5n\geqq0$，$y=-9k-4n\geqq0$ より

$-\dfrac{5}{11}n\leqq k\leqq-\dfrac{4}{9}n$

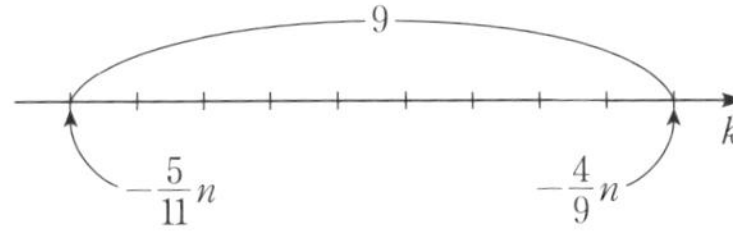

この範囲に 10 個の整数が存在するためには

$-\dfrac{4}{9}n-\left(-\dfrac{5}{11}n\right)\geqq9$ より　$\dfrac{-44+45}{99}n\geqq9$

すなわち，$n\geqq9\times99=891$

であることが必要である。

$n=891$ のとき，$-405\leqq k\leqq-396$ となり，10 個の負でない整数解という条件を満たす。

よって，n の最小値は 891

52 整数の性質の応用

基本問題　本冊 *p. 123*

472

答　(1) **23**　(2) **476**　(3) **181**

検討　(1) $10111_{(2)}=1\cdot2^4+0\cdot2^3+1\cdot2^2+1\cdot2+1$

$=16+4+2+1=23$

(2) $3401_{(5)}=3\cdot5^3+4\cdot5^2+0\cdot5+1$

$=375+100+1=476$

(3) $265_{(8)}=2\cdot8^2+6\cdot8+5=128+48+5=181$

473

答　(1) $\mathbf{110110_{(2)}}$　(2) $\mathbf{202212_{(3)}}$

検討　(1)

2)54	
2)27	…0
2)13	…1
2) 6	…1
2) 3	…0
1	…1

(2)

3)563	
3)187	…2
3) 62	…1
3) 20	…2
3) 6	…2
2	…0

474

答　(1) **0.625**　(2) **0.375**　(3) **0.688**

検討　$0.abc_{(n)}=a\cdot\dfrac{1}{n}+b\cdot\dfrac{1}{n^2}+c\cdot\dfrac{1}{n^3}$ を計算し，小数で求める。

(1) $0.101_{(2)}=1\cdot\dfrac{1}{2}+0\cdot\dfrac{1}{2^2}+1\cdot\dfrac{1}{2^3}=\dfrac{5}{8}=0.625$

(2) $0.12_{(4)}=1\cdot\dfrac{1}{4}+2\cdot\dfrac{1}{4^2}=\dfrac{3}{8}=0.375$

(3) $0.321_{(5)}=3\cdot\dfrac{1}{5}+2\cdot\dfrac{1}{5^2}+1\cdot\dfrac{1}{5^3}=\dfrac{86}{125}=0.688$

475

答　$\boldsymbol{k=7}$

検討　$231_{(k)}$ を k の式で表し，k についての方程式をつくる。

$231_{(k)}=2\cdot k^2+3\cdot k+1=2k^2+3k+1$

これが120に等しいから　$2k^2+3k+1=120$

$2k^2+3k-119=0$　　$(2k+17)(k-7)=0$

$k\geqq4$ であるから　$k=7$

応用問題　本冊 *p. 124*

476

答　(1) (ア) **0.6875**　(イ) **0.7616**

(2) (ア) $\mathbf{0.304_{(5)}}$　(イ) $\mathbf{0.1101_{(2)}}$

検討　(1) (ア) $0.1011_{(2)}$

$=1\cdot\dfrac{1}{2}+0\cdot\dfrac{1}{2^2}+1\cdot\dfrac{1}{2^3}+1\cdot\dfrac{1}{2^4}$

$=\dfrac{1}{2}+\dfrac{1}{8}+\dfrac{1}{16}=\dfrac{11}{16}=0.6875$

(イ) $0.3401_{(5)}$

$=3\cdot\dfrac{1}{5}+4\cdot\dfrac{1}{5^2}+0\cdot\dfrac{1}{5^3}+1\cdot\dfrac{1}{5^4}$

$=\dfrac{3}{5}+\dfrac{4}{25}+\dfrac{1}{625}=\dfrac{476}{625}=0.7616$

(2) (ア)では，小数部分のみ，次々と 5 倍し，小数部分が 0 になったら，出てきた整数部分を順に並べる。

(ア)　.632 ⤸×5
③ .160 ⤸×5
⓪ .80 ⤸×5
④ .0
↑
小数部分が 0

(イ)　.8125 ⤸×2
① .6250 ⤸×2
① .250 ⤸×2
⓪ .50 ⤸×2
① .0

477

答　(1) **$110000_{(2)}$**　(2) **$1101_{(2)}$**
(3) **$10001111_{(2)}$**　(4) **$111_{(2)}$**

検討　筆算で計算する。2 進法では，
$1+0=1_{(2)}$，$1+1=2=10_{(2)}$，$1-0=1_{(2)}$，
$10-1=1_{(2)}$，$1\times1=1_{(2)}$ などに注意して各桁の計算を慎重に行う。

(1)
$$\begin{array}{r} 10101 \\ +\ 11011 \\ \hline 110000 \end{array}$$

(2)
$$\begin{array}{r} 10111 \\ -\ 1010 \\ \hline 1101 \end{array}$$

(3)
$$\begin{array}{r} 1101 \\ \times 1011 \\ \hline 1101 \\ 1101 \\ 1101 \\ \hline 10001111 \end{array}$$

(4)
$$\begin{array}{r} 111 \\ 1101 \overline{)1011011} \\ 1101 \\ \hline 10011 \\ 1101 \\ \hline 1101 \\ 1101 \\ \hline 0 \end{array}$$

(別解) 10 進数に直して計算し，最後に 2 進数に直してもよい。
(1) $10101_{(2)}=21$，$11011_{(2)}=27$ より
$21+27=48$　$48=110000_{(2)}$

478

答　(1) **$10111_{(3)}$**　(2) **$2023_{(5)}$**
(3) **$10422404_{(5)}$**　(4) **$212_{(3)}$**

検討　(1)(3) n 進法では，和が n になると 1 繰り上がることに注意する。
(2) 5 進法では，$10-3=7=12_{(5)}$ に注意する。
(3) 5 進法では，$3\times3=9=14_{(5)}$，
$2\times3=6=11_{(5)}$ に注意する。

(1)
$$\begin{array}{r} 2012 \\ +\ 1022 \\ \hline 10111 \end{array}$$

(2)
$$\begin{array}{r} 4431 \\ -2403 \\ \hline 2023 \end{array}$$

(3)
$$\begin{array}{r} 3213 \\ \times 1323 \\ \hline 20144 \\ 11431 \\ 20144 \\ 3213 \\ \hline 10422404 \end{array}$$

(4)
$$\begin{array}{r} 212 \\ 122 \overline{)112111} \\ 1021 \\ \hline 1001 \\ 122 \\ \hline 1021 \\ 1021 \\ \hline 0 \end{array}$$

479

答　**$n=23$，46**

検討　n が 10 進法で ab と表されるとすると，各位の数の並びを逆にした数を 7 進法で表すと $ba_{(7)}$ となる。
よって　$n=10a+b=7b+a$　$9a=6b$
$3a=2b$
2 と 3 は互いに素だから，a は 2 の倍数である。ここで，$1\leqq a\leqq6$，$1\leqq b\leqq6$ だから
$a=2$，4，6
$a=2$ のとき，$b=3$ で適する。
$a=4$ のとき，$b=6$ で適する。
$a=6$ のとき，$b=9$ で，6 より大きいから不適
よって，$(a,\ b)=(2,\ 3)$，$(4,\ 6)$ となり，
$n=23$，46

480

答　**$k=5$，$l=4$**

検討　$113_{(k)}=201_{(l)}$ より，k，l の式で表す。
同様に，$32_{(k)}=101_{(l)}$ より k，l の式で表す。
この 2 式を連立させて解く。
$113_{(k)}=1\cdot k^2+1\cdot k+3=k^2+k+3$
$201_{(l)}=2\cdot l^2+0\cdot l+1=2l^2+1$
$113_{(k)}=201_{(l)}$ より
$k^2+k+3=2l^2+1$　……①
$32_{(k)}=3\cdot k+2=3k+2$
$101_{(l)}=1\cdot l^2+0\cdot l+1=l^2+1$
$32_{(k)}=101_{(l)}$ より
$3k+2=l^2+1$　　$l^2=3k+1$　……②
②を①に代入すると
$k^2+k+3=2(3k+1)+1$
$k^2-5k=0$　　$k(k-5)=0$
$k\geqq4$ であるから　$k=5$

このとき，②より　$l^2=16$

$l \geqq 4$ であるから　$l=4$

53 整数のいろいろな問題

基本問題

本冊 p.125

答 (1) $(\boldsymbol{x},\ \boldsymbol{y})=(\mathbf{4},\ \mathbf{4}),\ (\mathbf{5},\ \mathbf{1})$

(2) $(\boldsymbol{x},\ \boldsymbol{y})=(\mathbf{5},\ \mathbf{3})$

(3) $(\boldsymbol{x},\ \boldsymbol{y})=(\mathbf{1},\ \mathbf{19}),\ (\mathbf{3},\ \mathbf{5}),\ (\mathbf{4},\ \mathbf{4}),\ (\mathbf{18},\ \mathbf{2})$

(4) $(\boldsymbol{x},\ \boldsymbol{y})=(\mathbf{2},\ \mathbf{1})$

検討 (3)，(4)では両辺に2を掛けて，$2x$，$2y$ を1つの文字のように考える。

(1) $xy+2x-3y=12$

$x(y+2)-3(y+2)=12-6$

$(x-3)(y+2)=6$

$x-3 \geqq -2$，$y+2 \geqq 3$ より，次の表のようになる。

$x-3$	1	2
$y+2$	6	3
x	4	5
y	4	1

よって　$(x,\ y)=(4,\ 4),\ (5,\ 1)$

(2) $xy+3x-4y=18$

$x(y+3)-4(y+3)=18-12$

$(x-4)(y+3)=6$

$x-4 \geqq -3$，$y+3 \geqq 4$ より，次の表のようになる。

$x-4$	1
$y+3$	6
x	5
y	3

よって　$(x,\ y)=(5,\ 3)$

(3) $2xy-3x-y=16$

$4xy-6x-2y=32$

$2x(2y-3)-(2y-3)=32+3$

$(2x-1)(2y-3)=35$

$2x-1 \geqq 1$，$2y-3 \geqq -1$ より，次の表のようになる。

$2x-1$	1	5	7	35
$2y-3$	35	7	5	1
x	1	3	4	18
y	19	5	4	2

よって　$(x,\ y)=(1,\ 19),\ (3,\ 5),\ (4,\ 4),\ (18,\ 2)$

(4) $2xy+x-3y=3$

$4xy+2x-6y=6$

$2x(2y+1)-3(2y+1)=6-3$

$(2x-3)(2y+1)=3$

$2x-3 \geqq -1$，$2y+1 \geqq 3$ より，次の表のようになる。

$2x-3$	1
$2y+1$	3
x	2
y	1

よって　$(x,\ y)=(2,\ 1)$

答 (1) $(\boldsymbol{x},\ \boldsymbol{y})=(\mathbf{7},\ \mathbf{42}),\ (\mathbf{8},\ \mathbf{24}),\ (\mathbf{9},\ \mathbf{18}),$
$(\mathbf{10},\ \mathbf{15}),\ (\mathbf{12},\ \mathbf{12}),$
$(\mathbf{15},\ \mathbf{10}),\ (\mathbf{18},\ \mathbf{9}),$
$(\mathbf{24},\ \mathbf{8}),\ (\mathbf{42},\ \mathbf{7})$

(2) $(\boldsymbol{x},\ \boldsymbol{y})=(\mathbf{2},\ \mathbf{4}),\ (\mathbf{3},\ \mathbf{3})$

(3) $(\boldsymbol{x},\ \boldsymbol{y})=(\mathbf{2},\ \mathbf{1}),\ (\mathbf{3},\ \mathbf{3})$

(4) $(\boldsymbol{x},\ \boldsymbol{y})=(\mathbf{2},\ \mathbf{3}),\ (\mathbf{3},\ \mathbf{6}),\ (\mathbf{4},\ \mathbf{12}),\ (\mathbf{5},\ \mathbf{30})$

検討 (　)×(　)=(整数) の形を導く。

(1) 等式の両辺に $6xy$ を掛けると

$xy=6x+6y$

$xy-6x-6y=0$

$x(y-6)-6(y-6)=36$

$(x-6)(y-6)=36$

$x-6 \geqq -5$，$y-6 \geqq -5$ より，次の表のようになる。

$x-6$	1	2	3	4	6
$y-6$	36	18	12	9	6
x	7	8	9	10	12
y	42	24	18	15	12

$x-6$	9	12	18	36
$y-6$	4	3	2	1
x	15	18	24	42
y	10	9	8	7

(2) 等式の両辺に xy を掛けると

$xy=2x+y$

$xy-2x-y=0$

$x(y-2)-(y-2)=2$

$(x-1)(y-2)=2$

$x-1 \geqq 0$, $y-2 \geqq -1$ より，次の表のようになる。

$x-1$	1	2
$y-2$	2	1
x	2	3
y	4	3

(3) 等式の両辺に xy を掛けると

$xy=-x+4y$

$xy+x-4y=0$

$x(y+1)-4(y+1)=-4$

$(x-4)(y+1)=-4$

$x-4 \geqq -3$, $y+1 \geqq 2$ より，次の表のようになる。

$x-4$	-2	-1
$y+1$	2	4
x	2	3
y	1	3

(4) 等式の両辺に $6xy$ を掛けると

$xy+6x-6y=0$

$x(y+6)-6(y+6)=-36$

$(x-6)(y+6)=-36$

$x-6 \geqq -5$, $y+6 \geqq 7$ より，次の表のようになる。

$x-6$	-4	-3	-2	-1
$y+6$	9	12	18	36
x	2	3	4	5
y	3	6	12	30

答 $\boldsymbol{n=1,\ 7}$

検討 $\sqrt{n^2+15}$ が自然数となるとき，

$\sqrt{n^2+15}=m$（m は自然数）とおくと

$n^2+15=m^2$

$m^2-n^2=15$

$(m+n)(m-n)=15$

$m>0$, $n>0$ より　$m+n>m-n$

$m+n>0$ と等式より，$m-n>0$ となり，次の表のようになる。

$m+n$	15	5
$m-n$	1	3
m	8	4
n	7	1

答 (1) $\boldsymbol{(x,\ y)=(4,\ 3)}$

(2) $\boldsymbol{(x,\ y)=(2,\ -3),\ (2,\ 1),\ (-4,\ 1),\ (-4,\ -3)}$

検討 (1) $x^2=y^2+7$

$x^2-y^2=7$　$(x+y)(x-y)=7$

$x>0$, $y>0$ より　$x+y>x-y$

$x+y>0$ と等式より　$x-y>0$

よって　$x+y=7$, $x-y=1$

ゆえに　$x=4$, $y=3$

(2) $x^2-y^2+2x-2y-5=0$

$(x+y)(x-y)+2(x-y)=5$

$(x-y)(x+y+2)=5$

よって，次の表のようになる。

$x+y+2$	1	5	-1	-5
$x-y$	5	1	-5	-1
x	2	2	-4	-4
y	-3	1	1	-3

x, y の値は，

$\begin{cases} x+y+2=l \\ x-y=m \end{cases}$ のとき $\begin{cases} x=\dfrac{l+m-2}{2} \\ y=\dfrac{l-m-2}{2} \end{cases}$

を用いて計算するとよい。

応用問題 本冊 p.126

答 (1) $\boldsymbol{(x,\ y)=(1,\ 4),\ (1,\ -2),\ (2,\ 3)}$

(2) $\boldsymbol{(x,\ y)=(0,\ -1),\ (1,\ -1),\ (1,\ -2)}$

検討 本冊 **p.126** の例題研究と同様に，判別式 D を利用する。文字の値の範囲を絞り込めたらあとは場合分けする。どちらの文字について整理するかにも注意すること。

(1) 等式を y について整理すると

$y^2-2(2x-1)y+10x^2-13x-5=0$

この y の 2 次方程式の判別式を D とすると

$\dfrac{D}{4}=(2x-1)^2-(10x^2-13x-5)$

実数解をもつ条件より　$D \geqq 0$

よって　$4x^2-4x+1-10x^2+13x+5 \geqq 0$

$-6x^2+9x+6 \geqq 0$

$2x^2-3x-2 \leqq 0$

$(x-2)(2x+1)\leqq 0$

$-\dfrac{1}{2}\leqq x\leqq 2$

x は整数なので　$x=0,\ 1,\ 2$

このとき，$y=(2x-1)\pm\sqrt{\dfrac{D}{4}}$

$\qquad\qquad=(2x-1)\pm\sqrt{-6x^2+9x+6}$

より，次の表のようになる。

x	0	1	2
$\dfrac{D}{4}$	6	9	0
y	$-1\pm\sqrt{6}$	1 ± 3	3

$x=0$ のとき，y は無理数となり不適。

したがって　$(x,\ y)=(1,\ 4),\ (1,\ -2),$
$(2,\ 3)$

(2) 等式を y について整理すると

$y^2+(x+2)y+2x^2-x+1=0$

この y の 2 次方程式の判別式を D とすると

$D=(x+2)^2-4(2x^2-x+1)$

実数解をもつ条件より　$D\geqq 0$

よって　$x^2+4x+4-8x^2+4x-4\geqq 0$

$-7x^2+8x\geqq 0$

$7x^2-8x\leqq 0$

$x(7x-8)\leqq 0$

$0\leqq x\leqq \dfrac{8}{7}$

x は整数なので　$x=0,\ 1$

このとき，$y=\dfrac{-(x+2)\pm\sqrt{D}}{2}$

$\qquad\qquad=\dfrac{-(x+2)\pm\sqrt{-7x^2+8x}}{2}$

より，次の表のようになる。

x	0	1
D	0	1
y	-1	$\dfrac{-3\pm 1}{2}$

したがって　$(x,\ y)=(0,\ -1),\ (1,\ -1),$
$(1,\ -2)$

答　$(\boldsymbol{x},\ \boldsymbol{y})=(\mathbf{-2},\ \mathbf{2}),\ (\mathbf{-5},\ \mathbf{2}),\ (\mathbf{3},\ \mathbf{0}),$
$(\mathbf{0},\ \mathbf{0})$

検討　$x^2+5xy+6y^2-3x-7y=0$

x について整理すると

$x^2+(5y-3)x+6y^2-7y=0$

x についての 2 次方程式とみたときの判別式を D とすると

$D=(5y-3)^2-4(6y^2-7y)$

$\quad=25y^2-30y+9-24y^2+28y$

$\quad=y^2-2y+9$

x が整数であることより，$D=N^2$（N は整数，$N\geqq 0$）とおくことができる。

よって　$y^2-2y+9=N^2$

$(y-1)^2-N^2=-8$

$(y-1+N)(y-1-N)=-8$

$N\geqq 0$ より　$y-1+N\geqq y-1-N$

また，$(y-1+N)+(y-1-N)=2(y-1)$ より，2 数の偶奇は一致するが，等式より，$y-1+N,\ y-1-N$ はともに偶数である。

$\begin{cases} y-1+N=l \\ y-1-N=m \end{cases}$ のとき　$\begin{cases} y=\dfrac{l+m+2}{2} \\ N=\dfrac{l-m}{2} \end{cases}$

また，$x=\dfrac{-(5y-3)\pm N}{2}$ より，次の表のようになる。

$y-1+N$	4	2
$y-1-N$	-2	-4
y	2	0
N	3	3
x	$\dfrac{-7\pm 3}{2}$	$\dfrac{3\pm 3}{2}$

したがって　$(x,\ y)=(-2,\ 2),\ (-5,\ 2),$
$(3,\ 0),\ (0,\ 0)$

487

答　$(\boldsymbol{x},\ \boldsymbol{y})=(\mathbf{3},\ \mathbf{2}),\ (\mathbf{1},\ \mathbf{2})$

検討　$x^2-xy-6y^2-2x+11y+5=0$

x について整理すると

$x^2-(y+2)x-6y^2+11y+5=0$

x についての 2 次方程式とみたときの判別式を D とすると

$D=(y+2)^2-4(-6y^2+11y+5)$

$\quad=y^2+4y+4+24y^2-44y-20$

$\quad=25y^2-40y-16$

xが自然数であることより，$D=N^2$（Nは整数，$N \geqq 0$）とおくことができる。

よって　$(5y-4)^2-N^2=32$

$(5y-4+N)(5y-4-N)=32$

$N \geqq 0$ より　$5y-4+N \geqq 5y-4-N$

また，$(5y-4+N)+(5y-4-N)=2(5y-4)$ より，2数の偶奇は一致するが，等式より，$5y-4+N$，$5y-4-N$ はともに偶数である。

$\begin{cases} 5y-4+N=l \\ 5y-4-N=m \end{cases}$ のとき　$\begin{cases} y=\dfrac{l+m+8}{10} \\ N=\dfrac{l-m}{2} \end{cases}$

また，$x=\dfrac{y+2 \pm N}{2}$ より，次の表のようになる。

$5y-4+N$	16	8	-2	-4
$5y-4-N$	2	4	-16	-8
y	$\dfrac{13}{5}$×	2	-1×	$-\dfrac{2}{5}$×
N		2		
x		$\dfrac{4 \pm 2}{2}$		

（× は不適の意味）

したがって　$(x,\ y)=(3,\ 2),\ (1,\ 2)$

答　$(\boldsymbol{x},\ \boldsymbol{y},\ \boldsymbol{z})=(\mathbf{3},\ \mathbf{1},\ \mathbf{3})$

検討　2つの方程式からzを消去し，x，yについての1次不定方程式を解けばよい。

$\begin{cases} 4x+7y-z=16 \cdots\cdots① \\ 3x+2y+z=14 \cdots\cdots② \end{cases}$ とおく。

①＋②より　$7x+9y=30$　　$7x=30-9y$

$7x=3(10-3y)$　……③

3と7は互いに素であるから，xは3の倍数である。

③において$y \geqq 1$より　$10-3y \leqq 7$

よって　$7x \leqq 3 \times 7=21$　　$x \leqq 3$

$x \geqq 1$であるから　$1 \leqq x \leqq 3$

xは3の倍数より　$x=3$

このとき方程式より　$y=1$

①より　$z=3$

よって　$(x,\ y,\ z)=(3,\ 1,\ 3)$

489

答　$(\boldsymbol{x},\ \boldsymbol{y},\ \boldsymbol{z})=(\mathbf{4},\ \mathbf{5},\ \mathbf{20}),\ (\mathbf{4},\ \mathbf{6},\ \mathbf{12}),\ (\mathbf{4},\ \mathbf{8},\ \mathbf{8}),\ (\mathbf{5},\ \mathbf{5},\ \mathbf{10}),\ (\mathbf{6},\ \mathbf{6},\ \mathbf{6})$

検討　大小関係があるので，大きいものでおき換えたり，小さいものでおき換えたりしてみる。

$x \leqq y \leqq z$ より　$\dfrac{1}{z} \leqq \dfrac{1}{y} \leqq \dfrac{1}{x}$

$\dfrac{1}{2}=\dfrac{1}{x}+\dfrac{1}{y}+\dfrac{1}{z} \leqq \dfrac{1}{x}+\dfrac{1}{x}+\dfrac{1}{x}=\dfrac{3}{x}$

よって　$x \leqq 6$

$4 \leqq x \leqq 6$ より　$x=4,\ 5,\ 6$

(i) $x=4$ のとき

$\dfrac{1}{y}+\dfrac{1}{z}=\dfrac{1}{2}-\dfrac{1}{4}=\dfrac{1}{4}$

$\dfrac{1}{4}=\dfrac{1}{y}+\dfrac{1}{z} \leqq \dfrac{1}{y}+\dfrac{1}{y}=\dfrac{2}{y}$

よって　$y \leqq 8$

$4=x \leqq y$ より　$y=4,\ 5,\ 6,\ 7,\ 8$

$\dfrac{1}{z}=\dfrac{1}{4}-\dfrac{1}{y}=\dfrac{y-4}{4y}$ より

$y \neq 4$ で，$z=\dfrac{4y}{y-4}$ から，次の表のようになる。

y	5	6	7	8
z	20	12	$\dfrac{28}{3}$×	8

（× は不適の意味）

したがって，

$(x,\ y,\ z)=(4,\ 5,\ 20),\ (4,\ 6,\ 12),\ (4,\ 8,\ 8)$

(ii) $x=5$ のとき

$\dfrac{1}{y}+\dfrac{1}{z}=\dfrac{1}{2}-\dfrac{1}{5}=\dfrac{3}{10}$

$\dfrac{3}{10}=\dfrac{1}{y}+\dfrac{1}{z} \leqq \dfrac{2}{y}$

よって　$y \leqq \dfrac{20}{3}=6.6\cdots$

$5=x \leqq y$ より　$y=5,\ 6$

$\dfrac{1}{z}=\dfrac{3}{10}-\dfrac{1}{y}=\dfrac{3y-10}{10y}$ より

$z=\dfrac{10y}{3y-10}$ から，次の表のようになる。

y	5	6
z	10	$\frac{15}{2}$ ×

（× は不適の意味）

したがって　$(x,\ y,\ z)=(5,\ 5,\ 10)$

(iii) $x=6$ のとき

$\frac{1}{y}+\frac{1}{z}=\frac{1}{2}-\frac{1}{6}=\frac{1}{3}$

$\frac{1}{3}=\frac{1}{y}+\frac{1}{z}\leqq\frac{2}{y}$

よって　$y\leqq6$

$6=x\leqq y$ より　$y=6$

このとき，$\frac{1}{z}=\frac{1}{3}-\frac{1}{6}=\frac{1}{6}$ より

$z=6$

したがって　$(x,\ y,\ z)=(6,\ 6,\ 6)$

(i)，(ii)，(iii)より

$(x,\ y,\ z)=(4,\ 5,\ 20)$，$(4,\ 6,\ 12)$，
$(4,\ 8,\ 8)$，$(5,\ 5,\ 10)$，
$(6,\ 6,\ 6)$

答　**6**

検討　割り算をして分子の次数を下げる。

$N=\frac{m^2+17m-29}{m-5}$ とおく。

$N=\frac{(m-5)(m+22)+81}{m-5}=m+22+\frac{81}{m-5}$

よって，$m-5$ は 81 の約数だから

$m-5=\pm1,\ \pm3,\ \pm9,\ \pm27,\ \pm81$

このうち，$m-5=1,\ 3,\ 9,\ 27,\ 81$ のとき，N は自然数となるので，$m-5=-1,\ -3,\ -9,\ -27,\ -81$ のときを調べると，次の表のようになる。

$m-5$	-1	-3	-9	-27	-81
m	4	2	-4	-22	-76
N	-55	-3	9	-3	-55
	×	×		×	×

（× は不適の意味）

よって，N が自然数となる整数 m の個数は 6 個

答　(1) **7 個**　(2) **8**

検討　(1) 素因数 2 と 5 を掛けると，末尾に 0 が 1 個現れる。30! の素因数の個数は 2 よりも 5 のほうが少ないから，一の位から続く 0 の個数は素因数 5 の個数と一致する。したがって，30! の素因数 5 の個数を数える。

$30\div5=6$，$30\div5^2=1$ 余り 5

よって，素因数 5 は 7 個あるので，0 は一の位から続けて 7 個並ぶ。

(2) 30! の素因数分解をする。

$30\div2=15$，$30\div2^2=7$ 余り 2，

$30\div2^3=3$ 余り 6，$30\div2^4=1$ 余り 14

よって，30! の素因数 2 の個数は

$15+7+3+1=26$

$30\div3=10$，$30\div3^2=3$ 余り 3，

$30\div3^3=1$ 余り 3

よって，30! の素因数 3 の個数は

$10+3+1=14$

30! の素因数 5 の個数は(1)より 7

$30\div7=4$ 余り 2，$30\div11=2$ 余り 8，

$30\div13=2$ 余り 4，$30\div17=1$ 余り 13，

$30\div19=1$ 余り 11，$30\div23=1$ 余り 7，

$30\div29=1$ 余り 1

よって，30! の素因数 7，11，13，17，19，23，29 の個数はそれぞれ 4，2，2，1，1，1，1

したがって

$30!=10^7\cdot2^{19}\cdot3^{14}\cdot7^4\cdot11^2\cdot13^2\cdot17\cdot19\cdot23\cdot29$

ここで，$a=2^{19}\cdot3^{14}\cdot7^4\cdot11^2\cdot13^2\cdot17\cdot19\cdot23\cdot29$ とおくと

$a\equiv2^{19}\cdot3^{14}\cdot7^4\cdot3^2\cdot7\cdot9\cdot3\cdot9$

$\quad=2^{19}\cdot3^{21}\cdot7^5 \pmod{10}$

ここで，$7^4=2401\equiv1 \pmod{10}$，

$3^4=81\equiv1 \pmod{10}$，

$2^5=32\equiv2 \pmod{10}$ より

$a\equiv(2^5)^3\cdot2^4\cdot(3^4)^5\cdot3\cdot7^4\cdot7$

$\quad\equiv2^3\cdot2^4\cdot3\cdot7=2^5\cdot2^2\cdot3\cdot7$

$\quad\equiv2^3\cdot3\cdot7=168\equiv8 \pmod{10}$

よって，最初に現れる 0 でない数は 8

答　$\boldsymbol{\frac{b}{a}=\frac{c}{a}+d}$ **の分母を払うと**

$\boldsymbol{b=c+ad}$

よって　$\boldsymbol{c=b-ad}$

a と b の最大公約数を m とすると，$a=a'm$，$b=b'm$（a'，b' は互いに素である自然数）と表せる。このとき

$c=b-ad=b'm-a'md=(b'-a'd)m$

よって，m は c の約数，すなわち，m は a と c の公約数である。

a と c は互いに素であるから　$m=1$

したがって，a と b も互いに素である。

答　$n=2$ のとき，$n^2+2=6$ より，n^2+2 は素数でない。

$n=3$ のとき，$n^2+2=11$ より，n，n^2+2 は素数である。

n が 5 以上の素数のとき，3 の倍数であるものは存在しない。

よって，$n=3m+1$ または $n=3m+2$（m は自然数）と表せる。

$n=3m+1$ のとき

$n^2+2=(3m+1)^2+2=9m^2+6m+3$

$\quad=3(3m^2+2m+1)$

$n=3m+2$ のとき

$n^2+2=(3m+2)^2+2=9m^2+12m+6$

$\quad=3(m^2+4m+2)$

いずれの場合も n^2+2 は素数でない。

したがって，n，n^2+2 がともに素数となるのは，$n=3$ の場合に限る。

答　直角をはさむ 2 辺の長さを a，b，斜辺の長さを c とすると，三平方の定理により

$a^2+b^2=c^2$

この直角三角形の面積は $\frac{1}{2}ab$ だから，ab が 4 の倍数であることを示せばよい。

(i) a，b がともに偶数のとき，

ab は 4 の倍数である。

(ii) a，b が奇数のとき，

$a=2k-1$，$b=2l-1$（k，lは正の整数）と表せる。

$a^2+b^2=(2k-1)^2+(2l-1)^2$

$\quad=4k^2-4k+1+4l^2-4l+1$

② $\quad=4(k^2+l^2-k-l)+2$　……①

等式より，c^2 は偶数だから，c も偶数となり $c=2m$（m は正の整数）と表せる。

このとき　$c^2=(2m)^2=4m^2$

これは①と矛盾である。

よって，$a^2+b^2=c^2$ は成り立たない。

(iii) a，b のうち一方が偶数で，他方が奇数のとき a を偶数，b を奇数と考えてもよい。

このとき，$a=2k$，$b=2l-1$（k，l は正の整数）と表せる。

$a^2+b^2=(2k)^2+(2l-1)^2$

$\quad=4k^2+4l^2-4l+1$

$\quad=4(k^2+l^2-l)+1$

等式より，c^2 は奇数だから，c も奇数となり $c=2m-1$（mは正の整数）と表せる。

$a^2=c^2-b^2$

$\quad=(2m-1)^2-(2l-1)^2$

$\quad=4m^2-4m+1-(4l^2-4l+1)$

$\quad=4(m^2-m)-4(l^2-l)$

$\quad=4\{m(m-1)-l(l-1)\}$

$m(m-1)$，$l(l-1)$ は偶数だから，

$a^2=4k^2$ は 8 の倍数である。

よって，k は 2 の倍数だから，a は 4 の倍数となり，ab も 4 の倍数となる。

(i)，(ii)，(iii)より，題意が成り立つ。